程 序 员 书 库

Advanced C and C++ Compiling

高级C/C++编译技术

（典藏版）

[美] 米兰·斯特瓦诺维奇（Milan Stevanovic） 著

卢誉声 译

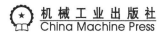

机械工业出版社
China Machine Press

图书在版编目（CIP）数据

高级C/C++ 编译技术：典藏版 /（美）米兰·斯特瓦诺维奇（Milan Stevanovic）著；卢誉
声译 . —北京：机械工业出版社，2022.10（2023.12重印）
（程序员书库）
书名原文：Advanced C and C++ Compiling
ISBN 978-7-111-71730-0

Ⅰ. ①高…　Ⅱ. ①米…　②卢…　Ⅲ. ① C 语言 – 程序设计② C++ 语言 – 程序设计
Ⅳ. ① TP312.8

中国版本图书馆 CIP 数据核字（2022）第 180726 号

北京市版权局著作权合同登记　图字：01-2014-8120 号。

First published in English under the title

Advanced C and C++ Compiling

by Milan Stevanovic

Copyright © Milan Stevanovic, 2014

This edition has been translated and published under licence from

Apress Media, LLC, part of Springer Nature.

Chinese simplified language edition published by China Machine Press, Copyright © 2022.

本书原版由 Apress 出版社出版。

本书简体字中文版由 Apress 出版社授权机械工业出版社独家出版。未经出版者预先书面许可，不得以任何方式
复制或抄袭本书的任何部分。

高级 C/C++ 编译技术（典藏版）

出版发行：机械工业出版社（北京市西城区百万庄大街 22 号　邮政编码：100037）
责任编辑：张秀华　　　　　　　　　　　　　责任校对：韩佳欣　　王明欣
印　　刷：北京捷迅佳彩印刷有限公司　　　　版　　次：2023 年 12 月第 1 版第 4 次印刷
开　　本：186mm×240mm　1/16　　　　　　印　　张：17.5
书　　号：ISBN 978-7-111-71730-0　　　　　定　　价：89.00 元

客服电话：（010）88361066　68326294

虽说计算机软件编程领域的技术发展日新月异，但我始终坚信所有程序开发技术的演进都万变不离其宗，其本质自始至终从未发生过改变。就编程语言来说，无论抽象到何种层次，使用何种风格，最终都会回归到本质——机器代码。而在我们常用的高级语言中，最贴近机器及操作系统底层的恐怕就是 C 语言了。

从某些方面讲，C 语言堪称一门革命性的语言，它完美平衡了语言中机器相关与机器无关的部分，使得我们可以用机器无关的方式来处理程序逻辑，但必要时又可以直接控制底层硬件。C 语言被广泛运用在操作系统开发中正是这一点的绝佳例证。同时，C 语言的核心是非常简单的，一切细节都暴露在程序员面前，不会因为某种语法构造而导致隐藏的性能消耗。这使得 C 语言成为程序员在追求程序效率时的一个绝佳选择。C 语言为了保证核心语言的简单（包括标准库的简单）与高效，没有将很多必要的现代语言特性融入标准中，比如 C 语言自身没有提供任何反射机制。这是一把双刃剑，也就是说，如果想在 C 语言中实现任何动态语言特性，必须使用和系统相关的特性，尤其是在动态库、共享库、插件等概念日益重要的今天。这给 C 程序员带来很多麻烦。虽说现在各种主流操作系统中都很好地支持动态库或共享库，也提供了相应接口，但是不同平台中的概念都会有细微差别，而且在具体技术细节上也会不同。这使得程序员在处理跨平台问题时会遇到很多问题。

C++ 的出现则让这一切变得更加错综复杂。

C++ 是一门多范式语言，在提供了面向对象和泛型编程的同时，为了保证效率，依然坚持不加入任何动态特性，或者提供某些非常有局限性的动态特性（比如 RTTI），为了实现多态则采用了虚函数表这种折中方法。除了 C++ 语法给编译器实现带来的复杂性之外，受到更大挑战的则是 C++ 的链接器和装载器实现。符号名称修饰、全局对象管理、模板支持等各种特性使得链接器和装载器为了支持 C++ 需要付出更多的努力。

　　同时，C++ 程序员处理动态库或共享库时也同样需要更加细心、耐心。很多时候，我们一不留意就会被链接器或者装载器的各种错误提示搅得心乱如麻，而查遍代码也找不出问题所在。编译器优化的不确定因素更加剧了这种情况。另外，现在的计算机教育中包括了程序设计语言课程、编译原理课程、操作系统课程，但并没有一门关于链接和装载的课程，链接和装载往往只是在这些课程中一带而过。或许这是由于链接和装载是非常纯粹的技术性话题，并不像其他课程那样需要传授各种理论。但这导致很多人对链接和装载一知半解，根本没有系统认识。

　　这些因素叠加起来的后果是，许多初级 C/C++ 程序员遇到链接和装载问题时感到束手无策，根本不知问题出在何处。如果说 Windows 平台下的程序员得益于 Visual Studio 这种强大的 IDE，在处理动态链接库时颇为方便，那么对 Linux 程序员来说，这便是一场噩梦。他们需要手动集成各种第三方库，有的是开源的，有的是非开源的，有的只提供了源代码，有的只提供了二进制文件，有的文档详尽，有的文档匮乏……他们永远不知道会遇到什么情况。即便是使用 IDE 的初级程序员，有时也不得不手动解决各种链接问题，但往往由于他们满足于 IDE 的良好封装，而忽略其底层编译链接的细节，因而在处理这些问题时更加盲目。在这种情况下，对链接和装载（其实也包括 C/C++ 语言本身以及编译过程）认识并不深刻的那些程序员在日常工作中很容易在处理这类问题时"触礁"。由于缺乏系统认知，他们需要在一次又一次的失败实践中总结，这会走许多弯路。

　　由于我本人在大规模分布式实时系统研发方面具有一定的经验，因此许多人在 C/C++ 开发中遇到问题时会咨询我，其中一部分问题出在 C++ 语法上，而更多的问题则出在链接和装载上。本书在这些方面进行了翔实总结和讨论。与纯粹讲解理论与技术细节的书不同，本书一方面阐述基本的理论，另一方面则聚焦于 C/C++ 使用静态库和动态库的一些注意事项，并举例说明如何解决实际的链接与装载问题。此外，本书尽量使用通俗易懂的语言来阐述这些知识，并补充了大量示例，避免让读者纠结于枯燥的理论。

　　相信你会和我一样，能在本书中发掘出大量有价值的资料，以便在日后的工作中游刃有余，并在处理 C/C++ 相关问题的时候厘清思路，排除障碍。

　　在翻译本书的过程中，我不仅查阅了大量国内外的相关资料，还与英文原著作者进行了深入沟通，力求做到专业词汇准确权威，准确表达原著思想，即便个别地方采用意译的方式，也能无偏差地反映原著意境。在翻译过程中得到了很多人的帮助，这里一一感谢。感谢我的家人，他们是我学习和前进的动力。感谢鲁昌华教授，他在我的成长道路上给予了很大的支持和鼓励。感谢我在思科系统（中国）研发的同事们，他们在我的学习、工作中给予了很大帮助。感谢我的好友金柳顺，他在我翻译本书过程中与我通力合作。还要感谢机械工业出版社的编辑对我的信任。

现在我怀着期盼和忐忑的心情将这本译著呈献给大家，我渴望得到你的认可，更渴望和你成为朋友，如果你有任何问题或建议，请与我联系（samblg@me.com），让我们一起探讨，共同进步。

卢誉声

前　言 *Preface*

我花了相当长的时间才认识到，计算机编程艺术与烹饪艺术之间有着惊人的相似。

说到烹饪和编程的比较，我的脑海中首先浮现出来的是烹饪专家和程序员的工作目标非常相似：都是为了满足特定对象的需求。对一个厨师来说，他的服务对象是食客，他需要使用大量的食材，一方面满足人们的温饱与营养需求，另一方面则要让人们享受到美食带来的快乐。而对一个程序员来说，其服务对象是微处理器，程序员使用大量不同的程序来为其提供代码，不仅要让微处理器产生有意义的动作，还需要以最优的形式将代码交付给微处理器。

虽说这种对比看起来有些牵强而且过于简单，但我们会在本书中列出一些更加合适和更具说服力的对比。

介绍烹饪方法的食谱很多，几乎所有的流行杂志都会开设专栏来介绍形形色色的美食和烹饪方法，无论快餐式食谱还是精致复杂的食谱，注重食材的食谱还是注重搭配的食谱，你都能够找到。

但如果你希望自己成为烹饪大师，可供参考的资料就少得可怜了，比如食品行业经营（批量生产、饭店或餐饮企业的经营）、食品生产的供需管理、选料和食材保鲜方面的指南或资料。很显然，这就是业余烹饪爱好者和专业食品企业之间的区别。

这种情况与程序设计其实非常相似。

我们可以轻松地从成千上万的书籍、杂志、文章、网络论坛和博客中搜集到编程语言方面的各类信息，无论是入门教程，还是"谷歌编程面试指南"这样的技巧。

但是，想成为专业软件工程师，这类主题所涵盖的内容只能满足一半的要求。我们不能一直沉浸在因程序实际执行（且执行正确）而带来的喜悦当中，而需要着重考虑接下来的问题：如何组织代码结构以便将来修改，如何从功能模块中提取出可重用代码，以及如何让程序能够适应不同的运行环境（无论是用不同的人类语言和字符表达，还是在不同的操作系统环境中运行）。

相较于其他编程主题来说，人们很少讨论这类问题。时至今日，这类问题变成了只有计算机科学专业人士（绝大多数是软件架构师和构建工程师）和大学课堂上讲解编译器、链接器设计时，才会了解的"黑科技"。

由于 Linux 市场份额增加，而且越来越多的人都将 Linux 作为其编程环境，这促使开发人员开始关注 Linux 编程的相关问题。与在一些封装良好的平台上开发软件的开发人员不同，在 Windows 和 Mac 平台上利用 IDE 和 SDK 将程序员从一些特定的编程细节问题中解放出来，Linux 开发人员在日常工作中需要将来自不同项目且编码风格迥异的代码组合起来，这需要开发人员充分理解编译器、链接器的内部工作机制和程序装载机制，以及不同库的设计细节和使用方法。

本书将许多零碎的知识点进行汇总，并讨论其中有价值的内容，再通过一系列精心设计的简单示例进行验证。需要注意的是，我并非计算机科学科班出身。在 20 世纪 90 年代末至今的数字革命中，我作为电气工程师供职于硅谷的一家多媒体行业高新技术企业，并因此掌握了相关领域的知识。希望本书的主题和内容能够让更多读者受益。

读者对象

作为一名软件设计实践顾问（虽然很忙，但我还是非常自豪的），我经常会与不同专业背景和资历的人沟通。我经常在不同的办公环境中工作，因此接触了许多开发人员（绝大多数来自硅谷），这也让我更加了解了本书的受众群体，其中包括以下几类人群：

- 第一类受众群体是来自不同工程领域（电气工程、机械、机器人技术和系统控制、航天、物理和化学等领域）的 C/C++ 开发人员，这类人需要在日常工作中通过编程来解决问题。对缺乏正规计算机科学课程和理论教学的人来说，本书所提供的资料弥足珍贵。
- 第二类受众群体是具有计算机科学教育背景的初级程序员。本书能够帮助这类人将主修课程中学到的知识具体化，并注重实践。对资深工程师而言，将第 12 ~ 14 章的内容作为手册查阅也很有益。
- 第三类受众群体是操作系统集成和定制的爱好者。理解二进制文件及其内部工作机制将有助于在解决问题的过程中扫除障碍。

关于本书

我最初并没有计划去写这么一本书，甚至都没有打算写一本计算机科学领域的书。

在职业生涯中，我经常处理一些问题，这些问题当时我以为别人已经解决好了，而实际上它们并没有得到根本性解决，这是我写作此书的唯一原因。

很久以前，我决定成为一名高科技领域的"刺客"，将许多看似平静且体面的高科技公司从"恐怖问题"——复杂多媒体设计问题和大量严重缺陷所造成的破坏中解救出来。选择这样一个职业的结果就是，我并没有多少时间处理自己的生活，比如说孩子们想吃鸡肉而不是豌豆，我很难满足他们的需求。虽然我更倾向于使用傅里叶变换算法、小波、Z 变换、FIR和 IIR 滤波器、倍频程、半音程、插值和抽取算法来解决问题（与 C/C++ 编程一起使用），但我还是要解决那些我并不喜欢解决的问题。总要有人去做这些事情吧。

出乎意料的是，在搜索一些非常简单明了的问题的答案时，我只能找到一些散乱的网络文章，而且绝大多数都只是泛泛而谈。我很耐心地把这些散乱的内容组织到一起，不仅完成了我手头的设计任务，而且学习总结了很多资料。

在一个天朗气清的日子里，我开始整理设计笔记（记录我工作中经常遇到的一些问题和解决方案）。但在整理工作完成的时候，这些笔记看起来就像……嗯……就像一本书——就是这本书。

不管怎么说……

就目前就业市场的情况而言，我认为（自 2005 年左右开始）熟悉 C/C++ 语言的复杂性，甚至是算法、数据结构和设计模式，对于找到一份好工作是远远不够的。

在开源盛行的今天，专业开发人员在日常工作中所编写的代码越来越少，取而代之的是将现有代码集成到项目中。这不仅要求开发人员能够读懂其他人编写的代码（使用不同的代码风格和实践），还需要了解如何才能以最好的方式将现有的包（绝大多数以二进制文件 / 库和导出头文件的形式提供）集成到代码中。

我希望本书能够兼具教学（对急需这些知识的读者而言）和快速查询的功能（对分析 C/C++ 二进制文件相关工作的工程师而言）。

为何采用 Linux 进行演示

选择 Linux 并非我个人的偏好。实际上了解我的人都知道，我过去是多么喜欢使用 Windows 作为开发环境（原本这是我首选的设计平台），原因是 Windows 平台具有完善的文档、完美的支持和符合规范的认证组件。我设计过许多专业化软件（曾为 Palm 公司设计开发了 Windows Mobile 平台的 GraphEdit，其中包含许多复杂的功能，随后又开发了多个媒体格式和 DSP 分析软件），当时我对 Windows 技术了如指掌，并感叹 Windows 相关技术所带来的改变。

与此同时，Linux 的时代到来了。有关 Linux 的技术随处可见，而对开发人员来说，也必须顺应这种趋势去学习和使用它。

Linux 软件开发环境具有开放、透明和简单明了的特点。在 Linux 中，我们可以对每个程序设计阶段进行控制。同时，Linux 提供了完善的文档，再加上网络上提供的资源，就可以轻松地使用 GNU 工具链。

实际上，由于 Linux C/C++ 开发经验可以直接适用于 Mac OS 平台的底层开发，因此我最终决定选用 Linux/GNU 作为本书所涵盖的主要开发环境。

别急！Linux 与 GNU 完全是两回事

实际上，Linux 是内核，而 GNU 中包含了 Linux 内核之上的所有软件。除了 GNU 编译器可以在其他操作系统上使用（比如 Windows 上的 MinGW）以外，在绝大多数情况下，GNU 与 Linux 的关系其实非常紧密。为了简单起见，同时为了符合一般开发人员对开发场景的认识，特别是为了将 Linux 与 Windows 进行对比，本书将 GNU 与 Linux 作为一个整体，简称为"Linux"。

章节概览

第 1 ~ 5 章讲解的内容主要为后续内容做铺垫。拥有计算机科学背景的读者可以快速阅读这些章节（幸运的是，这些章节的内容并不长）。实际上，任何计算机科学方面的教科书都会对这些内容进行类似介绍，而且内容会更为详细。我个人推荐由 Bryant 和 O'Hallaron 编写的《深入理解计算机系统》[⊖]（*Computer Systems—A Programmer's Perspective*）一书，原因是该书对很多主题都进行了非常有条理的梳理和总结。

第 6 ~ 11 章是本书的核心章节。为求整体内容简洁明了，我花费了相当大的精力，并尝试使用一些日常生活中常见事物的文字和图片来阐述那些最为重要的核心概念。如果你不是计算机科学科班出身，那么有必要先理解这些内容。其实这些章节是本书主题的要点。

第 12 ~ 14 章主要概括了一些实践方面的内容，便于读者快速查找相关的概念。这些章节针对一些特定平台的二进制文件分析工具进行了总结，然后在实践部分涵盖了完成独立任务的方法。

⊖ 本书中文版已由机械工业出版社引进出版，ISBN：978-7-111-54493-7。

目　录 *Contents*

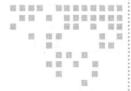

第 1 章　Chapter 1

多任务操作系统基础

构建可执行文件的精髓在于实现对程序执行过程的最大化控制。为了能够真正理解可执行文件结构中各部分的功能和含义，我们有必要对程序执行过程中的操作进行详细了解，操作系统内核和可执行文件中信息的相互作用在这里扮演了重要的角色。特别是在程序启动的最初阶段，在运行时环境数据（如用户配置和各种运行时事件等）对程序产生影响以前，这种相互作用通常会非常频繁。

为了能够真正理解可执行文件结构中各部分的功能和含义，首先要理解与程序运行相关的一些技术细节。本章将为读者着重阐述现代多任务操作系统的功能。

现代多任务操作系统在重要功能性方面的实现方法非常相似。因此，本章会把主要精力放在阐述与平台无关的一些概念上。除此之外，我们还将着重研究和分析一些特定平台的复杂性（将无所不在的 Linux 和 ELF 格式与 Windows 对比）。

1.1　一些有用的抽象概念

计算机技术领域的变化日新月异。集成电路技术带来的元件不仅种类繁多（光学元件、电磁元件和半导体元件）而且在功能性方面不断改进。按照摩尔定律，集成电路上可容纳的晶体管数目大约每隔两年便会增加一倍。而与晶体管数量密切相关的处理能力也将提升一倍。

经验告诉我们，若想要完全应对这种快速变化，唯一的方法就是在经常变动的实现层次之上，利用抽象和泛化的方法为计算机系统定义全局目标与体系结构。这种方法的核心在于描述抽象的方式，该方式要确保在去除相对无关的实现细节后，任何新的实现与核心定义都能够保持一致。整个计算机体系结构可以用图 1-1 展示的一组结构化抽象表示。

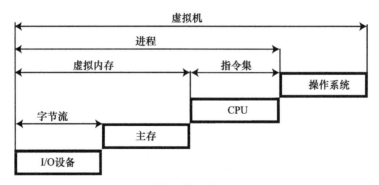

图 1-1　计算机体系结构抽象表示

在抽象的最底层，我们利用典型的字节流方式来处理各种类型的 I/O 设备（鼠标、键盘、控制杆、轨迹球、光笔、扫描仪、条形码扫描器、打印机、绘图仪、数码相机和网络摄像头）的输入和输出。事实上，在忽略不同设备用途、实现方法和功能性的情况下，对计算机系统设计而言，我们只需关注这些设备产生或接收（或两者皆有）的字节流。

下一个抽象层次是虚拟内存，它用来表示系统中多种不同的存储资源。虚拟内存是本书将要讨论的重要主题之一。实际上，这种特定抽象的方式代表了多种不同的物理存储设备，这不仅影响了实际的软件和硬件的设计，而且是设计编译器、链接器和装载器的基础。

下一个抽象层次是指令集，它用来对物理 CPU 进行抽象。虽然高级程序员一定对指令集所具备的功能及其带来的处理性能十分感兴趣，但就本书所希望讨论的主题来看，这部分抽象的细节不是本书详细讨论的重点。

最后一个抽象层次是操作系统的复杂性。通常来说，操作系统在某些方面的设计（主要是多任务机制）对软件的体系结构有着决定性的影响。对多方都需要访问的共享资源来说，需要有完善的实现方法才可以避免重复的无用代码问题，而这个问题直接为我们引出了共享库设计的概念。

在接着分析整个计算机系统的复杂性之前，我们先了解一下与存储器使用相关的一些关键问题。

1.2　存储器层次结构与缓存策略

在计算机系统中，有一些和存储器相关的趣事：

- 人们对存储器容量的需求总是无法满足，而且存储器容量总是供不应求。每当存储器技术在容量（更快的存储器的容量）方面取得重大飞跃的时候，就会发现其实有一些技术已经为此等候多时。这些技术在理论上完全可行，只是需要等到拥有足够数量的物理存储器供其使用时才能够被真正实现出来。
- 存储器技术似乎是导致处理器性能障碍的主要原因。这被称为"处理器与存储器之间的速度鸿沟"（the processor-memory gap）。

● 存储器的访问速度与其存储容量成反比。通常来说，容量最大的存储设备的访问时间
要比容量最小的存储设备多好几个数量级。

现在，我们从程序员、设计师和工程师的视角来简单地看一下整个系统。在理想情况
下，我们希望系统能够以最快的速度访问所有可用的存储器，但其实我们都知道，这是不可
能实现的。紧接着的一个问题就是：我们能否做些什么来改善这种情况呢？

一个细节让我们大可放心，那就是在实际情况下，系统并不总是使用所有的存储器，而
仅仅是在某些时段内使用某一部分存储器。在这种情况下，我们只需为立即需要执行的程序
预留最快的存储器，而让那些并非立即执行的代码或数据使用较慢的存储设备。当 CPU 从
最快的存储器中获取计划立即需要执行的指令时，硬件设备会预测接下来会执行程序的哪一
部分，并将这部分代码交给较慢的存储器，然后等待执行。在执行到存储在较慢存储器上的
代码之前，这些代码会转存到较快的存储器中。这种策略称为"缓存"。

我们可以把缓存比作现实生活中一般家庭的食物供给。除非是生活在荒无人烟的地方，
否则我们一般不会采购一整年所需的食物带回家。相反，我们通常会在家中安置一些比较大
的存储设备（比如冰箱、食品储藏室和食品架），用来存放未来一到两周的食物。当意识到食
物快吃完的时候，我们就会去食品杂货店采购恰好能够填满家中存储设备的食物。

程序的执行通常会受到一些外部因素的影响（用户设置只是其中之一），这让缓存机制的
实现变得十分困难。程序执行流程（通过跳转和中断等指令的数量来衡量）的可确定性越高，
缓存机制工作得越好。相反，若程序的执行流程发生变化，那么之前缓存的指令也就不再有
效，因此这部分缓存的指令会被丢弃，而程序所需的那部分指令则需要重新从较慢的存储器
中获取。

缓存策略的实现无处不在，横跨多个级别的存储器，如图 1-2 所示。

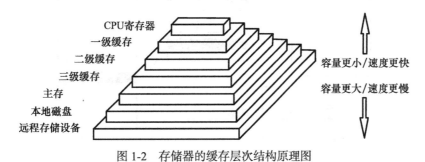

图 1-2 存储器的缓存层次结构原理图

1.3 虚拟内存

存储器缓存的通用方法在下一个体系结构层次中得到了具体实现，我们在这一架构层中
用名为"进程"的抽象概念来表示正在运行的程序。

现代多任务操作系统的设计允许一个或多个用户并发地运行多个程序。对一个普通用户来说，同时运行多个应用程序（比如 Web 浏览器、编辑器、音乐播放器和日历）再正常不过了。

通过虚拟内存的概念，可以很好地解决内存需求与有限的内存容量之间的矛盾，我们可以把这个概念概括为以下几条原则：

- 所有程序的内存配额是固定、均等和显式的。

  通常来说，操作系统会允许程序（进程）使用的内存容量大小为 2^N 字节，其中 N 就目前来说是 32 或者 64。该值是固定的，而且与系统中的物理内存大小无关。

- 物理内存的数量可能会发生变化。通常来说，可用内存的数量会比声明的进程地址空间小很多。而供运行中程序使用的物理内存数量通常也各不相同。

- 运行时的物理内存会被划分成数个小的分段（页），而每一个页都可用来同步执行程序。

- 正在运行的程序的完整内存布局会被保存在低速存储器（硬盘）中。只有那些当前即将被执行的一部分内存（代码和数据）才会被加载到物理内存的页中。

要实现真正的虚拟内存概念，我们需要借助多个系统资源，比如硬件资源（硬件异常、硬件地址翻译）、硬盘（交换文件）以及最底层的操作系统软件（内核）。虚拟内存的概念如图 1-3 所示。

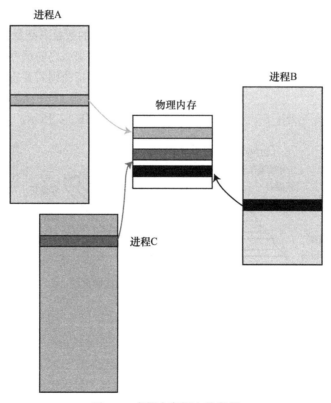

图 1-3 虚拟内存概念的实现

1.4　虚拟地址

虚拟地址的概念是虚拟内存实现中最为基础的一个部分，并在很多方面会对编译器和链接器的设计产生十分重要的影响。

一般来说，程序设计者完全不用关心程序运行时所占用的地址范围（至少，对绝大多数用户空间的应用程序来说确实如此，但内核模块是个例外）。取而代之的是，编程模型假定地址空间的范围是 $0 \sim 2^N$（虚拟地址范围），而且这个规则对所有程序适用。

在代码开发过程中，为所有程序采用简单且统一的地址模式能够带来许多好处。采用这一模式的好处如下：

- 简化链接过程。
- 简化加载过程。
- 实现运行时进程间共享。
- 简化内存分配机制。

操作系统利用地址翻译机制，对固定地址范围内的程序内存进行实际的运行时分配。该实现通过名为内存管理单元（MMU）的硬件模块完成，不需要程序本身的任何介入。

图 1-4 对简单的物理地址方案（该方案现如今用于简单微控制系统领域）和虚拟地址机制进行了比较。

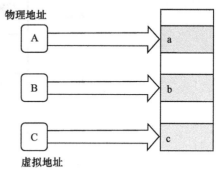

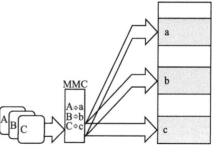

图 1-4　物理地址和虚拟地址

1.5　进程的内存划分方案

在 1.4 节中，我们说明了为绝大多数程序设计者提供相同内存映射的可行性。本节的主题是讨论进程内存映射的内部组织细节。我们假定程序地址（程序员观察得到的地址）的范围是 $0 \sim 2^N$，其中 N 是 32 或者 64。

不同的多任务或多用户操作系统拥有不同的内存映射布局。对于 Linux 进程的虚拟内存映射来说，其遵循如图 1-5 所示的映射方案。

无论平台的进程内存划分方案有多么特殊，下面几个内存映射的节（section）都是必须支持的：

- 代码节：该节包含了供 CPU 执行的机器码指令（.text 节）。
- 数据节：该节包含了供 CPU 操作的数据。通常来说，初始化数据（.data 节）、未初始化数据（.bss 节）和只读数据（.rdata 节）会保存在分离的节中。

- 堆：动态内存分配的区域。
- 栈：为各个函数提供独立的存储空间。
- 最上层部分属于内核区域，特定进程的环境变量就存放在该区域。

Gustavo Duarte 撰写了一篇文章来详细讨论该主题，读者可以从下面的网址中找到这篇文章：http://duartes.org/gustavo/blog/post/anatomy-of-a-program-in-memory。

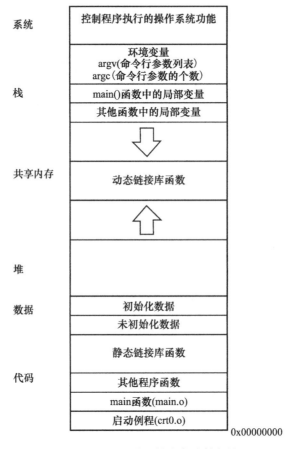

图 1-5 Linux 进程的内存映射布局

1.6 二进制文件、编译器、链接器与装载器的作用

在前面的章节中，我们弄清楚了程序运行过程中的内存映射。随之而来的一个重要问题就是：程序运行过程中的内存映射是如何在运行时创建的？我们会在本节针对这一问题进行简单的解释。

粗略地讲：

- 程序的二进制文件中包含了程序运行过程中的内存映射布局的细节。
- 链接器创建了二进制文件的整体框架。要实现这项功能，链接器要对编译器生成的二进制文件进行合并，然后向各个内存映射节填充信息（代码和数据等信息）。
- 进程内存映射的初始化建立工作是由程序装载器这一系统工具完成的。在最简单的情况下，装载器会打开二进制可执行文件，读取节的相关信息，然后将这些信息载入进程内存映射结构中。

所有现代操作系统都是按照这种角色分离的方式设计的。

需要注意的是，本节中的这些简单描述离完整描述还差得很远。读者应该将本节的内容作为针对后续详细讨论的一个简要介绍，我们会在后面继续深入讨论特定主题时，对有关二进制文件和进程加载方面的内容进行更加细致的讲解。

1.7　小结

本章对现代多任务操作系统设计上的一些最基本的概念进行了概述。虚拟内存和虚拟地址这些基本概念不仅对程序的执行产生影响（会在下一章中详细讨论），还直接影响程序可执行文件的构建过程（稍后会详细讲解）。

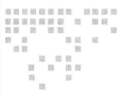

程序生命周期阶段基础

在前一章中，读者应该已经对现代多任务操作系统在程序执行中所起到的作用有了大致的了解。那么开发人员会很自然地想到下一个问题：若想让程序能够执行，需要做什么，如何做以及为何这样做？

就像一只蝴蝶的生命周期是从毛毛虫阶段开始的一样，程序的生命周期极大地依赖于二进制文件的内部构造。操作系统装载器会加载、解包这些数据，并将这些数据用于程序的执行阶段。本章随后即将讨论的内容将围绕准备数据和嵌入数据到二进制可执行文件结构体的方法展开，读者应该不会对此感到意外。我们假定程序是用 C/C++ 编写的。

为了完全理解整个生命周期过程，我们会对程序生命周期的剩余细节进行详细的分析，包括程序的加载与执行阶段。本书将会重点围绕以下几个程序生命周期阶段进行深入的讨论：

1）编写源代码。

2）编译。

3）链接。

4）装载。

5）执行。

实际上，相比链接、装载和执行阶段来说，本章的内容侧重于讲解编译阶段的有关细节。本章也会稍微提及其余一些阶段（特别是链接阶段）的内容，但是你仅仅会了解到这些内容的冰山一角。在介绍完大多数和链接相关的基础知识之后，本书的剩余章节将会针对装载和执行阶段进行详细的阐述。

2.1 基本假设

尽管大多数读者很可能属于高级或专家级开发人员，但我们在一开始依然会使用一些相当基础和简单的例子。本章主要讨论一个非常简单且易于讲解的例子。这个演示项目由两个简单的源代码文件组成，我们首先分别编译这两个文件，然后将其链接到一起。该项目的代码可以确保编译和链接的复杂度是最简单、最合理的。

比较特别的是，本例不会链接外部库，尤其是不会进行动态链接。唯一的例外是会链接 C 运行时库（对于绝大多数用 C 编写的程序来说都会链接这个库）。正因为在 C 程序执行的生命周期中使用 C 运行时库是如此普遍，因此为了简单起见，我们会故意忽略链接 C 运行时库的一些特定细节，并假定所有 C 运行时库代码都被"自动"嵌入程序内存映射结构体中。

通过这种方法，我们就能用最为简单且清晰的方式，对程序构建中的一些主要问题进行详细的阐述。

2.2　编写代码

考虑到本书讨论的主题是程序的构建过程（也就是编写完代码之后的过程），所以我们不准备在编写源代码上花费太长的时间。

除了在极少数情况下使用脚本来生成源代码的情况外，本书均假定用户使用编辑器输入代码，这些代码是一些使用 ASCII 字符编写的满足所选编程语言语法规则的语句（我们这里用的是 C 和 C++）。你可以选择多种不同的编辑器，从最简单的 ASCII 文本编辑器到高级的集成开发环境（IDE）工具。考虑到本书的绝大多数读者都是富有经验的开发人员，所以在选择编辑器的问题上也没有必要花费那么多时间去一一讲解了。

但是，这里有一项编程实践会对接下来的构建过程产生重要影响，因此需要我们额外关注。为了更好地对源代码进行组织，开发人员通常会遵循以下编程实践方法：将具有不同功能性的代码置于不同的文件中，这使得一个项目通常包含许多不同的源代码和头文件。

人们从早期微处理器的开发环境出现时就已经开始采用这项编程实践。从那时起，开发人员就把这个编程实践作为一项开发过程中的固定设计方案，事实证明这样可以很好地组织代码，而且使得代码维护工作变得轻松许多。

这项实用的编程实践会对开发过程产生深远的影响。在接下来的构建过程阶段中，你很快就会了解到这项实践会导致一些不可预测性，我们需要花些心思来解决这些问题。

概念解释：基于演示项目

为了更好地说明编译过程的复杂性，同时也让读者能够快速拥有一次动手实践的机会，本书提供了一个简单的演示项目。该项目的代码非常简单，只包含了一个头文件和两个源代码文件。虽说如此，但为了让读者理解整个过程，这个经过精心设计的演示项目也足以说明程序生命周期中的各个重点。

该项目由以下几个文件组成：

- 源代码文件 main.c，其中包含 main() 函数。
- 头文件 function.h，其中声明了 main() 函数中所调用的函数和使用的数据。
- 源代码文件 function.c，其中包含的代码实现 main() 函数引用的函数，并初始化 main() 函数引用的数据。

演示项目是在 Linux 环境中使用 gcc 编译器构建的。代码清单 2-1 到代码清单 2-3 列出了演示项目中用到的代码。

代码清单 2-1　function.h

```
#pragma once

#define FIRST_OPTION
#ifdef FIRST_OPTION
#define MULTIPLIER (3.0)
#else
#define MULTIPLIER (2.0)#endif

float add_and_multiply(float x, float y);
```

代码清单 2-2　function.c

```
int nCompletionStatus = 0;

float add(float x, float y)
{
    float z = x + y;
    return z;
}

float add_and_multiply(float x, float y)
{
    float z = add(x,y);
    z *= MULTIPLIER;
    return z;
}
```

代码清单 2-3　main.c

```
#include "function.h"
extern int nCompletionStatus = 0;
int main(int argc, char* argv[])
{
    float x = 1.0;
    float y = 5.0;
    float z;

    z = add_and_multiply(x,y);
    nCompletionStatus = 1;
    return 0;
}
```

2.3　编译阶段

在编写完源代码后，就可以开始进行代码的构建了，其中第一步就是编译。在涉及编译的复杂性之前，我们先来简单了解一些基本术语。

2.3.1　基本概念

从广义上来讲，编译其实就是将某种编程语言编写的源代码转换成另一种编程语言描述的源代码。下面罗列出的一些基本概念将有助于你理解整个编译过程：

- 编译器负责编译程序。
- 编译器的输入是一个编译单元。编译单元通常是一个包含源代码的文本文件。
- 一个程序通常会包括多个编译单元。尽管我们完全可以把整个工程的源代码放在单个文件中，但是我们有充足的理由（原因已在上一节中解释过）不这么做。
- 编译过程的输出是一系列二进制目标文件的集合，其中每一个目标文件对应一个作为输入的编译单元。
- 若想让程序能够执行，这些目标文件还需要经过另一个程序构建阶段的处理：链接。

图 2-1 展示了编译的概念。

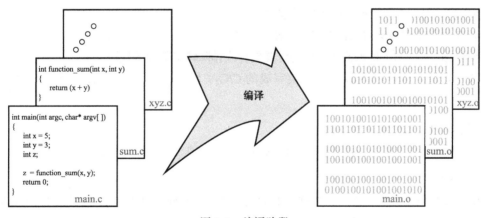

图 2-1　编译阶段

2.3.2　相关概念

我们通常会遇到以下几种与编译器相关的用例：

- 编译：从严格意义上讲，编译指的是将高级语言编写的源代码翻译成低级语言（通常是指汇编语言，甚至是机器代码）描述的代码的过程。
- 交叉编译：如果代码在同一个平台（相同 CPU 或操作系统）上进行编译，生成的代码可以在其他平台（不同 CPU 或操作系统）上执行，那么这种编译过程就称为交叉编译。通常会利用交叉编译在桌面操作系统（如 Linux 或 Windows）上生成嵌入式设备或移动设备的代码。

- 反编译（反汇编）：是指将低级语言编写的源代码转换成高级语言描述的源代码的过程。
- 语言翻译：是指将一种编程语言编写的源代码转换成另一种具有相同语言等级和复杂度的语言的过程。
- 语言重写：是指将语言表达式转换成另一种形式，以更好地适应特定任务的过程（比如优化）。

2.3.3 编译的各个阶段

编译过程本身不是一蹴而就的。事实上，该过程可以粗略地划分为几个阶段（预处理阶段、语言分析阶段、汇编阶段、优化阶段和代码生成阶段），接下来我们会针对这几个阶段进行详细的讨论。

1. 预处理阶段

编译过程的第一步是使用"预处理程序"这个特殊文本处理程序来处理源代码文件。预处理程序会执行下面列出的一项或多项操作：

- 将 #include 关键字标示的含有定义的文件（包含文件或头文件）包含到源代码文件中。
- 将 #define 语句指定的值转换成常量。
- 在代码中调用宏的位置将宏定义转换成代码。
- 根据 #if、#elif 和 #endif 指令的位置包含或排除特定部分的代码。

预处理程序输出的内容就是转换完成的 C/C++ 代码，这些输出结果将供下一编译阶段——语法分析使用。

演示项目：预处理阶段示例

gcc 编译器提供了一种模式，可以仅仅对输入文件执行预处理操作：

```
gcc -i <input file> -o <output preprocessed file>.i
```

除非额外指定参数，否则预处理器的输出文件名会和输入文件名相同，区别在于扩展名是 .i。对文件 function.c 执行预处理后的结果如代码清单 2-4 所示。

代码清单 2-4　function.i

```
# 1 "function.c"
# 1 "
# 1 "
# 1 "function.h" 1

# 11 "function.h"
float add_and_multiply(float x, float y);
# 2 "function.c" 2

int nCompletionStatus = 0;
```

```
float add(float x, float y)
{
    float z = x + y;
    return z;
}

float add_and_multiply(float x, float y)
{
    float z = add(x,y);
    z *= MULTIPLIER;
    return z;
}
```

如果向 gcc 传递一些额外参数，我们就能够得到更为简洁明了的预处理输出结果，比如增加以下参数：

```
gcc -E -P -i <input file> -o <output preprocessed file>.i
```

在代码清单 2-5 中，可以看到预处理文件的结果：

代码清单 2-5　function.i（精简版本）

```
float add_and_multiply(float x, float y);
int nCompletionStatus = 0;

float add(float x, float y)
{
    float z = x + y;
    return z;
}

float add_and_multiply(float x, float y)
{
    float z = add(x,y);
    z *= 3.0;
    return z;
}
```

我们可以清楚地看到，预处理程序利用 FIRST_OPTION [⊖] 变量定义范围内的宏，将 MULTIPLIER 符号替换成了对应的 3.0 这个值。

2. 语言分析阶段

在这个阶段中，编译器会先将 C/C++ 代码转换成更易于处理的形式（删去注释和不必要的空格，以及从文本中提取符号等操作）。通过词法分析，就可以得到这种优化和精简后的源代码形式，词法分析的目的在于检查程序是否满足编程语言的语法规则。编译器会在检查到不满足语法规则错误的时候报告错误或发出警告。编译错误会导致编译过程中断，而编译警告则不一定。对编译警告来说，是否中断编译过程取决于用户的设置。

深入了解编译，我们可以将该过程细分为以下三个不同的阶段：

⊖　作者原文为 USE_FIRST_OPTION，但代码里实际是 FIRST_OPTION，此处疑为作者笔误。——译者注

- 词法分析：将源代码分割成不可分割的单词。
- 语法分析：将提取出来的单词连接成单词序列，并根据编程语言规则验证其顺序是否合理。
- 语义分析：目的是发现符合语法规则的语句是否具有实际意义。比如，将两个整数相加并把结果赋值给一个对象的语句，虽然能通过语法规则的检查，但可能无法通过语义检查（除非该对象重载了赋值操作符）。

在语言分析阶段中，编译器可能更像一个"喜欢抱怨的人"，因为相比真正编译代码而言，编译器更倾向于检查处理过程中遇到的拼写错误或者其他错误。

3. 汇编阶段

当源代码经过校验不包含任何语法错误后，编译器才会执行汇编阶段。在这个阶段中，编译器会将标准的语言集合转换成特定 CPU 指令集的语言集合。不同的 CPU 包含不同的功能性需求，通常会包含不同的指令集、寄存器和中断，这就解释了为什么不同的处理器要有不同的编译器对其支持。

演示项目：汇编阶段示例

gcc 编译器支持一种模式：将输入文件的源代码转换成对应 ASCII 编码的文本文件，其中包含了特定芯片或操作系统所对应汇编指令集的代码行。

```
$ gcc -S <input file> -o <output assembler file>.s
```

除非特别指定预处理程序的输出文件名，否则输出文件名和输入文件名是相同的，只不过扩展名变成了 .s。

这里生成的文件还不能供我们直接执行，该文件只是一个包含了人们可读的汇编指令助记符的文本文件，这些内容有助于开发者更好地理解编译过程的内部工作细节。

对于 x86 处理器体系结构来说，编译器支持两种指令格式，汇编代码会遵循其中一种：

- AT&T 格式。
- Intel 格式。

通过向 gcc 汇编器传递额外的命令行参数，我们可以选择特定的指令格式。具体选择哪种格式主要依据开发者的个人喜好而定。

AT&T 汇编格式示例

当通过下面的命令将 function.c 文件汇编成 AT&T 格式时：

```
$ gcc -S -masm=att function.c -o function.s
```

生成的汇编输出文件的内容如代码清单 2-6 所示。

代码清单 2-6　function.s（AT&T 汇编格式）

```
        .file   "function.c"
        .globl  nCompletionStatus
```

```
        .bss
        .align 4
        .type       nCompletionStatus, @object
        .size       nCompletionStatus, 4
nCompletionStatus:
        .zero       4
        .text
        .globl      add
        .type       add, @function
add:
.LFB0:
        .cfi_startproc
        pushl       %ebp
        .cfi_def_cfa_offset 8
        .cfi_offset 5, -8
        movl        %esp, %ebp
        .cfi_def_cfa_register 5
        subl        $20, %esp
        flds        8(%ebp)
        fadds       12(%ebp)
        fstps       -4(%ebp)
        movl        -4(%ebp), %eax
        movl        %eax, -20(%ebp)
        flds        -20(%ebp)
        leave
        .cfi_restore 5
        .cfi_def_cfa 4, 4
        ret
        .cfi_endproc
.LFE0:
        .size       add, .-add
        .globl      add_and_multiply
        .type       add_and_multiply, @function
add_and_multiply:
.LFB1:
        .cfi_startproc
        pushl       %ebp
        .cfi_def_cfa_offset 8
        .cfi_offset 5, -8
        movl        %esp, %ebp
        .cfi_def_cfa_register 5
        subl        $28, %esp
        movl        12(%ebp), %eax
        movl        %eax, 4(%esp)
        movl        8(%ebp), %eax
        movl        %eax, (%esp)
        call        add
        fstps       -4(%ebp)
        flds        -4(%ebp)
        flds        .LC1
        fmulp       %st, %st(1)
        fstps       -4(%ebp)
        movl        -4(%ebp), %eax
        movl        %eax, -20(%ebp)
        flds        -20(%ebp)
        leave
        .cfi_restore 5
```

```
        .cfi_def_cfa 4, 4
        ret
        .cfi_endproc
.LFE1:
        .size      add_and_multiply, .-add_and_multiply
        .section          .rodata
        .align 4
.LC1:
        .long      1077936128
        .ident     "GCC: (Ubuntu/Linaro 4.6.3-1ubuntu5) 4.6.3"
        .section          .note.GNU-stack,"",@progbits
```

Intel 汇编格式示例

当通过下面的命令将同一个 function.c 文件汇编成 Intel 格式时：

```
$ gcc -S -masm=intel function.c -o function.s
```

生成的汇编输出文件的内容如代码清单 2-7 所示。

代码清单 2-7　function.s(Intel 汇编格式)

```
        .file      "function.c"
        .intel_syntax noprefix
        .globl     nCompletionStatus
        .bss
        .align 4
        .type      nCompletionStatus, @object
        .size      nCompletionStatus, 4
nCompletionStatus:
        .zero      4
        .text
        .globl     add
        .type      add, @function
add:
.LFB0:
        .cfi_startproc
        push       ebp
        .cfi_def_cfa_offset 8
        .cfi_offset 5, -8
        mov        ebp, esp
        .cfi_def_cfa_register 5
        sub        esp, 20
        fld        DWORD PTR [ebp+8]
        fadd       DWORD PTR [ebp+12]
        fstp       DWORD PTR [ebp-4]
        mov        eax, DWORD PTR [ebp-4]
        mov        DWORD PTR [ebp-20], eax
        fld        DWORD PTR [ebp-20]
        leave
        .cfi_restore 5
        .cfi_def_cfa 4, 4
        ret
        .cfi_endproc
.LFE0:
        .size      add, .-add
```

```
        .globl    add_and_multiply
        .type     add_and_multiply, @function
add_and_multiply:
.LFB1:
        .cfi_startproc
        push      ebp
        .cfi_def_cfa_offset 8
        .cfi_offset 5, -8
        mov       ebp, esp
        .cfi_def_cfa_register 5
        sub       esp, 28
        mov       eax, DWORD PTR [ebp+12]
        mov       DWORD PTR [esp+4], eax
        mov       eax, DWORD PTR [ebp+8]
        mov       DWORD PTR [esp], eax
        call      add
        fstp      DWORD PTR [ebp-4]
        fld       DWORD PTR [ebp-4]
        fld       DWORD PTR .LC1
        fmulp     st(1), st
        fstp      DWORD PTR [ebp-4]
        mov       eax, DWORD PTR [ebp-4]
        mov       DWORD PTR [ebp-20], eax
        fld       DWORD PTR [ebp-20]
        leave
        .cfi_restore 5
        .cfi_def_cfa 4, 4
        ret
        .cfi_endproc
.LFE1:
        .size     add_and_multiply, .-add_and_multiply
        .section          .rodata
        .align 4
.LC1:
        .long     1077936128
        .ident    "GCC: (Ubuntu/Linaro 4.6.3-1ubuntu5) 4.6.3"
        .section          .note.GNU-stack,"",@progbits
```

4. 优化阶段

当由源代码文件生成最初版本的汇编代码后，优化过程就开始了，这可以将程序的寄存器使用率最小化。此外，通过分析能够预测出实际上不需要执行的部分代码，并将其删去。

5. 代码生成阶段

最后到生成编译输出目标文件的阶段，其中每一个目标文件对应一个编译单元。汇编指令（用可读的 ASCII 码编写）会在此阶段转换成对应机器指令（操作码）的二进制值，并写入目标文件的特定位置。

我们创建的目标文件还不足以让处理器执行。究其原因其实就是本书将要讨论的主题。而现在，我们亟须对单个目标文件进行分析。

作为二进制文件的目标文件（见图 2-2），与预处理阶段和汇编阶段生成的可读的 ASCII 码输出文件有着本质区别。当我们想要更深入地研究目标文件内容时，这种差别就变得尤其明显。

```
00000000  7f 45 4c 46 01 01 01 00  00 00 00 00 00 00 00 00  |.ELF............|
00000010  01 00 03 00 01 00 00 00  00 00 00 00 00 00 00 00  |................|
00000020  6c 01 00 00 00 00 00 00  34 00 00 00 00 00 28 00  |l.......4.....(.|
00000030  0d 00 0a 00 55 89 e5 83  ec 14 d9 45 08 d8 45 0c  |....U......E..E.|
00000040  d9 5d fc 8b 45 fc 89 45  ec d9 45 ec c9 c3 55 89  |.]..E..E..E...U.|
00000050  e5 83 ec 1c 8b 45 0c 89  44 24 04 8b 45 08 89 04  |.....E..D$..E...|
00000060  24 e8 fc ff ff ff d9 5d  fc d9 45 d9 05 00 00 00  |$......]..E.....|
00000070  00 00 de c9 d9 5d fc 8b  45 fc 89 45 ec d9 45 ec  |.....]..E..E..E.|
00000080  c9 c3 00 00 00 00 40 40  00 47 43 43 3a 20 28 55  |......@@.GCC: (U|
00000090  62 75 6e 74 75 2f 4c 69  6e 61 72 6f 20 34 2e 36  |buntu/Linaro 4.6|
000000a0  2e 33 2d 31 75 62 75 6e  74 75 35 29 20 34 2e 36  |.3-1ubuntu5) 4.6|
000000b0  2e 33 00 00 14 00 00 00  00 00 00 00 01 7a 52 00  |.3...........zR.|
000000c0  01 7c 08 01 1b 0c 04 04  88 01 00 00 1c 00 00 00  |.|..............|
000000d0  1c 00 00 00 00 00 00 00  1a 00 00 00 41 0e 08  |............A.|
000000e0  85 02 42 0d 05 56 c5 0c  04 04 00 00 1c 00 00 00  |..B..V..........|
000000f0  3c 00 00 00 1a 00 00 00  34 00 00 00 41 0e 08  |<.......4....A.|
00000100  85 02 42 0d 05 70 c5 0c  04 04 00 00 2e 73 79  |..B..p.......sy|
00000110  6d 74 61 62 00 2e 73 74  72 74 61 62 00 2e 73 68  |mtab..strtab..sh|
00000120  73 74 72 74 61 62 00 2e  72 65 6c 2e 74 65 78 74  |strtab..rel.text|
00000130  00 2e 64 61 74 61 00 2e  62 73 73 00 2e 72 6f 64  |..data..bss..rod|
00000140  61 74 61 00 2e 63 6f 6d  6d 65 6e 74 00 2e 6e 6f  |ata..comment..no|
00000150  74 65 2e 47 4e 55 2d 73  74 61 63 6b 00 2e 72 65  |te.GNU-stack..re|
00000160  6c 2e 65 68 5f 66 72 61  6d 65 00 00 00 00 00 00  |l.eh_frame......|
00000170  00 00 00 00 00 00 00 00  00 00 00 00 00 00 00 00  |................|
*
00000190  00 00 00 00 1f 00 00 00  01 00 00 00 06 00 00 00  |................|
000001a0  00 00 00 00 34 00 00 00  4e 00 00 00 00 00 00 00  |....4...N.......|
000001b0  00 00 00 00 04 00 00 00  00 00 00 00 1b 00 00 00  |................|
000001c0  09 00 00 00 00 00 00 00  00 00 00 00 68 04 00 00  |............h...|
000001d0  10 00 00 00 0b 00 00 00  01 00 00 00 04 00 00 00  |................|
000001e0  08 00 00 00 25 00 00 00  01 00 00 00 03 00 00 00  |....%...........|
000001f0  00 00 00 00 84 00 00 00  00 00 00 00 00 00 00 00  |................|
00000200  00 00 00 00 04 00 00 00  00 00 00 00 2b 00 00 00  |............+...|
00000210  08 00 00 00 03 00 00 00  00 00 00 00 84 00 00 00  |................|
00000220  04 00 00 00 00 00 00 00  00 00 00 00 04 00 00 00  |................|
00000230  00 00 00 00 30 00 00 00  01 00 00 00 02 00 00 00  |....0...........|
00000240  00 00 00 00 84 00 00 00  04 00 00 00 00 00 00 00  |................|
00000250  00 00 00 00 00 00 00 00  00 00 00 00 38 00 00 00  |............8...|
00000260  01 00 00 00 30 00 00 00  00 00 00 00 88 00 00 00  |....0...........|
00000270  2b 00 00 00 00 00 00 00  00 00 00 00 01 00 00 00  |+...............|
00000280  01 00 00 00 41 00 00 00  01 00 00 00 03 00 00 00  |....A...........|
00000290  00 00 00 00 b3 00 00 00  00 00 00 00 00 00 00 00  |................|
000002a0  00 00 00 00 01 00 00 00  00 00 00 00 55 00 00 00  |............U...|
000002b0  01 00 00 00 02 00 00 00  00 00 00 00 b4 00 00 00  |................|
000002c0  58 00 00 00 00 00 00 00  00 00 00 00 04 00 00 00  |X...............|
000002d0  00 00 00 00 51 00 00 00  09 00 00 00 40 00 00 00  |....Q.......@...|
000002e0  00 00 00 00 78 04 00 00  10 00 00 00 0b 00 00 00  |....x...........|
```

图 2-2　以二进制方式显示目标文件的内容

若想深入了解目标文件的内容，除了直接使用十六进制编辑器（除非你以编写编译器为生，否则帮助也不大）以外，还可以利用名为反汇编的过程来帮助你进行分析。

编译是一种将基于 ASCII 码编写的文件转换成适合特定机器运行的二进制文件的过程，而进行反汇编则是将二进制文件转换成便于软件开发者阅读的基于 ASCII 码的文件，这么做看起来像是在走回头路。不过幸运的是，这种走回头路的方式仅仅是为了方便开发者阅读和理解目标文件的内容，通常情况下我们是不会进行反汇编操作的。

演示项目：编译示例

gcc 编译器可以用于完整的编译（其中包括预处理、汇编和编译阶段），该过程中会生成二进制目标文件（标准扩展名是 .o），其结构遵循 ELF 格式规范。

除了一些常用的描述信息（头、表等信息）以外，目标文件中还包含所有相关的节（.text、.code、.bss）。如果只需执行编译过程（不执行链接），可以使用下面的命令行：

```
$ gcc -c <input file> -o <output file>.o
```

除非额外指定文件名，否则输出文件名和输入文件名是相同的，区别在于扩展名是 .o。

生成好的目标文件的内容并不能直接用文本编辑器查看。如果用十六进制编辑器或阅读器就会稍微好一点，至少它们能够区分不可见字符和缺失的换行符。图 2-2 展示了以二进制方式显示的目标文件 function.o 的内容，该文件是编译演示项目的文件 function.c 后生成的。

很显然，如果我们只去看目标文件的十六进制值，是很难看出其中包含哪些内容的。但通过反汇编，我们可以了解到其中的更多细节。

objdump（在常用的 binutils 包中）是一款专门用于反汇编二进制文件的 Linux 工具，除此之外它还有很多其他功能。该工具不仅能转换目标平台的二进制机器指令序列，还会指出指令所在的地址。

我们应该不会感到意外，该工具同时支持 AT&T（默认）和 Intel 两种风格汇编代码的输出。

通过简单执行 objdump 命令：

```
$ objdump -D <input file>.o
```

你将会在终端屏幕上得到以下输出内容：

function.o 文件的反汇编输出内容 (AT&T 汇编格式)

```
function.o:      file format elf32-i386

Disassembly of section .text:

00000000 <add>:
   0:  55                 push   %ebp
   1:  89 e5              mov    %esp,%ebp
   3:  83 ec 14           sub    $0x14,%esp
   6:  d9 45 08           flds   0x8(%ebp)
   9:  d8 45 0c           fadds  0xc(%ebp)
   c:  d9 5d fc           fstps  -0x4(%ebp)
   f:  8b 45 fc           mov    -0x4(%ebp),%eax
  12:  89 45 ec           mov    %eax,-0x14(%ebp)
  15:  d9 45 ec           flds   -0x14(%ebp)
  18:  c9                 leave
  19:  c3                 ret

0000001a <add_and_multiply>:
  1a:  55                 push   %ebp
  1b:  89 e5              mov    %esp,%ebp
  1d:  83 ec 1c           sub    $0x1c,%esp
  20:  8b 45 0c           mov    0xc(%ebp),%eax
  23:  89 44 24 04        mov    %eax,0x4(%esp)
```

```
27:   8b 45 08                    mov     0x8(%ebp),%eax
2a:   89 04 24                    mov     %eax,(%esp)
2d:   e8 fc ff ff ff              call    2e <add_and_multiply+0x14>
32:   d9 5d fc                    fstps   -0x4(%ebp)
35:   d9 45 fc                    flds    -0x4(%ebp)
38:   d9 05 00 00 00 00           flds    0x0
3e:   de c9                       fmulp   %st,%st(1)
40:   d9 5d fc                    fstps   -0x4(%ebp)
43:   8b 45 fc                    mov     -0x4(%ebp),%eax
46:   89 45 ec                    mov     %eax,-0x14(%ebp)
49:   d9 45 ec                    flds    -0x14(%ebp)
4c:   c9                          leave
4d:   c3                          ret
```

Disassembly of section .bss:

```
00000000 <nCompletionStatus>:
   0:   00 00                     add     %al,(%eax)
           ...
```

Disassembly of section .rodata:

```
00000000 <.rodata>:
   0:   00 00                     add     %al,(%eax)
   2:   40                        inc     %eax
   3:   40                        inc     %eax
```

Disassembly of section .comment:

```
00000000 <.comment>:
   0:   00 47 43                  add     %al,0x43(%edi)
   3:   43                        inc     %ebx
   4:   3a 20                     cmp     (%eax),%ah
   6:   28 55 62                  sub     %dl,0x62(%ebp)
   9:   75 6e                     jne     79 <add_and_multiply+0x5f>
   b:   74 75                     je      82 <add_and_multiply+0x68>
   d:   2f                        das
   e:   4c                        dec     %esp
   f:   69 6e 61 72 6f 20 34      imul    $0x34206f72,0x61(%esi),%ebp
  16:   2e 36 2e 33 2d 31 75      cs ss xor %cs:%ss:0x75627531,%ebp
  1d:   62 75
  1f:   6e                        outsb   %ds:(%esi),(%dx)
  20:   74 75                     je      97 <add_and_multiply+0x7d>
  22:   35 29 20 34 2e            xor     $0x2e342029,%eax
  27:   36 2e 33 00               ss xor %cs:%ss:(%eax),%eax
```

Disassembly of section .eh_frame:

```
00000000 <.eh_frame>:
   0:   14 00                     adc     $0x0,%al
   2:   00 00                     add     %al,(%eax)
   4:   00 00                     add     %al,(%eax)
   6:   00 00                     add     %al,(%eax)
   8:   01 7a 52                  add     %edi,0x52(%edx)
   b:   00 01                     add     %al,(%ecx)
   d:   7c 08                     jl      17 <.eh_frame+0x17>
   f:   01 1b                     add     %ebx,(%ebx)
  11:   0c 04                     or      $0x4,%al
```

```
13:  04 88                 add    $0x88,%al
15:  01 00                 add    %eax,(%eax)
17:  00 1c 00              add    %bl,(%eax,%eax,1)
1a:  00 00                 add    %al,(%eax)
1c:  1c 00                 sbb    $0x0,%al
1e:  00 00                 add    %al,(%eax)
20:  00 00                 add    %al,(%eax)
22:  00 00                 add    %al,(%eax)
24:  1a 00                 sbb    (%eax),%al
26:  00 00                 add    %al,(%eax)
28:  00 41 0e              add    %al,0xe(%ecx)
2b:  08 85 02 42 0d 05     or     %al,0x50d4202(%ebp)
31:  56                    push   %esi
32:  c5 0c 04              lds    (%esp,%eax,1),%ecx
35:  04 00                 add    $0x0,%al
37:  00 1c 00              add    %bl,(%eax,%eax,1)
3a:  00 00                 add    %al,(%eax)
3c:  3c 00                 cmp    $0x0,%al
3e:  00 00                 add    %al,(%eax)
40:  1a 00                 sbb    (%eax),%al
42:  00 00                 add    %al,(%eax)
44:  34 00                 xor    $0x0,%al
46:  00 00                 add    %al,(%eax)
48:  00 41 0e              add    %al,0xe(%ecx)
4b:  08 85 02 42 0d 05     or     %al,0x50d4202(%ebp)
51:  70 c5                 jo     18 <.eh_frame+0x18>
53:  0c 04                 or     $0x4,%al
55:  04 00                 add    $0x0,%al
         ...
```

与上面执行的命令类似，我们可以指定 Intel 汇编风格：

```
$ objdump -D -M intel <input file>.o
```

你将会在终端屏幕上得到以下输出内容：

function.o 文件的反汇编输出内容（Intel 汇编格式）

```
function.o:     file format elf32-i386

Disassembly of section .text:

00000000 <add&gt:
   0:  55                   push   ebp
   1:  89 e5                mov    ebp,esp
   3:  83 ec 14             sub    esp,0x14
   6:  d9 45 08             fld    DWORD PTR [ebp+0x8]
   9:  d8 45 0c             fadd   DWORD PTR [ebp+0xc]
   c:  d9 5d fc             fstp   DWORD PTR [ebp-0x4]
   f:  8b 45 fc             mov    eax,DWORD PTR [ebp-0x4]
  12:  89 45 ec             mov    DWORD PTR [ebp-0x14],eax
  15:  d9 45 ec             fld    DWORD PTR [ebp-0x14]
  18:  c9                   leave
  19:  c3                   ret
0000001a <add_and_multiply>:
  1a:  55                   push   ebp
  1b:  89 e5                mov    ebp,esp
  1d:  83 ec 1c             sub    esp,0x1c
```

```
20:   8b 45 0c                 mov      eax,DWORD PTR [ebp+0xc]
23:   89 44 24 04              mov      DWORD PTR [esp+0x4],eax
27:   8b 45 08                 mov      eax,DWORD PTR [ebp+0x8]
2a:   89 04 24                 mov      DWORD PTR [esp],eax
2d:   e8 fc ff ff ff           call     2e <add_and_multiply+0x14>
32:   d9 5d fc                 fstp     DWORD PTR [ebp-0x4]
35:   d9 45 fc                 fld      DWORD PTR [ebp-0x4]
38:   d9 05 00 00 00 00        fld      DWORD PTR ds:0x0
3e:   de c9                    fmulp    st(1),st
40:   d9 5d fc                 fstp     DWORD PTR [ebp-0x4]
43:   8b 45 fc                 mov      eax,DWORD PTR [ebp-0x4]
46:   89 45 ec                 mov      DWORD PTR [ebp-0x14],eax
49:   d9 45 ec                 fld      DWORD PTR [ebp-0x14]
4c:   c9                       leave
4d:   c3                       ret
```

Disassembly of section .bss:

```
00000000 <nCompletionStatus>:
   0:   00 00                    add      BYTE PTR [eax],al
        ...
```

Disassembly of section .rodata:

```
00000000 <.rodata>:
   0:   00 00                    add      BYTE PTR [eax],al
   2:   40                       inc      eax
   3:   40                       inc      eax
```

Disassembly of section .comment:

```
00000000 <.comment>:
   0:   00 47 43                 add      BYTE PTR [edi+0x43],al
   3:   43                       inc      ebx
   4:   3a 20                    cmp      ah,BYTE PTR [eax]
   6:   28 55 62                 sub      BYTE PTR [ebp+0x62],dl
   9:   75 6e                    jne      79 <add_and_multiply+0x5f>
   b:   74 75                    je       82 <add_and_multiply+0x68>
   d:   2f                       das
   e:   4c                       dec      esp
   f:   69 6e 61 72 6f 20 34     imul     ebp,DWORD PTR [esi+0x61],0x34206f72
  16:   2e 36 2e 33 2d 31 75     cs ss xor ebp,DWORD PTR cs:ss:0x75627531
  1d:   62 75
  1f:   6e                       outs     dx,BYTE PTR ds:[esi]
  20:   74 75                    je       97 <add_and_multiply+0x7d>
  22:   35 29 20 34 2e           xor      eax,0x2e342029
  27:   36 2e 33 00              ss xor eax,DWORD PTR cs:ss:[eax]
```
Disassembly of section .eh_frame:

```
00000000 <.eh_frame>:
   0:   14 00                    adc      al,0x0
   2:   00 00                    add      BYTE PTR [eax],al
   4:   00 00                    add      BYTE PTR [eax],al
   6:   00 00                    add      BYTE PTR [eax],al
   8:   01 7a 52                 add      DWORD PTR [edx+0x52],edi
   b:   00 01                    add      BYTE PTR [ecx],al
```

```
   d:  7c 08                        jl      17 <.eh_frame+0x17>
   f:  01 1b                        add     DWORD PTR [ebx],ebx
  11:  0c 04                        or      al,0x4
  13:  04 88                        add     al,0x88
  15:  01 00                        add     DWORD PTR [eax],eax
  17:  00 1c 00                     add     BYTE PTR [eax+eax*1],bl
  1a:  00 00                        add     BYTE PTR [eax],al
  1c:  1c 00                        sbb     al,0x0
  1e:  00 00                        add     BYTE PTR [eax],al
  20:  00 00                        add     BYTE PTR [eax],al
  22:  00 00                        add     BYTE PTR [eax],al
  24:  1a 00                        sbb     al,BYTE PTR [eax]
  26:  00 00                        add     BYTE PTR [eax],al
  28:  00 41 0e                     add     BYTE PTR [ecx+0xe],al
  2b:  08 85 02 42 0d 05            or      BYTE PTR [ebp+0x50d4202],al
  31:  56                           push    esi
  32:  c5 0c 04                     lds     ecx,FWORD PTR [esp+eax*1]
  35:  04 00                        add     al,0x0
  37:  00 1c 00                     add     BYTE PTR [eax+eax*1],bl
  3a:  00 00                        add     BYTE PTR [eax],al
  3c:  3c 00                        cmp     al,0x0
  3e:  00 00                        add     BYTE PTR [eax],al
  40:  1a 00                        sbb     al,BYTE PTR [eax]
  42:  00 00                        add     BYTE PTR [eax],al
  44:  34 00                        xor     al,0x0
  46:  00 00                        add     BYTE PTR [eax],al
  48:  00 41 0e                     add     BYTE PTR [ecx+0xe],al
  4b:  08 85 02 42 0d 05            or      BYTE PTR [ebp+0x50d4202],al
  51:  70 c5                        jo      18 <.eh_frame+0x18>
  53:  0c 04                        or      al,0x4
  55:  04 00                        add     al,0x0
       ...
```

2.3.4　目标文件属性

编译阶段的输出是一个或多个目标文件，因此接下来我们会分析这些目标文件的结构。目标文件的结构中还有很多内容需要介绍，这些内容有助于你深入了解整个编译过程。

概括来讲：

- 目标文件是通过其对应的源代码翻译得到的。由于一个项目中有许多的源代码文件，因此编译的结果将是一组目标文件。

  当编译完成后，后续的构建过程将基于目标文件进行。

- 符号（symbol）和节（section）是目标文件的基本组成部分，其中符号表示的是程序中的内存地址或数据内存。

  绝大多数的目标文件中都包含代码节（.text）、初始化数据节（.data）、未初始化数据节（.bss）以及一些特殊节（比如调试信息等）。

- 构建程序的目的在于：将编译的每个独立的源代码文件生成的节拼接到一个二进制可执行文件中。

  最终生成的二进制文件中包含了多个相同类型的节（.text、.data 和 .bss 节等），而这些节是从每个独立的目标文件中拼接得到的。打比方，我们可以把一个目标文件看成一块简单的拼贴，进程内存映射看作一幅巨幅镶嵌画，而生成二进制文件的过程就是将这块拼贴放到镶嵌画中恰当位置的过程。

- 目标文件中独立的节都有可能包含在最终的程序内存映射中，因此目标文件中每个节的起始地址都会被临时设置成 0，等待链接时调整。

  在程序构建过程的后续阶段（链接阶段）中会确定程序内存映射中每个独立节的实际地址范围。

- 在将目标文件的节拼接到程序内存映射的过程中，其中唯一重要的参数是节的长度，准确地说是节的地址范围。

- 目标文件中不包含专门的节会影响堆与栈中的数据。内存映射中的堆与栈内容完全在运行时确定，除了需要指定堆与栈的默认长度以外，并不需要程序指定任何其他初始化设置。

- 目标文件只包含了程序 .bss（未初始化数据）节的基本信息，而 .bss 节本身也仅仅只有字节长度信息。装载器会利用这些有限的数据为 .bss 节建立足够其数据存储的内存空间。

通常来讲，目标文件中的信息是根据一组特定的二进制格式规范集合进行存储的，其中规范定义了多种不同平台的细节信息（Windows 和 Linux、32 位和 64 位、x86 和 ARM 处理器家族）。

二进制格式规范的设计通常是为了支持 C/C++ 语言结构并帮助其解决实现问题。二进制格式规范常常会涵盖各种各样的文件类型，比如可执行文件、静态库和动态库等。

在 Linux 上，可执行和可链接格式（Executable and Linkable Format，ELF）已经得到了普遍运用。而在 Windows 上，二进制文件通常遵循 PE/COFF 格式规范。

2.3.5 编译过程的局限性

通过对程序构建过程逐步分析，我们已经逐渐对整个构建过程有了一个基本的认识。到目前为止，你已经了解了编译过程：将 ASCII 源代码文件翻译成对应二进制目标文件集合。每一个目标文件都会包含多个节，而这些节最终又会成为整个程序内存映射中的一部分，如图 2-3 所示。

现在只需将存储在单个目标文件中的节拼接到程序内存映射中。我们在前面已经提到，该程序构建过程中剩下的阶段就是链接。

如果你观察仔细，可能不禁想问（在了解链接过程以前）：为什么在构建过程中，我们还需要另一个全新的阶段？或者更准确地说，为什么编译过程不能完成目标文件的拼接任务呢？我们有充分的理由去划分构建过程，而本章剩下的内容将对这个决定做出一些合理的解释。

简言之，我们可以用一两句话来解释这个问题。首先，拼接节（特别是代码节）的操作并不总是一件轻松的事情。这是一个很重要的原因，但是这个理由还不够充分，因为有很多编程语言的构建过程可以用一步完成（换句话说，这些编程语言不需将构建过程划分成两个阶段）。

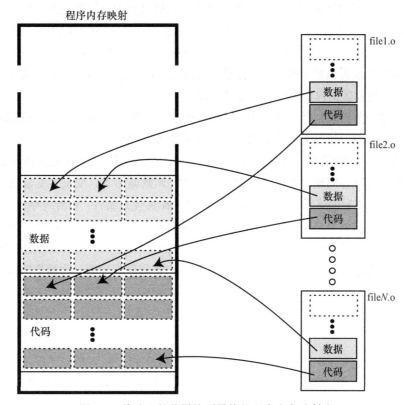

图 2-3　将独立的节拼接到最终的程序内存映射中

其次，程序构建过程中需要支持代码复用（以及拼接来自不同项目二进制文件的能力），这明确要求在实现 C/C++ 构建时分为两个（编译和链接）阶段。

是什么原因让节的拼接如此复杂

绝大多数情况下，将源代码翻译成目标文件的过程十分简单：将代码行翻译成特定处理平台运行的机器代码指令，或者为初始化变量预留空间并对这些变量初始化，或者为未初始化变量预留空间并用 0 填充等。

但这个过程会导致一些问题：虽然源代码被分成多个源代码文件存放，但要组成一个程序，那么它们之间必然存在一定的关联。事实上这些单独存放的代码一般会通过下面方式之一来建立联系：

- 功能独立的代码之间的函数调用：

  比如，一个聊天应用程序的 GUI 相关代码文件可能会调用 TCP/IP 网络功能源代码文件中的函数，也可能会调用加密功能源代码文件中的函数。

- 外部变量：

  在 C 编程语言的领域中（在 C++ 领域中很少），通常会采取预留全局变量的方式来维护不同部分代码之间的状态。对需要在多个源代码文件中使用的变量来说，我们会在一个源代码文件中将其定义成全局变量，并在其他源代码文件中作为外部变量进行引用。

  一个典型的例子就是 C 标准库中的 errno 变量，该变量用于保存最后一次出错的值。

为了访问变量或者函数（通常称为符号），就必须知道它们的地址（更准确地说，是程序内存中的函数地址和数据内存中的全局变量地址）。

但是，在单个节组装到程序的节中前（即在拼接节完成前），函数与变量的实际地址是无法确定的。在此之前，我们无法为函数调用及外部变量引用建立有意义的关联，此时函数调用和外部变量称为未解析引用。需要注意的是，当我们引用同一文件中定义的函数或者全局变量时就不会出现这种问题。在这种情况下，函数、函数调用者、变量、变量引用者都在同一个节内，它们的相对偏移在链接之前就已经确定。在拼接完成后，相对内存地址就确定了。

前文曾提到，如果只是为了解决这个问题，我们并不需要将构建过程划分为两个独立的阶段。实际上很多不同语言成功实现了一阶段式构建过程。但是，我们要在程序构建阶段支持重用（此处指的是二进制级别的重用），这才是我们将程序构建划分为两个阶段（编译和链接阶段）的主要原因。

2.4 链接

程序构建过程的第二个阶段就是链接。链接过程的输入是目标文件的集合，其中由编译阶段预先生成。每个目标文件可以被看作单个源代码文件的二进制存储版本，需要为程序内存映射提供各种各样的节（代码、初始化数据、非初始化数据、调试信息等）。链接器的最终任务是将独立的节组合成最终的程序内存映射节，与此同时解析所有的引用。需要注意的是，由于虚拟内存的概念允许链接器将需要填入的程序内存映射假想成从 0 开始的地址范围，而且每个程序的地址范围是相同的，而不需要考虑操作系统运行时到底为进程分配了多少地址范围，因此简化了链接任务。

为了简单起见，我们将会使用最简单的例子，该例子中所有需要拼接的内存映射节都来自同一个项目的文件。在实际情况中，由于代码重用，这种情况并不一定成立。

2.4.1 链接阶段

链接过程包含了一系列阶段（重定位、解析引用），接下来我们就详细介绍这些阶段。

1. 重定位

链接过程的第一个阶段仅仅进行拼接，其过程是将分散在单独目标文件中不同类型的节拼接到程序内存映射节中（见图 2-4）。为了完成该任务，需要将之前预留的空间，也就是节中从 0 开始的地址范围转换成最终程序内存映射中更具体的地址范围。

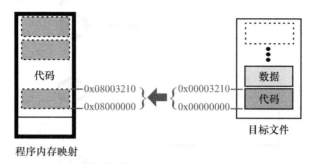

图 2-4　重定位：链接的第一阶段

我们使用"更具体"这个词来强调一个事实：由链接器创建的最终程序映像（image）其实依然留下了一些空间。请记住，虚拟内存机制使得每个程序都拥有相同、一致且简单的程序地址空间视图（地址范围为 0 到 2^N），但是程序执行时的实际物理内存地址是由操作系统在运行时决定的，不过这对程序和程序员来说是透明的。

当重定位阶段完成之后，绝大部分（但不是全部）的程序内存映射就已经创建完成了。

2. 解析引用

现在我们来看链接过程中最难的部分。将节的地址范围线性地转换成程序内存映射地址范围，这算得上是一项非常简单的任务。相比来说，更艰巨的任务在于为不同部分的代码建立关联，使得程序成为一个整体。

假定（由于演示程序非常简单，理应如此）之前所有的构建阶段（完成编译和节的重定位）都已经成功完成。现在来看一下在最后的链接阶段中仍需解决的问题。

前文曾提到，引发链接问题的根本原因其实很简单：代码片段在不同的编译单元中（源代码文件），它们之间尝试相互引用，但在将目标文件拼接成程序内存映射之前，又无从知晓引用对象的内存地址。这部分代码会引发问题往往是因为引用了其他的程序内存（函数入口点）或者数据内存（全局数据、静态数据、外部数据）中的地址。

在该代码示例中，你会遇到以下几种情况：

- add_and_multiply 函数调用 add 函数，这两个函数在同一个源代码文件中（即同一个目标文件的同一个编译单元）。这种情况下，函数 add 的内存映射地址是一个已知量，会被扩展成其相对于 function.o 中代码节起始地址的相对偏移。

- main 函数会调用 add_and_multiply 函数，并同时引用外部变量 nCompletionStatus，这个时候问题就出现了——我们不知道它们的实际程序内存地址。实际上，编译器会假定这些符号未来会在进程内存映射中存在。但是，直到生成完整内存映射之前，这两项引用会一直被当成未解析引用。

该问题可以用图 2-5 来描述。

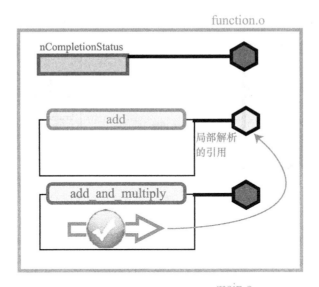

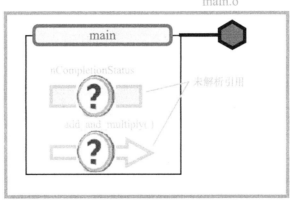

图 2-5　未解析引用问题的基本形式

为了解决这类问题，我们需要在链接阶段就对这些引用进行解析。此时链接器需要：

- 检查拼接到程序内存映射中的节。
- 找出哪些部分代码产生了外部调用。
- 计算该引用的精确地址（在内存映射中的地址）。
- 最后，将机器指令中的伪地址替换成程序内存映射的实际地址，这样就完成了引用的解析。

当链接器完成其工作之后，情况如图 2-6 所示。

3. 演示项目：链接示例

我们可以通过两种方法来编译和链接演示项目，用于创建可执行文件。

如果采用按部就班的方式，你首先需要编译这两个源代码文件，生成目标文件；然后将两个目标文件链接输出可执行文件。

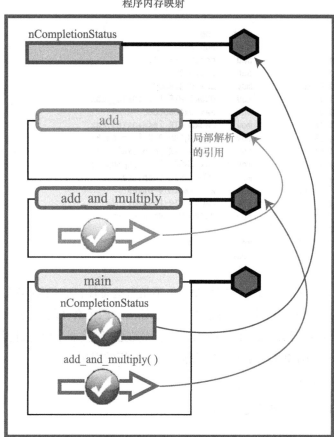

图 2-6　已解析引用

```
$ gcc -c function.c main.c
$ gcc function.o main.o -o demoApp
```

如果想一步到位，你可以使用一条命令调用编译器和链接器来完成相同的工作。

```
$ gcc function.c main.c -o demoApp
```

为了便于演示，我们采用按部就班的方法进行编译，这样将会生成目标文件 main.o，我们会针对其中的一些重要内容进行详细讲解。

反汇编 main.o 文件：

```
$ objdump -D -M intel main.o
```

该命令的输出中包含了未解析的引用。

main.o 文件的反汇编输出结果（Intel 汇编格式）

```
main.o:      file format elf32-i386

Disassembly of section .text:

00000000 <main>:
   0:  55                    push   ebp
   1:  89 e5                 mov    ebp,esp
   3:  83 e4 f0              and    esp,0xfffffff0
   6:  83 ec 20              sub    esp,0x20
   9:  b8 00 00 80 3f        mov    eax,0x3f800000
   e:  89 44 24 14           mov    DWORD PTR [esp+0x14],eax
  12:  b8 00 00 a0 40        mov    eax,0x40a00000
  17:  89 44 24 18           mov    DWORD PTR [esp+0x18],eax
  1b:  8b 44 24 18           mov    eax,DWORD PTR [esp+0x18]
  1f:  89 44 24 04           mov    DWORD PTR [esp+0x4],eax
  23:  8b 44 24 14           mov    eax,DWORD PTR [esp+0x14]
  27:  89 04 24              mov    DWORD PTR [esp],eax
  2a:  e8 fc ff ff ff        call   2b <main + 0x2b>
  2f:  d9 5c 24 1c           fstp   DWORD PTR [esp+0x1c]
  33:  c7 05 00 00 00 00 01  mov    DWORD PTR ds:0x0,0x1
  3a:  00 00 00
  3d:  b8 00 00 00 00        mov    eax,0x0
  42:  c9                    leave
  43:  c3                    ret    :
```

第 2a 行有一个跳转到自身的调用指令（是不是有些奇怪？），而第 33 行则访问了位于地址 0 处（更奇怪）的变量。很明显，链接器是故意插入这两个奇怪的值的。

我们来看一下可执行文件的反汇编输出。可以发现，链接器不仅将目标文件 main.o 的起始地址重定位成 0x08048404，而且解析了那两个未解析的引用。

```
$ objdump -D -M intel demoApp
```

demoApp 文件的反汇编输出（Intel 汇编格式）

```
080483ce <add_and_multiply>:
 80483ce:    55                    push   ebp
 80483cf:    89 e5                 mov    ebp,esp
 80483d1:    83 ec 1c              sub    esp,0x1c
 80483d4:    8b 45 0c              mov    eax,DWORD PTR [ebp+0xc]
 80483d7:    89 44 24 04           mov    DWORD PTR [esp+0x4],eax
 80483db:    8b 45 08              mov    eax,DWORD PTR [ebp+0x8]
 80483de:    89 04 24              mov    DWORD PTR [esp],eax
 80483e1:    e8 ce ff ff ff        call   80483b4 <add>
 80483e6:    d9 5d fc              fstp   DWORD PTR [ebp-0x4]
 80483e9:    d9 45 fc              fld    DWORD PTR [ebp-0x4]
 80483ec:    d9 05 20 85 04 08     fld    DWORD PTR ds:0x8048520
 80483f2:    de c9                 fmulp  st(1),st
 80483f4:    d9 5d fc              fstp   DWORD PTR [ebp-0x4]
 80483f7:    8b 45 fc              mov    eax,DWORD PTR [ebp-0x4]
 80483fa:    89 45 ec              mov    DWORD PTR [ebp-0x14],eax
 80483fd:    d9 45 ec              fld    DWORD PTR [ebp-0x14]
 8048400:    c9                    leave
 8048401:    c3                    ret
 8048402:    90                    nop
 8048403:    90                    nop
```

```
08048404 <main>:
 8048404:       55                      push    ebp
 8048405:       89 e5                   mov     ebp,esp
 8048407:       83 e4 f0                and     esp,0xfffffff0
 804840a:       83 ec 20                sub     esp,0x20
 804840d:       b8 00 00 80 3f          mov     eax,0x3f800000
 8048412:       89 44 24 14             mov     DWORD PTR [esp+0x14],eax
 8048416:       b8 00 00 a0 40          mov     eax,0x40a00000
 804841b:       89 44 24 18             mov     DWORD PTR [esp+0x18],eax
 804841f:       8b 44 24 18             mov     eax,DWORD PTR [esp+0x18]
 8048423:       89 44 24 04             mov     DWORD PTR [esp+0x4],eax
 8048427:       8b 44 24 14             mov     eax,DWORD PTR [esp+0x14]
 804842b:       89 04 24                mov     DWORD PTR [esp],eax
 804842e:       e8 9b ff ff ff          call    80483ce <add_and_multiply>
 8048433:       d9 5c 24 1c             fstp    DWORD PTR [esp+0x1c]
 8048437:       c7 05 18 a0 04 08 01    mov     DWORD PTR ds:0x804a018,0x1
 804843e:       00 00 00
 8048441:       b8 00 00 00 00          mov     eax,0x0
 8048446:       c9                      leave   t:
```

内存映射地址 0x8048437 那行引用了地址 0x804a018 处的变量。现在还需解决的问题就是那个地址到底存放了什么数据？

万能的 objdump 工具可以帮助我们回答这个问题（本书随后会有章节专门介绍这个非常实用的工具）。

执行下面这条命令：

```
$ objdump -x -j .bss demoApp
```

你可以对含有未初始化数据的 .bss 节进行反汇编操作，发现变量 nCompletionStatus 存放在地址 0x804a018 处，如图 2-7 所示：

```
milan@milan$ objdump -x -j .bss demoApp
                                            o
                                            o
SYMBOL TABLE:                               o
0804a010 l    d  .bss     00000000                    .bss
0804a010 l    O  .bss     00000001                    completed.6159
0804a014 l    O  .bss     00000004                    dtor_idx.6161
0804a018 g    O  .bss     00000004                    nCompletionStatus
```

图 2-7 .bss 节反汇编代码

2.4.2 链接器视角

"当你手握一把锤子，所有的东西看起来都像是钉子。"

——手持锤综合征

现在你应该已经了解了链接任务的复杂性，这有助于我们理解和总结链接器在执行过程中的细节。实际上，与更早出现的编译器有所不同，链接器是一个特殊的工具：它并不关心编写的代码的任何细节。相反，链接器关注的是目标文件的集合（就像拼图游戏一样），并致力于将这些目标文件拼接成程序内存映射，如图 2-8 所示。

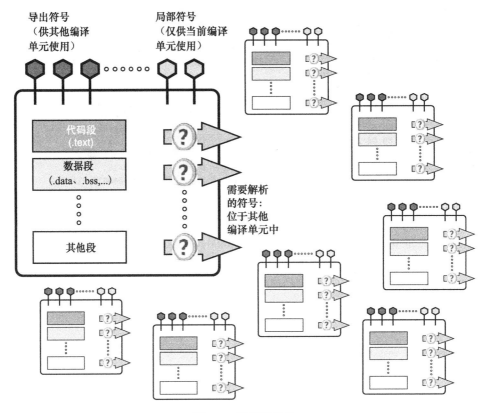

图 2-8　链接器视角

我们很容易就会发现图 2-8 和图 2-9 有很多相似之处，链接器的最终任务就是把图 2-9 中左边那张图转变成右边那张图。

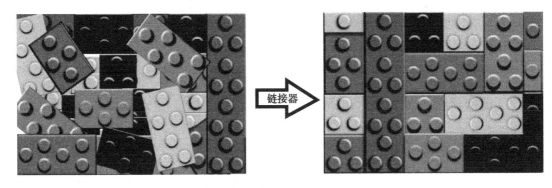

图 2-9　人们观察到的链接器

2.5　可执行文件属性

链接过程的最终结果是二进制可执行文件，其结构布局遵循特定目标平台的可执行文件格式。无论实际格式有什么区别，可执行文件总会包含几个合成的节（.text、.data、.bss 节以及其他特殊的节），这些节是通过拼接单独的目标文件中的节得到的。尤其是，为了解析各个编译单元之间的引用，确保不同部分之间的函数调用与变量访问准确有效，生成代码节（.text）时，不能仅仅简单地拼接目标文件中的节，还需要链接器对其进行修改。

在可执行文件包含的所有符号中，main 函数是其中很特别的一个，从 C/C++ 程序员的观点来看，这个函数是整个程序执行的起点。但是，这却不是程序启动后真正首先执行的代码。

这里需要指出一个非常重要的细节——可执行文件并不完全是通过编译项目源代码文件生成的。实际上，用于启动程序的一部分非常重要的代码片段，是在链接阶段才添加到程序内存映射中的。链接器通常将这部分代码存放在程序内存映射的起始处。启动代码有两种不同形式：

- crt0 是 "纯粹" 的入口点，这是程序代码的第一部分，在内核控制下执行。
- crt1 是更为现代化的启动例程（startuproutine），可以在 main 函数执行前与程序终止后完成一些任务。

在了解这些细节的情况下，程序可执行文件的整体结构大致如图 2-10 所示。

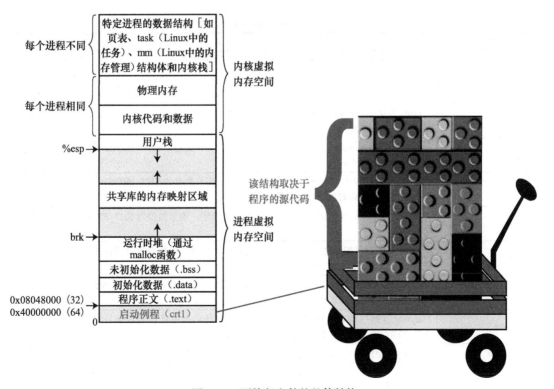

图 2-10　可执行文件的整体结构

在随后介绍动态库和动态链接的章节中，你会发现这部分额外代码是操作系统提供的，这也就是可执行文件与动态库之间的唯一区别：后者没有这部分代码。

更多有关程序启动之后执行的操作将会在下一章中详细讨论。

2.5.1　各种节的类型

就像汽车没有发动机和轮子一样，我们无法想象在执行程序时没有代码节（.text 节）和数据节（.data 以及 .bss 节）将会是怎样的。这些节确保了基本的程序功能。

就像汽车不只是有发动机和四个轮胎那样，二进制文件还包含更多的节。为了能够系统完成各种操作任务，链接器在二进制文件中创建和插入了许多不同的节类型。

根据惯例，节的名字以点（.）开头。一些重要节类型的名称是平台无关的，无论使用什么平台和二进制文件格式，它们都有相同的名称。

在本书的整个讲解过程中，我们最终会从整体上介绍完特定的节类型的功能。希望读者在通读本书后，能够更加充分和深入地理解这些二进制文件的节。

在表 2-1 中，我们从 Linux ELF 二进制格式规范（http://man7.org/linux/man-pages/man5/elf.5.html）中摘录了不同节类型的介绍，并按照字母顺序罗列。虽然每个节的介绍都十分简略，但读者可以从这些介绍中了解到各种各样可用的节。

表 2-1　链接器节类型

节名	描述
.bss	.bss 节保存程序内存镜像中的未初始化数据。在程序开始的时候，系统根据该节的定义，使用 0 来初始化这些数据。该节类型为 SHT_NOBITS，其属性有 SHF_ALLOC 和 SHF_WRITE
.comment	.comment 节保存版本控制信息。该节类型为 SHT_PROGBITS，没有使用任何类型的属性
.ctors	.ctors 节保存已初始化并指向 C++ 构造函数的指针。该节类型为 SHT_PROGBITS，属性有 SHF_ALLOC 和 SHF_WRITE
.data	.data 节保存程序内存映射中的初始化数据。该节类型为 SHT_PROGBITS，属性有 SHF_ALLOC 和 SHF_WRITE
.data1	.data1 节保存程序内存映射中的初始化数据。该节类型为 SHT_PROGBITS，属性有 SHF_ALLOC 和 SHF_WRITE
.debug	.debug 节保存符号调试信息，具体内容并无规定。该节类型为 SHT_PROGBITS，没有使用任何属性
.dtors	.dtors 节保存已初始化并指向 C++ 析构函数的指针。该节类型为 SHT_PROGBITS，属性有 SHF_ALLOC 和 SHF_WRITE
.dynamic	.dynamic 节保存动态链接信息。该节属性包含 SHF_ALLOC 位，而 SHF_WRITE 则根据特定处理器设定。该节类型为 SHT_DYNAMIC，属性前面已经提过了
.dynstr	.dynstr 节保存动态链接时用的字符串，主要是动态链接符号表条目名称。该节类型为 SHT_STRTAB，属性有 SHF_ALLOC
.dynsym	.dynsym 节保存动态链接符号表。该节类型为 SHT_DYNSYM，属性有 SHF_ALLOC
.fini	.fini 节保存进程终止代码的机器指令。当程序正常退出时，系统会自动执行该节的代码。该节类型为 SHT_PROGBITS，属性有 SHF_ALLOC 和 SHF_EXECINSTR

（续）

节名	描述
.gnu.version	.gnu.version 节保存版本符号表，也就是 ElfN_Half 元素数组。该节类型为 SHT_GNU_versym，属性有 SHF_ALLOC
.gnu.version_d	.gnu.version.d 节保存版本符号定义，也就是 ElfN_Verdef 结构体表。该节类型为 SHT_GNU_verdef，属性有 SHF_ALLOC
.gnu_version.r	.gnu_version.r 节保存版本符号所需的元素，也就是 ElfN_Verneed 结构体表。该节类型为 SHT_GNU_versym，属性有 SHF_ALLOC
.got	.got 节保存了全局偏移表。该节类型为 SHT_PROGBITS，属性根据特定处理器设定
.got.plt	.got.plt 节保存过程链接表。该节类型为 SHT_PROGBITS，属性根据特定处理器设定
.hash	.hash 节保存符号散列表。该节类型为 SHT_HASH，属性有 SHF_ALLOC
.init	.init 节保存进程初始化代码的机器指令。当程序启动时，系统会自动执行该节代码，然后调用 main 函数这个程序入口点。该节类型为 SHT_PROGBITS。属性有 SHF_ALLOC 和 SHF_EXECINSTR
.interp	.interp 节保存程序解释器的路径名。该节仅在可执行文件有包含此节的可加载段时具有 SHF_ALLOC 属性。该节类型为 SHT_PROGBITS
.line	.line 节保存符号调试信息的行号，描述了程序源代码和机器码之间的对应关系，具体内容并无规定。该节类型为 SHT_PROGBITS，没有使用任何属性
.note	.note 节保存"NoteSection"格式信息，该节类型为 SHT_NOTE，没有使用任何属性。OpenBSD 本地可执行文件通常会包含一个 .note.openbsd.ident 节来进行标识，在这种情况下，内核在加载文件时会绕开所有的 ELF 二进制兼容模拟测试
.note.GNU-stack	.note.GNU-stack 节保存 Linux 目标文件的栈属性声明。该节类型为 SHT_PROGBITS，唯一的属性是 SHF_EXECINSTR。该属性用于向 GNU 链接器说明目标文件需要依赖具有可执行权限的栈。（即需要能够在栈上执行代码）
.plt	.plt 节保存过程链接表。该节类型为 SHT_PROGBITS，属性根据特定处理器来设定
.relNAME	.relNAME 节保存重定位信息。如果文件包含需要重定位的可加载段，该节会有 SHF_ALLOC 属性，否则就没有。根据惯例，需要将 NAME 替换成进行重定位的节的名称。比如 .text 的重定位节的名称就是 .rel.text。该节类型为 SHT_REL
.relaNAME	.relaNAME 节保存重定位信息。如果文件包含需要重定位的可加载段，该节会有 SHF_ALLOC 属性，否则就没有。根据惯例，需要将 NAME 替换成进行重定位的节的名称。比如 .text 的重定位节的名称就是 .rela.text。该节类型为 SHT_RELA
.rodata	.rodata 节保存进程镜像中只读段的只读数据。该节类型为 SHT_PROGBITS，属性有 SHF_ALLOC
.rodata1	.rodata1 节保存进程镜像中只读段的只读数据。该节类型为 SHT_PROGBITS，属性有 SHF_ALLOC
.shrstrtab	.shrstrtab 节保存节的名称。该节类型为 SHT_STRTAB，没有使用任何属性
.strtab	.strtab 节保存字符串，主要是符号表条目名称。只有在文件包含可加载段，且该段有符号字符串表的情况下，该节才具有 SHF_ALLOC 属性。该节类型为 SHT_STRTAB
.symtab	.symtab 节保存符号表。只有在文件包含可加载段，且该段有符号表的情况下，该节才具有 SHF_ALLOC 属性。该节类型为 SHT_SYMTAB
.text	.text 保存代码，也就是程序的可执行指令。该节类型为 SHT_PROGBITS，属性有 SHF_ALLOC 和 SHF_EXECINSTR

2.5.2 各种符号类型

ELF 格式提供了大量不同类型的链接器符号，其数量比我们开始学习链接过程时你能想到的类型要多得多。现在你应该可以明确地区分出局部可见的符号或对外部其他模块可见的符号。接下来我们将会针对这些符号类型进行更加详细的讨论。

表 2-2 列举了多种不同的符号类型，其内容是从 nm 的手册页（http://linux.die.net/man/1/nm）中摘录的，nm 是一个实用的符号检查工具。根据惯例，除非明确指出符号的可见性（比如大小写的 "U" 和 "u"），否则小写字母表示该符号为局部符号，而大写字母表示该符号是外部可见的（外部符号或者全局符号）。

表 2-2　链接器符号类型

符号类型	说明
A	该符号的值是绝对值，链接过程中不会改变
B 或 b	出现在未初始化（.bss）数据节中的符号
C	通用（common）符号，通用符号是未初始化数据。在链接时会出现许多名称相同的通用符号。无论符号出现在什么地方，通用符号都属于未定义引用
D 或 d	出现在初始化数据节中的符号
G 或 g	出现在初始化数据节中的符号，主要用于支持小型对象。一些目标文件格式允许更高效地访问小型数据对象，比如全局的整型变量相对于全局的数组来说就是一个小型对象
i	如果目标文件是 PE 格式文件，该类型说明符号在针对 DLL 实现的节中。如果是 ELF 格式文件，说明符号是一个间接函数。这是 GNU 相对于标准 ELF 符号类型的扩展。如果通过重定位引用这种符号，是不能计算得到其地址的，必须在运行时调用该函数，并得到运行时重定位用的地址
N	这种符号是调试符号
p	出现在栈的展开节中的符号
R 或 r	出现在只读数据节中的符号
S 或 s	出现在未初始化数据节中的符号，用于支持小型对象
T 或 t	出现在代码节中的符号
U	未定义符号。实际上，二进制文件并没有定义这个符号，而是希望在加载动态库时可以解析这类符号
u	全局唯一的符号
V 或 v	弱对象。当已定义的弱符号和已定义的正常符号一起链接时，已定义的正常符号可以使用且不会报错。当链接未定义的弱符号且该符号没有定义时，会将弱符号填充为 0，且不会报错。在一些系统中，大写表示已经设定了该符号的默认值
W 或 w	弱符号，但是没有被明确标记成弱对象符号。当已定义的弱符号和已定义的正常符号一起链接时，已定义的正常符号可以使用且不会报错。当链接未定义的弱符号且该符号没有定义时，该符号的值根据系统特定的行为来确定，且不会报错。在一些系统中，大写表示已经设定了该符号的默认值
-	a.out 目标文件中的 Stab[⊖] 符号。这种情况下，打印出的下一个值是 Stab 的 other 字段、desc 字段和类型。Stab 符号用于保存调试信息
?	未知符号，或者是目标文件特定格式的符号

⊖ Stab 是 Symbol Table 的缩写。——译者注

第 3 章　*Chapter 3*

加载程序执行阶段

本章的目的是阐述在用户启动程序时发生的事件的先后顺序。我们主要对操作系统与可执行二进制文件布局之间的相互影响（interplay）进行分析，这与进程的内存映射密切相关。当然，我们将会在本章中讨论由 C/C++ 代码编译产生的二进制文件的执行顺序。

3.1　shell 的重要性

用户通常都会使用 shell 执行程序，shell 能够通过监视用户键盘和鼠标的操作来执行相应的动作。Linux 中可以运行多种不同的 shell 程序，其中使用最为广泛的要数 sh、bash 和 tcsh。

当用户输入命令名并按回车键时，shell 首先会将输入的命令名与其自身内置的命令进行比对。如果程序名不是 shell 所支持的命令，那么 shell 就会尝试定位文件名与命令字符串完全匹配的二进制文件。如果用户只输入了一个程序名（不包括可执行二进制文件的完整路径），则 shell 会尝试定位由 PATH 环境变量所指定的目录中的可执行文件。当得到可执行二进制文件的路径后，shell 就会启动加载和执行二进制文件的过程。

shell 会先通过派生与自身相同的子进程来创建自己的副本。通过复制 shell 当前的内存映射来创建新进程内存映射的做法似乎有些奇怪，这么做的原因很可能是新进程的内存映射与 shell 的内存映射完全不同。采用这种奇怪策略的原因在于这种方法能够有效地将所有 shell 的环境变量传递给新进程。在新进程的内存映射创建好后，绝大多数内存区域的原始数据都会被抹掉或填零（除了包含继承环境变量的那部分区域），同时被新进程的内存映射所覆盖，为执行阶段做准备。图 3-1 说明了这个概念。

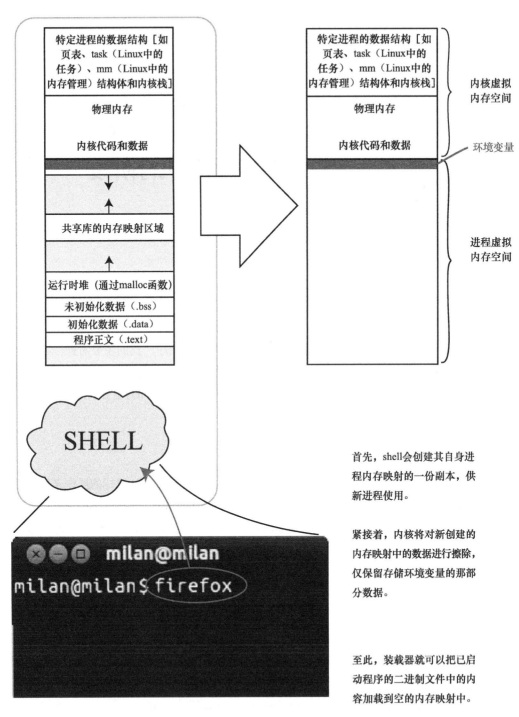

图 3-1　shell 通过复制自身的进程内存映射来创建新进程的内存映
　　　　射，在这个过程中将自身的环境变量传递给新进程

从此刻起，shell 的执行可能会分为两种不同的情况。在默认的情况下，shell 会等待它派生的克隆进程执行完命令（即启动的程序执行结束）。而在另一种情况下，如果用户在程序名后输入了一个"与"（&）符号，那么子进程将会在后台执行，与此同时 shell 还会继续监视用户接下来输入的命令。如果用户不在可执行文件名后输入"与"符号，同样也可以实现后台运行。在程序启动后，用户可以按下 Ctrl-Z 键（向子进程发出 SIGSTOP 信号）并立即在 shell 窗口中输入"bg"（向子进程发出 SIGCONT 信号），这样就可以实现相同的效果（将 shell 子进程置于后台执行）。

当用户在应用程序图标上点击鼠标时，会触发类似的启动程序的过程。带有图标的程序（像 Linux 上的 gnome 会话和 Nautilus 文件浏览器）会将鼠标点击的动作转换成 system() 调用，该调用会触发类似于通过 shell 窗口启动应用程序的一系列事件。

3.2　内核的作用

shell 一旦委托了运行程序的任务，内核将通过调用 exec 函数族中的函数来做出响应，函数族中的函数提供了大量相似的功能，区别在于如何指定执行参数的细节。无论调用哪种类型的 exec 函数，它们最终都会调用真正执行程序的 sys_execve 函数。

下一步操作［在 search_binary_handler（位于文件 fs/exec.c 中）函数中执行］是识别可执行格式。Linux 除了支持最新的 ELF 二进制可执行格式外，还提供了向后兼容性，能够支持许多其他二进制格式。如果识别出了 ELF 格式，下一步则会调用 load_elf_binary 函数（位于文件 fs/binfmt_elf.c 中）。

当识别出可执行格式是系统所支持的格式后，则会为程序启动准备进程内存映射。特别是，由 shell（shell 的副本）创建的子进程会通过以下过程从 shell 传递给内核：

- 内核会获取沙箱（进程环境），更重要的是相关内存会被用于加载新程序。
  内核首先要做的是彻底抹掉内存映射。紧接着委托装载器从新程序的二进制可执行文件中读取数据，并将数据填充到被抹去的内存映射中。
- 通过克隆 shell 进程［调用 fork()］，在 shell 中定义的环境变量被传递给子进程，确保环境变量的继承链不被破坏。

3.3　装载器的作用

在详细介绍装载器的功能以前，我们有必要先了解装载器和链接器在处理二进制文件内容上的差异。

3.3.1　装载器视角下的二进制文件（节与段）

我们可以认为链接器是一个高度复杂的模块，它能够准确区分出各种节（section）的属性（代码、未初始化数据、初始化数据、构造器、调试信息等）。为了能够解析引用，链接器必须非常了解这些节的内部结构的细节。

另一方面，装载器的功能则要比链接器简单很多。它最重要的功能就是将链接器创建的节复制到进程内存映射中。装载器并不需要了解各个节的内部结构，就能够完成复制。它只需要关心节是否是只读或可读写属性，以及在可执行文件启动前是否需要打补丁（我们会在后面的章节讨论这个问题）。

> 💡 提示　我们会在后面的章节中讨论进程的动态链接，装载器还具备比复制数据块更复杂的一些功能。

因此不出乎我们的意料，装载器还会根据节的相同装载需求将链接器创建的节组合成段（segment）。图 3-2 展示了这个过程，装载器的段一般会携带多个拥有相同访问属性（只读或可读写，以及有没有被打过补丁）的节。

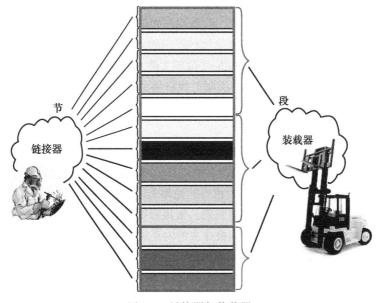

图 3-2　链接器与装载器

在图 3-3 中，我们使用了 readelf 工具来检查段，可以看到多个不同的链接器节被分组合并成装载器段。

3.3.2　程序加载阶段

当识别出二进制格式后，内核装载器模块就会派上用场。首先装载器会定位可执行二进制文件中的 PT_INTERP 段，用于动态加载阶段。

```
milan@milan$ readelf --segments libmreloc.so

Elf file type is DYN (Shared object file)
Entry point 0x390
There are 7 program headers, starting at offset 52

Program Headers:
  Type         Offset   VirtAddr   PhysAddr   FileSiz MemSiz  Flg Align
  LOAD         0x000000 0x00000000 0x00000000 0x00540 0x00540 R E 0x1000
  LOAD         0x000f0c 0x00001f0c 0x00001f0c 0x00104 0x0010c RW  0x1000
  DYNAMIC      0x000f20 0x00001f20 0x00001f20 0x000c8 0x000c8 RW  0x4
  NOTE         0x000114 0x00000114 0x00000114 0x00024 0x00024 R   0x4
  GNU_EH_FRAME 0x0004c4 0x000004c4 0x000004c4 0x0001c 0x0001c R   0x4
  GNU_STACK    0x000000 0x00000000 0x00000000 0x00000 0x00000 RW  0x4
  GNU_RELRO    0x000f0c 0x00001f0c 0x00001f0c 0x000f4 0x000f4 R   0x1

 Section to Segment mapping:
  Segment Sections...
   00     .note.gnu.build-id .gnu.hash .dynsym .dynstr .gnu.version .gnu.version_r
          .rel.dyn .rel.plt .init .plt .text .fini .eh_frame_hdr .eh_frame
   01     .ctors .dtors .jcr .dynamic .got .got.plt .data .bss
   02     .dynamic
   03     .note.gnu.build-id
   04     .eh_frame_hdr
   05
   06     .ctors .dtors .jcr .dynamic .got
milan@milan$
```

图 3-3　组合成段的节

由于我们还没有介绍动态加载的概念，所以为了避免发生"本末倒置"的情况，我们假设一个最简单的可能场景：程序是静态链接的，这种情况下没有任何动态加载过程。

静态编译示例

静态编译是指可执行文件不包含任何动态链接依赖。所有可执行文件需要的外部库都被静态链接到程序中。因此，最终编译得到的二进制文件是完全可移植的，它不需要任何系统共享库（甚至也不需要 libc）作为依赖就可以运行。在完整可移植性（很少需要额外的移植工作）带来好处的同时也会有所代价，即可执行文件的体积会增大许多。

除了完整的可移植性，构建静态可执行文件也便于我们讲解装载器本身最基本、最简单的功能。

我们使用一个普通且简单的"Hello World"示例作为静态编译的例子。使用相同源代码文件编译两个不同的应用程序，其中一个用 -static 链接器标识构建，参考代码清单 3-1 和代码清单 3-2。

代码清单 3-1　main.cpp

```cpp
#include <stdio.h>

int main(int argc, char* argv[])
{
    printf("Hello, world\n");
```

```
    return 0;
}
```

代码清单 3-2　build.sh

```
gcc main.cpp -o regularBuild
gcc -static main.cpp  -o staticBuild
```

比较两个可执行文件的大小可以发现，静态编译出的可执行文件比动态编译的大很多（在这个例子中，体积比动态编译的大了约 100 倍）。

接着装载器会读取程序的二进制文件段的头，确定每个段的地址和字节长度。需要特别指出的是，在这个阶段装载器仍然不会向程序的内存映射写入任何数据。装载器在此阶段只会建立并维护一组包含可执行文件段（实际上就是每个段的页宽）和程序内存映射关联的结构（比如 vm_are_struct）。

真正从可执行文件复制段的操作是在程序启动之后才执行的。在执行复制的时候，分配给进程的物理内存页和程序内存映射表之间的虚拟内存映射关系已经建立好了。只有当内核在运行时需要某一个程序段时才会开始加载其对应的页（见图 3-4），这种策略使得程序中每一部分只有在运行时真正需要的时候才会加载。

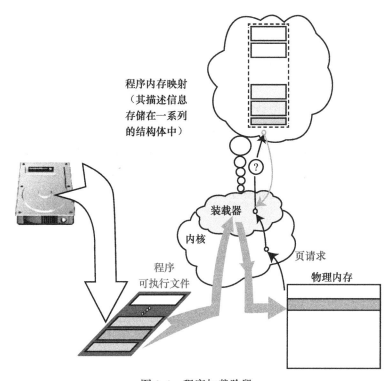

图 3-4　程序加载阶段

3.4 程序执行入口点

从通常的 C/C++ 编程视角来看，程序的入口点是 main() 函数。而对于程序执行本身而言，事实并非如此。在执行过程到达 main() 函数之前，还会先执行一些函数，这些函数为程序的运行做准备。

接下来我们详细了解一下从程序装载到执行 main() 函数第一条语句这段时间内，Linux 通常会执行哪些操作。

3.4.1 装载器查找入口点

在程序装载完成后（即准备程序基本数据和复制执行程序必要的节到内存中），装载器会查询 ELF 头的 e_entry 字段的值。这个值包含的程序内存地址指定了程序该从何处开始运行。

通过反汇编可执行二进制文件，我们可以看到 e_entry 值只包含了代码（.text）节的首地址。无独有偶，该地址通常就是 _start 函数的首地址。

.text 段的反汇编信息如下所示：

```
08048320 <_start>:
 8048320:       31 ed                   xor     ebp,ebp
 8048322:       5e                      pop     esi
 8048323:       89 e1                   mov     ecx,esp
 8048325:       83 e4 f0                and     esp,0xfffffff0
 8048328:       50                      push    eax
 8048329:       54                      push    esp
 804832a:       52                      push    edx
 804832b:       68 60 84 04 08          push    0x8048460
 8048330:       68 f0 83 04 08          push    0x80483f0
 8048335:       51                      push    ecx
 8048336:       56                      push    esi
 8048337:       68 d4 83 04 08          push    0x80483d4
 804833c:       e8 cf ff ff ff          call    8048310 <__libc_start_main@plt>
 8048341:       f4                      hlt
```

3.4.2 _start() 函数的作用

_start 函数的作用是为接下来需要调用的 __libc_start_main 函数准备入参，该函数的定义如下所示：

```
int __libc_start_main(int (*main) (int, char * *, char * *), /* address of main function    */
                      int argc,                /* number of command line args          */
                      char * * ubp_av,         /* command line arg array               */
                      void (*init) (void),     /* address of init function             */
                      void (*fini) (void),     /* address of fini function             */
                      void (*rtld_fini) (void), /* address of dynamic linker fini function */
                      void (* stack_end)       /* end of the stack address             */
                      );
```

事实上，call 指令之前的所有指令都是在将调用所需的参数按照调用期望的顺序放入栈中。

我们会在下一节中讲解这些指令到底执行了哪些操作，以及执行这些操作的原因，并介绍栈的机制。但在此之前，我们要先讲完程序启动的过程。

3.4.3　__libc_start_main() 函数的作用

该函数在为程序启动准备环境的过程中扮演了重要的角色。在程序启动阶段，它不仅会为程序设置好运行环境，还会执行以下操作：

- 启动程序的线程。
- 调用 _init() 函数，该函数会在调用 main() 函数前完成必要的初始化操作。
  gcc 编译器利用 __attribute__((constructor)) 关键字对程序启动前的自定义操作提供支持。
- 注册 __fini() 和 rtld_fini() 函数，这些函数会在程序终止时调用。通常来说，_fini() 和 _init() 函数操作的顺序相反。
  gcc 编译器利用 __attribute__((destructor)) 关键字对程序结束时的自定义操作提供支持。

最后，当所有准备操作都完成时，__libc_start_main() 调用 main() 函数，启动程序。

3.4.4　栈和调用惯例

任何富有经验的开发者都会了解程序流实际上是一连串的函数调用。比如说，main 函数至少会调用一个函数，这个函数接着会调用大量的其他函数也说不定。

栈的概念是函数调用的基础，我们不准备在本书中花费大量篇幅去讲解这个概念以及栈是如何工作的细节。这个问题早已众所周知，所以我们没有必要在这里复述这些大家早已滚瓜烂熟的知识。

但我们会着重对栈和函数相关的某几个重要的点做些解释：

- 进程内存映射会为栈保留一定的内存区域。
- 实际运行时栈内存的使用量是会变化的，函数的调用序列越长，栈内存就会用得越多。
- 栈内存不是无限制的。相反，可用栈内存的数量必然与可用于动态分配的内存（这部分进程内存就是我们熟知的堆）数量相关。

函数调用惯例

一个函数如何将参数传递给被调用的函数是一个非常有趣的话题。人们已经设计了种种复杂精巧的函数变量传递机制，因此形成了一些特殊的汇编语言惯例。这些基于栈的实现机制我们通常称为调用惯例。

　　实际上，已经为 x86 架构设计了很多不同的调用惯例，这里仅举几例：cdecl、stdcall、fastcall、thiscall。每种调用惯例都是为不同设计视角的特定情况专门设计的。Nemanja Trifunovic 有一篇题为"Calling Conventions Demytified"（解开神秘的调用惯例）的文章（www.codeproject.com/Articles/1388/Calling-Conventions-Demystified），从非常有趣的视角来分析多种调用惯例的差异。随后几年，传奇的 Raymond Chen 发表了一系列题为"The History of Calling Conventions"（调用惯例发展史）的文章（http://blogs.msdn.com/b/oldnewthing/archive/2004/01/02/47184.aspx），这可能是目前关于这个主题最完整的单独资料源。

　　为了避免在这个主题上花费太多的时间。我们会详细介绍这些调用惯例中一个尤为重要的调用惯例——cdecl 调用惯例。若要实现用于导出函数与数据的动态库接口，该调用惯例将是首选。若要继续了解更多细节，第 6 章阐述库 ABI 函数时会对该主题进行更为深入的讨论。

Chapter 4 第 4 章

重用概念的作用

代码重用的概念无所不在，而且具有多种不同的表现形式。在过程式编程语言向面向对象编程语言过渡以前，代码重用的概念就已经对构建程序的过程产生了影响。

我们已经在前面的章节中阐述了将编译器和链接器的工作分开的最初原因。简单概括来说，都是出于易用性的原因而把代码存放在不同的源代码文件中，接着，我们就发现编译器不能直接在编译阶段完成所有引用的解析工作，这是因为需要先将不同代码节拼接到最终的程序内存映射中。

引入代码重用思想将更充分地说明选择分离编译和链接阶段设计的原因。而对象文件带来了一定程度的不确定性（所有节的地址范围都是从 0 开始，而且还包含未解析的引用），乍一看，这像是一个缺陷，但是用代码共享的思想来看，实际看起来反而像是一种不可或缺的新特性。

代码重用概念适用于构建程序可执行文件的领域，这种概念首先在"静态库"中得到实际应用，静态库是一个经过打包的目标文件集合。后来随着多任务操作系统的出现，另一种名为"动态库"的重用方式也随之应运而生。如今这两种概念（静态库和动态库）都在使用，它们之间各有利弊，因此需要我们深入理解它们的功能的一些内部细节。本章将详细阐述这两种概念的相同点以及它们本质上的不同点。

4.1 静态库

静态库概念的基本思想非常简单：当编译器将编译单元集合（即源代码文件）转换成二进制目标文件后，你可能会希望将这些目标文件用于今后的其他项目当中，在链接时可以将其与属于其他项目的目标文件拼接起来。

　　为了能够将二进制目标文件集成到其他一些项目当中，至少需要满足一项附加条件：二进制文件要和导出头文件（export header include file）一起为其他项目提供定义和函数声明，这些函数至少能够提供入口点。4.5 节解释了一些特定函数比其他函数更为重要的原因。

　　有多种方式可以将目标文件集合使用到其他项目中：

- 通常的解决方案是将编译器生成的目标文件保存并复制（剪切然后粘贴）或转存到其他项目所需的位置（项目需要依赖其他一些目标文件才能生成可执行文件），如图 4-1 所示。

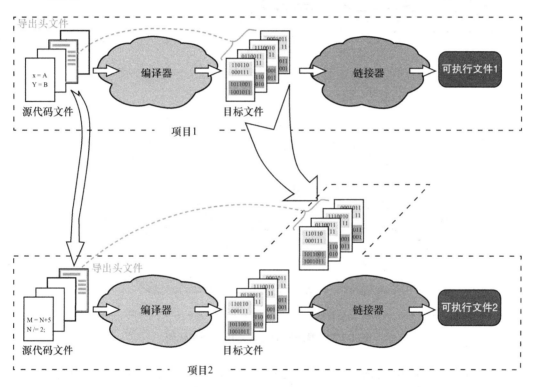

图 4-1　二进制代码重用的通用方法，静态库以前采用的方案

- 更好的一种方式是将这些目标文件打包成单个二进制文件——静态库。这样能以更为简洁和优雅的方式为其他项目提供单个二进制文件，而不是提供一组分离目标文件的集合，如图 4-2 所示。

- 为了能够链接这些打包后的目标文件，很显然链接器要能够解析静态库文件格式并提取其内容（即打包后的目标文件）。幸运的是，早在开始使用微处理器编程时，几乎每个链接器就已经支持这些功能了。

- 值得注意的是，创建静态库的进程并不是不可逆的。更准确地说，静态库只是目标文件集合的归档文件，可以通过多种途径对其进行操作。我们可以利用合适的工具和简单的操作将静态库解包为原始的目标文件集合，我们可以从库中解包一个或多个目标文件，也可以向库中添加目标文件，这样原有的目标文件就可以被替换成较新的版本了。

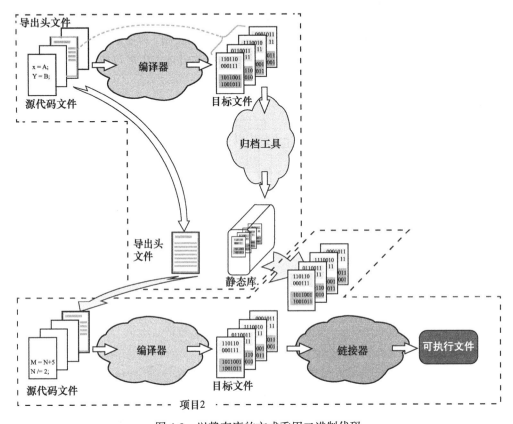

图 4-2　以静态库的方式重用二进制代码

无论你准备采取哪种方法——一般的方法还是较为复杂的静态库方法，你都是将一个项目中生成的二进制文件用在另一些项目中，其结果都是在实现代码的二进制重用。我们会在后续章节详细讨论二进制代码重用对整个软件设计行业的总体影响。

4.2　动态库

不同于早在汇编时代就已经产生的静态库概念，动态库的概念被完全接受相对来说要晚很多。其概念的出现和接受与多任务操作系统的出现密不可分。

在分析任何多任务操作系统的功能时，都需要强调一个重要的概念：无论有多少并行任务，特定的系统资源总是唯一的，必须被所有任务共享。在桌面系统上，典型的共享资源包括键盘、鼠标、显卡、声卡、网卡等。

如果每个想访问共享资源的应用程序都需要包含访问资源的控制代码（源代码或静态库），那么情况只会适得其反，甚至是灾难性的。系统由于存储重复的代码将变得效率极其低下、笨拙而且存储资源（硬盘和内存）也会被浪费。

人们希望拥有更好和更高效的操作系统的想法让一种共享机制应运而生，这种共享机制不需要编译重复的源代码文件，也不需要链接重复的目标文件。取而代之的是一种运行时共享的机制。换句话说，正在运行的应用程序将具备集成其他可执行文件的编译和链接单元到自身程序内存映射的能力，并在运行时按需进行集成操作。这一概念就是我们在前面提到过的动态链接和动态加载，我们将会在后续章节详细讲解这部分概念。

从很早的设计阶段开始，就有一个需要强调的事实：在动态库的所有部分中，只有与其他进程共享代码节（.text 节）才是有意义的，而共享数据则没有意义。用厨房来做个比喻，一群不同的厨师可以共享同一本食谱。但是考虑到不同的厨师可能会同时准备同一本食谱上的不同菜肴，如果他们共享相同的厨房用具（数据），那么情况将会变得非常糟糕。

很显然，如果有大量不同进程需要访问动态库的数据节，那么变量被覆盖的情况将会时有发生，而且动态库在运行过程中的状态将是不可预测的，这样我们之前的所有想法都会失去意义。如果只映射代码节，则多个应用程序可以在其隔离空间中自由运行共享代码，从而与其他应用程序分离。

4.2.1　动态库和共享库

对于早期的操作系统设计者而言，他们希望在需要相同操作系统代码的应用程序二进制文件中，避免出现冗余的代码。举例来说，每个需要打印文件的应用程序为了能够支持打印功能，一开始都需要包含完整的打印代码栈，最终用打印机驱动程序替代。如果打印机驱动程序有所变更，那么该应用程序的设计者就需要重新编译其应用程序，否则会因为运行时出现多个不同版本的打印机驱动程序而产生混乱。

正确的解决方案显然要按照下面描述的方法来实现操作系统：

- 在动态库中提供通用的功能。
- 需要使用通用功能的应用程序只需在运行时加载动态库。

动态库的基本概念如图 4-3 所示。

解决该问题的第一种解决方案［即第一版本的动态链接实现：装载时重定位（load time relocation，LTR）］能够解决我们遇到的部分问题。这种方案的好处是应用程序不再需要在其自身二进制文件中包含多余的操作系统代码，应用程序中只需包含其自身的代码，而与系统相关的功能则通过操作系统动态链接模块的方式提供。

这种方式的缺点在于，如果有多个应用程序在运行时都需要同一系统功能，那么每一个应用程序都需要加载一份自己的动态库副本。导致这种限制的原因是装载时重定位技术为了实现向应用程序特定地址映射的功能，修改了动态库中 .text 节的符号。而对其他应用程序来说，载入动态库的地址范围可能完全不同，因此之前修改过的动态库代码将不能适用于另一个应用程序的内存布局。

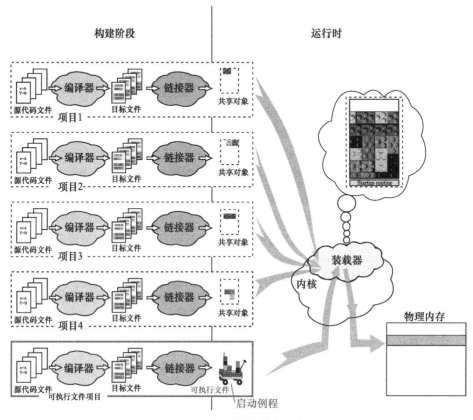

图 4-3　动态库的基本概念

因此，在运行时每个进程的内存映射中将存在动态库的多份副本。对于短期目标实现来说，我们认为这种方式可行，但从长远目标来看，我们还希望能够实现更为高效的一种机制：动态库仅需加载一次（无论是哪个应用程序先加载它），而且对于其他需要加载这个动态库的应用程序来说同样可用。

我们可以利用位置无关代码（position independent code，PIC）这一概念来实现这个目标。通过修改动态库代码访问符号的方式，只需一份加载到某一进程中内存映射的动态库副本，就能映射到任何应用程序进程中，通过内存映射实现共享，如图 4-4 所示。

而且，操作系统通常也不会把某个通用的系统资源（比如说顶层驱动程序）载入物理内存中，这是因为这类资源一般会给多个正在运行的进程使用。利用动态链接，我们就能实现每个进程独立地访问驱动程序的副本。

由于 PIC 概念的出现，动态库也被设计成共享库。现如今 PIC 概念被广泛使用，而且在

64 位系统中被编译器大量使用，因此我们不再区分动态库和共享库，而这两个名称或多或少可以互换使用。

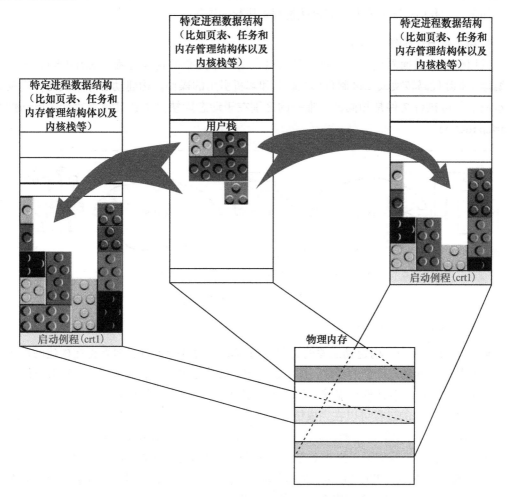

图 4-4 通过 PIC 实现更好的动态链接技术

虚拟内存的概念为运行时共享（即 PIC）的实现奠定了基础。基本思想非常简单：如果一个实际进程的内存映射（实际和固定的地址）只是从 0 开始的进程内存映射，那么我们必然能够创建出由不止一个不同进程组成的实际进程内存映射。其实这就是动态库的运行时共享机制。

PIC 概念的成功实现是现代多任务操作系统的基础。

4.2.2 动态链接详解

动态链接概念是动态库概念的核心内容。只有了解了动态库、可执行文件和操作系统之间复杂的交互，才能完全理解动态库的工作原理。本节主要以提纲挈领的方式来介绍整个动态链接过程。在理解了其精髓后，本书后续章节将会深入介绍动态链接的相关细节。

那么，让我们一起来看看动态链接过程中执行的操作。

1. 第 1 部分：构建动态库

我们已经在前面看到，构建动态库的进程是一个完整的构建过程（见图 4-5）。其包含了编译（将源代码转换成二进制目标文件）和解析引用的操作。构建动态库生成的二进制文件本质上与可执行文件是相同的，唯一的区别在于动态库缺少了让其独立执行的启动例程（startup routine）。

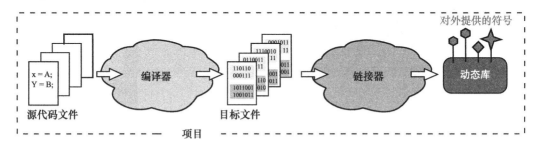

图 4-5　构建动态库

这里有一些需要注意的问题：

- 在 Windows 中，构建动态库时必须对所有的引用进行解析。如果正在构建的动态库调用了其他动态库中的函数，那么在构建阶段就必须找到其他依赖的库和引用符号。
- 在 Linux 中，默认选项能够让编译更加灵活：有些符号可以不在编译阶段进行解析，而解析引用的过程可以在完成链接其他的动态库后，生成最终二进制文件时再执行。此外，Linux 中的链接器也提供了选项，可以使其像 Windows 链接器一样严格。
- 在 Linux 中，我们可以修改动态库使其可以独立运行（在 Windows 上是否可行还需再研究）。事实上，libc（C 运行时库）就可以直接运行，在 shell 窗口中输入其文件名进行调用，就会在屏幕和终端上打印出一条消息。你可以在第 14 章中找到实现这个功能的详细说明。

2. 第 2 部分：依靠信任来构建客户端可执行文件（只查找符号）

在接下来的内容中，我们将继续讨论构建需要在运行时依赖动态库的可执行文件时可能会遇到的一些问题。不同于我们可以依赖静态库直接生成可执行文件，在使用动态库时情况会有些特殊：链接器会将之前已经完成链接的动态库二进制文件与正在编译的项目合并。

这一步的关键细节在于链接器会把所有注意力都放在动态库的符号上。在这个阶段中，链接器完全不关心任何节的细节，无论是代码节（.text）还是数据节（.data 和 .bss）。

更具体地说，链接器在这个阶段认为"所有符号都能够被正确解析"。

链接器在此阶段不会对动态库的二进制接口进行任何检查，它不会查找节或节的大小，也不会将节拼接到最终的二进制文件中。链接器只会检查二进制文件中所需的符号是否都能在动态库中找到。一旦找到了所有的符号，链接器就会完成任务并创建可执行文件（见图 4-6）。

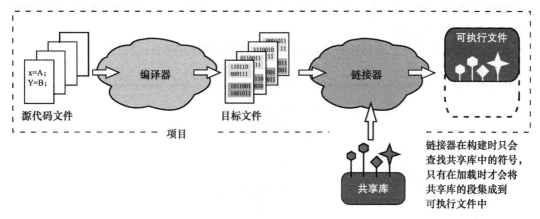

图 4-6　构建过程中链接动态库

让链接器在编译阶段认为"所有符号都能够被正确解析"并不完全是没有道理的。让我们来考虑一个现实生活中的例子：如果你告诉一个人要寄封信就需要到广场附近的报摊购买一枚邮票，那么基本上你是在靠别人对你的信任来提出建议了。你并不知道广场上会有一家报摊，并且报摊还在卖邮票。事实上，虽然你并不清楚报摊的营运范围（在那里工作的时间、人以及邮票的价格），但这并不会降低你的建议的真实性，所有这些琐碎的细节会在执行的时候被一一发现。动态链接的思想也是完全基于这种类似的假设构建的。

需要注意的是，无论如何，正是这种信任为很多有趣的用途留下了开放的接口，这些用途都需要遵循"只构建一个，其他依靠加载"的设计模式。从一些特殊的软件设计技巧到现在的新设计范式（插件），都受到了这种实践的影响，随后本书将对这些模式进行详细讨论。

3. 第 3 部分：运行时装载和符号解析

程序装载过程中所执行的操作非常重要，因为在这个阶段将检验经过链接器链接的动态库能否正常工作。在之前的构建过程（可能在构建机器 A 上来完成）中已经对动态库二进制文件的副本中可执行文件所需的符号进行了检验。现在我们需要在运行时完成下面的操作（可能在运行时机器 B 上进行操作）：

1）可执行程序要先找到动态库二进制文件的位置。每一种操作系统都有一组规则来规定装载器查找动态库的二进制文件的路径。

2）进程需要将动态库载入内存映射中，这时就必须确保构建阶段链接中的承诺能在运行时完全满足。事实上，在运行时加载动态库必须包含"相同"的构建阶段所需的符号。更准确地说，对于函数符号而言，"相同"是指运行时动态库中的函数符号必须与构建阶段中的完整函数签名［从属关系（affiliation）、函数名、参数列表和链接与调用惯例］相同。有趣的是，我们并没有规定运行时动态库中的汇编代码要与构建时动态库中的汇编代码相同。我们会在后续章节中讨论这个有趣的话题。

3）运行时需要将可执行程序的符号解析到正确的地址上，这个地址是动态库所映射到的进程内存映射中的地址。与一般的装载时链接不同，该阶段会把动态库装载到进程内存映射中——这就是动态链接。

如果上述所有步骤都成功执行，那么你就可以让应用程序执行动态库中的代码了，如图 4-7 所示。

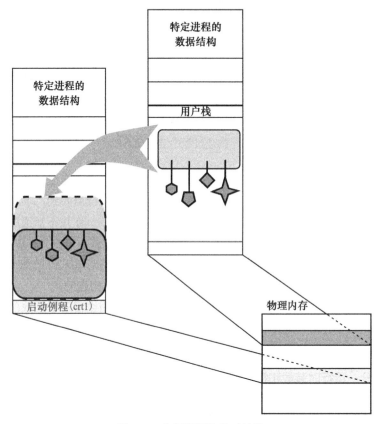

图 4-7　动态库的装载时链接

4.2.3　Windows 平台中动态链接的特点

动态链接与构建和运行时两个阶段都密切相关，虽然链接器在不同阶段对动态库二进制文件关注的细节会有所不同，但我们没有任何充足的理由禁止将动态库二进制文件的相同副本用于两个阶段。

即使在构建时，动态链接阶段也只使用了库的符号，但运行阶段使用完全相同的二进制文件副本也不会有什么问题。

包括 Linux 在内的许多操作系统都遵循这样的设计准则。而在 Windows 中，为了更为清

晰地对不同的动态链接阶段进行区分，导致该机制比其他操作系统复杂，这对初学者来说会
造成不小困难。

Windows 平台中动态链接产生的特殊二进制文件类型

在 Windows 中，不同动态链接阶段是根据不同的二进制文件类型来进行区分的。也就是
说，编译器在创建和构建 Windows DLL 项目时会产生多个不同的文件。

动态库（.dll）

这种文件类型属于真正的动态库，是进程运行时通过动态链接机制使用的共享对象。更
准确地说，迄今为止我们所阐述的关于动态库功能规则的主要内容都适用于这类 DLL 文件。

导入库文件（.lib）

导入库（.lib）二进制文件是专门为 Windows 平台中第 2 阶段的动态链接所使用的（见
图 4-8）。该文件中只含有 DLL 符号列表，其中并不包含
链接器所需的节。其唯一目的就是向客户二进制文件
（client binary）提供动态库中包含的符号。

由于导入库文件（.lib）的扩展名与静态库的扩展名
是相同的，因此这是许多用户的困惑之处。

还有一个需要我们花些时间讨论的问题是：虽然我
们称这个文件为"导入库"，但事实上该文件却扮演着导
出 DLL 符号的功能。从动态链接的不同视角去看待命名
的问题就会有所不同，而且该文件确实属于 DLL 项目，

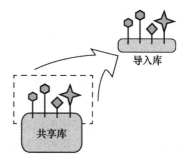

图 4-8　Windows 平台中的"导入库"

通过构建 DLL 项目生成，而且有不计其数的应用程序也在遵循这样的命名规则。出于这些
原因，如果以"从 DLL 内部向外"的方向来看，我们完全可以将这个文件称为"导出库"。

我们至少可以在讨论 __declspec 关键字那一节中，找到一些明显的证据来证明微软公
司中的一些人也使用了这种观点：在指定从 DLL 向客户二进制程序导出符号（也就是说是
向外的）时，使用的是（__declspec(dllexport)）。

在微软工作的工程师决定继续使用这个特殊命名方式的原因之一是 DLL 项目还会生成
另一种类型的库文件，这种类型的文件会在循环依赖的情况下替代原有的库文件。另一种类
型的库文件被称作导出文件（.exp）（详见下文），原来的命名规则被保留了下来正是出于这个
原因。

导出文件（.exp）

本质上导出文件与导入库文件没有什么区别。但导出文件专门在构建两个可执行文件并
出现循环依赖问题时使用，循环依赖问题会导致两个项目都无法通过编译。在这种情况下，
exp 文件就能够确保至少其中一个项目的二进制文件编译成功，反过来另一个包含依赖的二
进制文件也能编译成功。

提示 所有的 Windows DLL 中的符号都需要在编译阶段进行解析。而在 Linux 中，我们可以实现跳过一些动态库符号的解析操作，而这些未在编译阶段解析的符号最终会在程序运行时动态链接，并在进程的内存映射中找到相应的符号内容。

4.2.4 动态库的特点

我们必须在一开始就了解在所有的二进制文件类型中动态库有着相当独特的性质，我们应该在处理有关设计问题的时候随时谨记这些性质的细节。

在看其他二进制文件类型时，可执行文件与静态库的区别就十分明显了。创建静态库时并不需要进行链接操作，而对于可执行文件来说，链接操作是最后一步重要的操作。因此，可执行文件相比静态库来说更加完整，其中包含了所有解析的引用，还有供程序直接启动而内嵌的启动例程。

从这方面来看，不考虑动态库和静态库都有一个"库"字（也是这两者的相似之处），事实上，动态库与可执行文件的特性更为相似。

1. 特点一：创建动态库需要完整的构建过程

创建动态库不仅需要编译阶段，还需要链接阶段才能完成。在不考虑名称上的相似性时，相比静态库，更为完整的动态库构建过程（编译和链接阶段）让动态库更加类似于可执行文件。唯一区别在于可执行文件中包含了启动代码，内核可以根据这部分代码启动进程。我们完全可以（当然是在 Linux 平台）为动态库添加几行启动代码，使其成为可执行二进制文件类型，然后通过命令行启动动态库。若想了解更多有关这个主题的细节，可以参考第 14 章。

2. 特点二：动态库可以链接其他库

这是一个非常有趣的事实：可执行文件和动态库都可以加载和链接动态库。因此，我们不用再通过"可执行"指代链接了动态库的二进制文件，我们需要用另一种更为确切的说法。

 提示 本书将在后面的内容中使用"客户二进制文件"一词来表示加载了动态库的可执行文件和动态库。

4.2.5 应用程序二进制接口

当接口这个概念用在编程语言领域时，常常会用来表示函数指针的结构。C++ 中还认为函数指针的类也是接口。若将函数指针置为 NULL，则表明该接口不适合立即实现，也就是被赋予了一种额外的抽象特性，但当开发者希望其他类来实现某个接口时，这是一种理想的模型。

由软件模块提供给客户端的接口通常是应用程序编程接口（API）。当提供给客户端的是二进制文件时，接口的定义就会发生相应的变化，这时将接口称为应用程序二进制接口

（ABI）。我们完全可以把 ABI 当作编译链接过程中根据源代码接口创建的符号集合（主要是函数入口点）。

ABI 的概念可以帮助我们分析动态链接过程中发生的操作。

- 在动态库的构建阶段，实际上客户二进制文件是根据库的外部 ABI 接口进行链接的。正如前文所提到的那样，在构建阶段客户二进制文件事实上只会检查动态库的外部符号（比如函数指针这样的 ABI），并不关心任何节（函数体）。
- 为了能够顺利完成动态链接的第二阶段（运行时阶段），运行时使用的动态库二进制数据必须导出与构建时一致的 ABI（ABI 不能改变）。

第二句话可以视为动态链接的基本需求。

4.3　静态库和动态库对比

虽然我们在前面的内容中只对静态库和动态库背后的概念进行了介绍，但其实已经对这两种不同类型的库进行了一些比较。

4.3.1　导入选择条件的差异

静态库与动态库之间最为显著的一个区别是客户二进制文件链接时选择导入内容的条件。

1. 静态库的导入选择条件

当客户二进制文件链接静态库时不会把整个静态库的内容链接进来，只会链接目标文件中必要的符号，如图 4-9 所示。

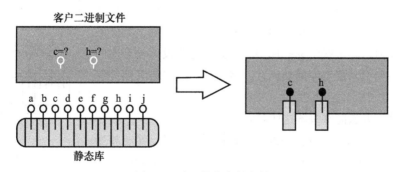

图 4-9　引入静态库的条件

客户二进制文件的字节长度随着引入静态库中相关代码数量的增加而增加。

提示　虽然链接算法能够判断出哪些目标文件需要进行链接，但这个判断的粒度也仅局限于单个目标文件。因此仍然可能出现引入了同一个目标文件所需符号和无用符号的情况。

---

2. 动态库的导入选择条件

当客户二进制文件链接动态库时，选择的条件是在符号表这个层面上，只会选择包含在符号表中实际需要的动态库符号。

在其他所有方面，这个选择条件实际上是不存在的。无论动态库功能中具体需要的代码有多少，都会将整个动态库链接进来（见图 4-10）。

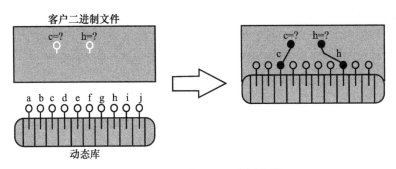

图 4-10　动态库的导入选择条件

代码数量的增长仅仅在运行时才会出现。客户二进制文件的字节长度实际上不会有明显的增长。记录新符号信息只需要少量的额外字节即可。但是，动态库链接有一个要求——运行时在目标机器上必须要有动态库二进制文件存在。

3. 导入完整归档的情况

当静态库的功能需要通过中介动态库链接到客户二进制文件中时，我们可以采用一个技巧来对该问题进行处理，如图 4-11 所示。

中介动态库（intermediary dynamic library）自身并不使用任何动态库的功能。因此，根据前面阐述的导入选择规则，不应该将静态库的任何内容链接到动态库中。但是，这样设计动态库的唯一原因是需要引入静态库的功能，并将其符号导出给其他的使用者。

那么有什么办法能够缓解这些对立的需求呢？

幸运的是，人们很早就认识到了这种情况，而且已经有相当多的链接器通过 --whole-archive 链接器选项来提供这项功能。当指定该选项时，该链接器选项表示，无论客户二进制文件是否需要库中的符号，链接器都应该无条件链接列出在该选项之后的一个或多个库。

在认识到这种情况后，Android 本地开发系统额外支持 LOCAL_STATIC_LIBRARIES 变量，而本地构建系统也支持 LOCAL_WHOLE_STATIC_LIBRARIES 变量，就像这样：

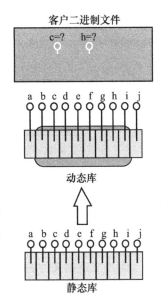

图 4-11　导入整个静态库归档

```
$ gcc -fPIC <source files> -Wl,--whole-archive -l<static libraries> -o <shlib filename>
```

有趣的是，有一个作用相反的链接器选项（--no-whole-archive）。该选项和 --whole-archive 选项的链接器命令行格式非常像，但是会对随后指定的需要链接的库起到与 --whole-archive 选项相反的效果：

```
$ gcc -fPIC <source files> -o <executable-output-file> \
    -Wl,--whole-archive -l<libraries-to-be-entirely-linked-in> \
    -Wl,--no-whole-archive -l<all-other-libraries>
```

与 --whole-archive 性质上有点类似的选项是 -rdynamic 链接器选项。开发者可以通过该选项请求链接器将所有符号（在 .symtab 节中存在的）导出到动态符号节（.dynsym 节）中，使得这些符号可以用于动态链接。有趣的是，该符号并不需要使用 -Wl 前缀。

4.3.2 部署难题

当设计软件部署包时，构建工程师通常会面临一个需求——将部署包的大小降低到最低限度。在最简单的情况下，需要部署的软件产品由一个可执行文件组成，该可执行文件将提供特定功能的任务委托给一个库完成。我们可以看到有两种方式可以完成该任务：使用静态库或动态库。构建工程师面临的一个基本问题是为了将部署软件包的大小降低到最小限度，应该使用哪一种链接方式。

1. 选项 1：链接静态库

构建工程师面临的一个选项是使用静态库来链接可执行文件。这个方案既有优势也有劣势。

● 优点：可执行文件是完全独立的，因为包含了所有需要的代码。
● 缺点：因为导入了静态库中的代码，所以可执行文件的字节长度会显著增加。

2. 选项 2：链接动态库

另一种可能性当然就是使用动态库来链接可执行文件。该方式同样既有优势也有劣势。

● 优点：可执行文件字节长度不会改变（除了用于记录符号的极少开销）。
● 缺点：无论什么原因，需要的动态库都很有可能在目标机器上不可用。如果我们采取预防措施，并将所需的动态库与可执行文件部署在一起。
  ■ 首先，由于你现在部署了一个可执行文件和一个动态库，因此部署包的整体大小会显著增加。
  ■ 其次，部署的动态库版本可能与其他应用程序所依赖的需求不符合。
  ■ 第 3 个，第 4 个，等等，在处理动态库时可能发生一系列名为"DLL hell"（DLL 灾难）的问题。

3. 最终结论

当应用程序需要链接的静态库的数量很少时，建议采用静态链接库的方式编译程序。

如果能确保应用程序在运行时能找到目标操作系统上的动态库并实时加载，那么建议采用动态库链接的方式编译程序。

诸如 C 运行时库、图形子系统、用户空间顶层设备驱动和流行软件包中所提供的库这样的特定操作系统的动态库，都会采用动态库的加载方式。表 4-1 对使用静态库和动态库当中的一些区别进行了总结。

表 4-1　比较点总结

对比类别	静态库	动态库
构建过程	不完整 执行编译：是　执行链接：否	完整 执行编译：是　执行链接：是
二进制文件性质	目标文件归档 　包含所有节，但大部分引用尚未解析（除了局部引用） 　无法独立执行，而具体功能取决于客户二进制文件的应用场景 　只有在客户可执行文件中，静态库中的符号才能提供某些功能	可执行文件，但不包含启动例程 　包含已解析的引用（有其他目的时除外），其中一些符号是全局可见的 　非常独立（在 Linux 中，只需向动态库添加少量启动例程代码就可以让动态库独立执行） 　为既定的开发任务提供专业化功能。载入动态库后，即可提供独立且可靠的特定服务
可执行文件集成	在可执行文件构建的链接阶段完成与可执行文件的集成操作 　效率高：尽管客户二进制文件的字节长度会有所增加，但也只有可执行文件所需的归档中的目标文件符号被链接进来	经过两个不同的动态链接阶段完成与可执行文件的集成操作： 　1）根据提供的符号进行链接 　2）在可执行文件加载过程中加载动态库的符号和节 　效率低：无论可执行文件需要哪些符号，动态库中所有的符号都会被加载到进程中 　客户二进制文件的字节长度基本不会改变。但我们需要在运行时检测所需动态库文件是否可用
可执行文件大小	由于所需的节需要附加到可执行文件的节区中，因此最终可执行文件体积会增加	由于可执行文件中只包含了所属应用程序的代码，而共享代码分开存放到动态库中，因此可执行文件本身的体积不会因此而增加多少
可移植性	非常容易移植，因为最终二进制文件中包含了所有所需的代码和数据 　由于无须依赖外部代码和数据，所以移植非常方便	在移植过程中需要考虑多种因素 　由于标准操作系统动态库（libc、设备驱动等）都能确保存在特定机器中，因此可移植性不是什么问题 　而对应用程序和供应商提供的动态库就会有问题了 　在许多情况下都会存在一些问题（比如版本控制问题、缺失库和搜索路径问题等）

（续）

对比类别	静态库	动态库
集成的难易程度	**非常有限** 无法使用其他库来创建静态库（无论是静态库还是动态库都不行） 只能将所有静态库或动态库都链接到相同的可执行文件中	**易于集成** 一个动态库可以再链接一个或多个静态库或动态库。我们其实可以把Linux 看成一座由动态库链接所组成的"乐高乐园"（Legoland），通过源代码可以轻易地对动态库进行任何形式的集成
二进制文件处理和转换的难易程度	**非常容易** 归档工具的基本功能就是提取归档文件中的目标文件。在提取出目标文件后，你就可以执行删除、替换或将目标文件重新组合成新的静态库或动态库的操作 只有在一些特殊情况下（在 5.3 节中，有关于在 64 位 Linux 下将静态库链接到动态库的内容）才有可能不够简单，而且还可能需要对源代码进行重新编译	**对大多数人来说非常困难** 已经有一些商业化解决方案不同程度地解决了动态库转换成静态库的问题
是否适用于开发工作	**烦琐** 即使只是对代码进行非常微小的改动，也需要重新编译使用静态库的可执行文件	**适用于开发工作** 在开发不同功能的过程中最好的方式就是将不同功能拆分成动态库 如果对外提供的动态库符号（函数签名和数据结构布局）没有改变，那么只需重新编译动态库，而不需要重新编译其他部分的代码
其他	相对来说，静态库是一种比较简单、传统和广泛应用的二进制共享形式，即使是在最简单的微控制器开发环境中也是如此	动态库是一种较新的二进制代码重用方式。现代多任务操作系统大量依赖这种方式。而对插件概念来说，这种二进制代码重用方式也极其重要

4.4　一些有用的类比

表 4-2 至表 4-4 列出了一些有用且直观的类比，可以帮助读者更好地理解编译过程的作用。

表 4-2　类比法律

二进制类型	法律中等价的概念
静态库	**法律规定** 通常来说，法律规定是用一类不确定的语句写成的。比如说：如果一个人（哪个人？）犯有 A 级轻罪（是哪种特定的罪行？这个人到底干了什么？），他将会被判处不超过 2000 美元（具体多少？）的罚款，或者被判处不超过 6 个月（具体多久？）的监狱服刑，还是两者均有（这三种可能组合中的哪一种？）

（续）

二进制类型	法律中等价的概念
动态库	具体罪名 比如说：约翰·史密斯犯有拒捕和违抗警察罪。检方要求他支付 1500 美元的罚款，并判处 30 天的拘留
可执行文件	服刑 所有的相关问题（当事人、罪名、时间、可能的作案动机）都已明确：法院已经证明其违反法律，法官依据法律文案对约翰·史密斯进行宣判，而且对他在当地监狱服刑的一切准备已经就绪

表 4-3　类比烹饪

二进制类型	烹饪中等价的概念
静态库	生食材（比如生肉和生菜） 可以直接食用，但是不能立即上菜，因为需要先完成一些特定的处理步骤（腌制、添加调味料并与其他食材混合，最重要的是加热处理）
动态库	预先做好或现成的菜肴 可食用，但是直接按照原样上菜没有什么意义。但是，如果剩下的菜肴都已经准备好了，那么上这些菜可以增色不少
可执行文件	齐全的午餐 完整的菜肴包括当日新鲜面包、新鲜沙拉和预先准备好的主菜，这些主菜可以是几天前烹调好的一些热菜

表 4-4　类比热带丛林探险

二进制类型	等价的探险角色
可执行文件	英国贵族：探险队领队 战争经历丰富的老兵，因其出色的生存技巧和本能而知名。英国地理学会委派其调查一个传言，据说热带丛林中存在消失多年的先进文明的寺庙，并藏有大量材料和科学珍宝。他有当地英国后勤部门的后勤支持，这些部门负责与当地政府部门协调，并向其提供各类物资、资金、物流、运输等各种帮助
动态库	当地猎人：探险向导 此人在考察目标的地理区域中出生并成长。他会说所有的当地语言，知道所有的部落宗教信仰与文化，在该地区有各种人脉，知道所有危险的地方并知道如何避免进入这些地方，有特殊的生存技巧，是一个优秀的猎人，开路先锋，可以预测天气变化。完全了解有关丛林的一切，可以完全自己照顾自己。他成年中的大多数时间都是作为一个像这样的探险向导度过的。探险之余，除了花时间和家人相聚，去钓鱼和打猎外，几乎没有什么事情。没有任何自己创业的雄心和经济实力

（续）

二进制类型	等价的探险角色
静态库	年轻的私人助理 　来自贵族家庭的年轻英国小伙子。很少或者没有真实的探险经历，但是凭借其牛津大学的考古学学位和古代语言的相关知识，以及速记法、电报和莫尔斯电码的操作知识，帮助其在团队中赢得了一席之位。即使他的技能可能适用于许多人和许多情况，但他从来没有到过热带地区，不会当地语言，而且在极大程度上依赖于上级和各种更高层次的专业知识。他很有可能没有任何正式探险课程的授权，除了他自己有直接经验的领域也无力做出任何决定，只能听命令行动

提示　在我们类比烹饪时，你（软件设计者）在厨房忙碌，（通过构建可执行文件的过程）为"饥饿"的 CPU 准备一道菜，CPU 等不及就想开始享用美味。

4.5　结论：二进制重用概念所产生的影响

在证明了二进制重用概念的有效性后，很快就影响了软件设计的以下几个方面：

- 一些专门项目的出现是为了构建可重用的代码，而不是构建可执行代码。
- 当为其他开发者提供构建代码这一实践出现后，封装原则（encapsulation principle）也应运而生。封装思想的本质是：如果我们构建的是给其他人使用的代码，那么将供他人使用的产品中的核心特性和相对不重要的内部功能细节进行分离总是比较好的。实现这种思想的一种主要方式是声明接口，接口就是一套对用户使用而言最感兴趣的核心函数。
- 接口（一套最核心且最重要的函数）通常在导出头文件（用于在可重用二进制代码和用户之间提供顶层接口的头文件）中声明。

总而言之，所谓将代码分发给其他开发者使用，就是交付包含一组二进制文件和一组导出头文件的软件包。二进制文件会导出接口，这些接口主要是提供软件包核心功能的一组函数。

随之而来的一系列影响：

- SDK（Software Development Kit，软件开发包）的出现。
  基本的 SDK 中包含了一组导出头文件和二进制文件（静态库或动态库），在编译客户项目源代码文件的过程中，对这些文件进行集成并生成最终的可执行程序。
- "一套引擎，多套不同 GUI"模式的出现。
  有许多这样的例子：流行的引擎通过不同的 GUI 应用程序来展现给用户，但是在后台运行的是同一个引擎（从同样的动态库装载）。多媒体领域中的例子是 ffmpeg 和 avisynth。
- 一种可能的知识产权交换控制方式应运而生。
  软件公司可以通过交付二进制文件而不是源代码，在不公开其核心思想的情况下交付技术产品。反汇编技术的运用使得这个情况变得更加复杂，但是从长远来看，这个基本思想依然是适用的。

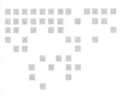

使用静态库

在本章中，我们将对使用静态库的典型生命周期进行讨论。首先从简单地创建静态库开始，然后对一些典型的用例进行介绍，最后我们再一起了解一下高级设计技巧。

5.1 创建静态库

静态库是通过编译器编译源代码文件并将生成的目标文件打包后生成的归档文件。我们通过名为归档器（archiver）的工具来生成静态库。

5.1.1 创建 Linux 静态库

在 Linux 中打包工具被简单地称作 ar，我们可以从 GCC 工具链中找到这个工具。下面所展示的一个简单例子演示了根据两个源代码文件来创建静态库的过程：

```
$ gcc -c first.c second.c
$ ar rcs libstaticlib.a first.o second.o
```

按照 Linux 平台的惯例，静态库的文件名以 lib 开头，文件扩展名为 .a。

除了可以将目标文件打包进一个归档文件（静态库）中，ar 工具还可以完成以下任务：

- 从库文件中删除一个或多个目标文件。
- 从库文件中替换一个或多个目标文件。
- 从库文件中提取一个或多个目标文件。

你可以在 ar 工具的手册页（http://linux.die.net/man/1/ar）中找到完整的功能支持列表。

5.1.2　创建 Windows 静态库

　　在 Windows 上创建静态库的过程与在 Linux 中类似。虽然可以通过命令行工具来创建静态库，但在绝大多数的实际开发过程中，我们都是通过一个专门的、包含构建静态库选项的 Visual Studio（或其他类似的 IDE 工具）项目来创建静态库。当查看项目的命令行时，在图 5-1 中你可以看到类似于使用归档工具（Windows 版本）的任务列表。

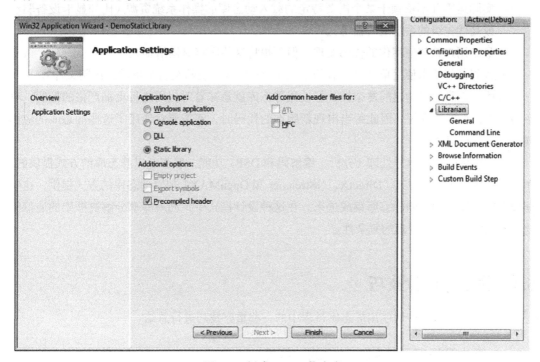

图 5-1　创建 Win32 静态库

5.2　静态库的使用场合

　　在项目构建可执行文件或动态库的链接阶段会用到静态库。静态库的名称与需要进行链接的目标文件的列表通常会在此时传递给链接器。如果项目还要链接动态库，那么需要链接的动态库的名称也同样会作为链接器的输入参数传入。

推荐的用例场景

　　静态库是一种最基础的二进制代码共享方式，并在动态库出现以前已经被使用了很长一段时间。在此期间，动态库这种更为复杂的模式逐渐成为共享二进制代码的主流。话虽如此，我们还是会在少数应用场景中使用静态库。

在实现各种核心算法时使用静态库还是非常合适的，无论是对于一些像查询和排序这样的基本算法，还是一些非常复杂的科学或数学领域的算法。下面列出的项目能够更好地说明我们为什么要用静态库的方式来提供代码实现：

- 可以把整个代码体系结构看作"具备各种各样能力的集合"，而不是"严格定义接口的模块"。
- 实际运算并不依赖于某个需要特定的载入动态库的操作系统资源（比如显卡设备驱动或高优先级的系统定时器等）。
- 最终用户希望使用你的代码实现，但不想将这些内容提供给别人。
- 代码部署要求使用单文件部署的方式（即只向客户机器交付少量的二进制文件）。

虽然我们降低了构建的复杂性，但使用静态库就意味着对代码进行更加严格的控制。程序的模块化程度降低了，因此每当出现新版本的代码时，都需要对使用了这些静态库的应用程序进行重新编译。

在多媒体领域，信号处理（分析、编解码和 DSP）功能一般都是以静态库的方式提供的。而用于集成的多媒体框架（DirectX、GStreamer 和 OpenMAX）却以动态库的方式提供，这些框架会把与算法相关的静态库集成进来。在这种设计模式中，动态库部分解决框架的通信问题，静态库解决信号处理的复杂性。

5.3 静态库设计技巧

我们会在这一节中对使用静态库过程中的一些重要技巧进行总结。

5.3.1 丢失符号可见性和唯一性的可能性

链接器将静态库的节拼接到客户二进制文件的过程非常简单。当链接完成后，静态库的节将与客户二进制文件中原有的目标文件节进行无缝衔接。静态库中的符号成为客户二进制文件符号列表中的一部分，并且保留了其原有的可见性，静态库中的全局符号成为客户二进制文件的全局符号，同样，静态库的局部符号也成为客户二进制文件的局部符号。

当客户二进制文件是一个动态库时（即不是应用程序可执行文件），我们之前提到的简单性就会被其他动态库的设计规则打破。

导致这个问题的原因是什么？

动态库概念的一个隐含假设是模块化。我们可以认为动态库作为一个模块被设计成在需要时可以轻松地进行替换。为了能够正确地实现模块化概念，动态库代码通常是根据接口来实现的，其中接口是指对外提供模块功能性的函数集合，而动态库的内部结构对于库的用户来说则是透明的。

幸运的是，静态库一般都会给动态库提供其外部接口和内部细节。不管静态库对其用户

（在动态库的整体功能方面）有多大的贡献，动态库的设计原则规定只提供（即接口可见性）满足与外部通信的接口。

采用这种设计原则（你会在接下来的章节中了解到该设计原则）最终会影响到静态库符号的可见性。静态库的符号不会作为全局可见的符号保留（在链接完成后立即完成），而是会变成私有符号或被忽略（即动态库的符号列表中没有这个静态库符号）。

另外，一个非常重要的特性是：动态库能够完全自主管理其局部符号。实际情况是，会有许多动态库被加载到相同的进程中，一个动态库会包含与其他动态库具有相同名称的局部符号。而链接器能够避免命名的冲突。

具有相同名称符号的多个实例可能导致一系列未知的后果。其中一种后果便是"悖论：单例类获得了多个实例"，我们会在第 10 章对这个问题进行详细讲解。

5.3.2　静态库使用禁忌

当你有一部分提供特定功能的代码时，你必须决定是否将其封装成静态库的形式。在本节提到的一些典型情况中，使用静态库是一种禁忌：

- 当链接一个静态库需要多个动态库（也许除了 libc 以外）时，可能不应该使用静态库，选择使用动态库可能会比较有利。

  使用动态库可能意味着：

  - 应该使用同一个库的已存在的动态库版本。
  - 应该重建库的源代码（如果可以得到），创建动态库。
  - 应该将可得到的静态库拆解成多个目标文件，这些目标文件（除了少数罕见情况外）可以用于构建动态库的项目构建中。

  完全可以和一种情况对比：当一个有特殊需求的人（特殊的饮食习惯，特殊的身体条件或环境条件需求）去拜访他朋友所居住的城镇时，住在朋友家中，朋友为了满足他的特殊需求，要去购买一些特殊的食品，或者提供一些他自己平时生活中并不需要的特殊条件，由于朋友的到访，他需要大幅度地重新安排他每天的生活。对于客人来说，更有意义的事是让自己更为独立，比如住旅店，或者为了满足自己的特殊需求而做一些安排，当他自己的引用解析完成后，再和住在那个城镇的朋友联系。

- 如果你所实现的功能需要存在一个类的单个示例（单例模式），由于下面良好的动态库设计实践，我们最终建议读者将代码封装成动态库而不是静态库。前面已经解释过隐藏在其背后的基本原理了。

  这种情况的一个好的实例是日志工具的设计。日志工具通常有一个类的单例，该单例用在许多功能模块中，专门用于序列化所有可能的日志语句，并将日志流发送到记录媒介（标准输出，硬盘或者网络文件等）中。

  如果使用动态库实现功能模块，强烈建议将日志类放在另一个动态库中。

5.3.3　静态库链接的具体规则

在 Linux 下链接静态库需要遵循下列规则：

- 依次链接静态库，每次一个静态库。
- 链接静态库从传递给链接器的静态库列表的最后一个静态库开始（通过命令或者 makefile），且会反方向逐个链接，直到列表中的第一个位置。
- 链接器会对静态库进行详细的检索，在所有的目标文件中，只有包含客户二进制文件实际所需符号的目标文件，才会进行链接。

由于这些特定的规则，我们有时需要在传递给链接器的静态库列多次添加同一个静态库。当一个静态库同时提供多种完全不同的功能时，就会遇到这种多次添加的情况。

5.3.4　将静态库转换成动态库

我们可以很容易地将静态库转换成动态库。你需要做的只是：

- 使用打包工具（ar）来提取所有静态库中的目标文件，如：

```
$ ar -x <static library>.a
```

执行该命令会把静态库中的目标文件集合提取到当前目录。在 Windows 平台上，你可以使用 Visual Studio 命令行工具 lib.exe 来完成类似的操作。根据 MSDN 在线文档（http://support.microsoft.com/kb/31339）的描述，该工具可以提取至少一个目标文件（你首先需要罗列出静态库的内容，同样可以利用 lib.exe 工具来完成）。

- 链接器使用提取出来的目标文件集合来构建动态库。

该方法适用于绝大多数情况。我们会在下面对需要满足特殊需求的用例进行讲解。

5.3.5　静态库在 64 位 Linux 平台上的问题

在 64 位 Linux 平台上使用静态库会遇到一个非常特殊的情况，以下是该情况的概述：

- 将静态库链接到可执行文件与在 32 位 Linux 上进行操作没有任何区别。
- 但是，静态库链接到共享库则要求静态库需要用 -fPIC 或 -mcmodel=large 编译器选项来进行构建（编译器在编译过程中的错误打印输出时的建议）。

这个问题非常有趣。

我们并没有在介绍静态库的过程中提及 -fPIC 编译器选项相关的问题，这可能会让读者有些迷惑。由于使用 -fPIC 选项一般与构建动态库相关，因此本书将会在后续章节介绍使用 -fPIC 选项的动态库时再进行详细讨论。

大家普遍认为将 -fPIC 选项传递给编译器是编译动态库的两个重要条件之一，但绝不是编译静态库的必要条件。在静态库中提及 -fPIC 编译选项是一件颇为震惊的事情。

事实上，这种认识并不完全正确，但也不能说这就是错误的。其实 -fPIC 选项并不能让编译器决定是编译动态库还是编译静态库。我们是通过 -shared 链接器选项来实现这项功能的。

让我们回到残酷的现实中来，编译器坚持让我们使用 -fPIC 选项来编译静态库的原因在于：使用 32 位寄存器的编译汇编器无法访问 64 位平台地址偏移的范围。为了在使用 64 位寄存器的情况下实现相同的代码，编译器需要借助于一种方法（使用 -fPIC 或 -mcmodel=large 编译标记）。

解决现实问题

在 64 位操作系统的时代到来之前，我们也有可能得到一些软件包，其中包含不使用 -fPIC（或者 -mcmodel=large）选项的静态库。交付这些静态库的人可能不是解决编译器、链接器、库相关问题的专业人员（和完整阅读本书的读者不同）。如果你有幸（就像我曾经一样）得到一些静态库，这些库由不知道这种特殊情况的第三方开发者提供，这里就要告诉读者们一个坏消息：没有简单变通的方案可以解决这类问题。

试图将静态库拆解成目标文件丝毫无法改变这种情况，这种情况下，目标文件本身需要使用特定的编译选项进行编译，而这些提取出来的目标文件没有，同时没有任何库转换工具可以帮助我们避免这种重新编译静态库源代码的情况。

这类问题的最终解决方案是由拥有源代码的人（代码分发者或者最终用户）修改构建参数（编辑 Makefile），在编译选项中添加需要的符号。

虽然不知道怎么安慰你，但你可以想象一下完全没有库的源代码的情况。现在，这确实有些可怕，对吧？

动态库的设计：基础篇

在第 5 章中，我们对静态库的基本概念进行了详细的介绍，现在开始介绍动态库。与动态库相关的概念非常重要，因为这将对程序员、软件设计师和软件架构师每天的工作有所影响。

6.1 创建动态库

编译器和链接器通常都提供了丰富的选项，这些选项使得我们在构建动态库时可以有很多选择。比较有趣的是，即使是最简单、运用最广泛的一种方式，在最初看起来可能也会觉得不那么简单，该方式需要我们提供一个编译器选项和一个链接器选项，通过更加深入的分析，我们就会了解到一些有趣的事实。无论如何，我们先从头开始。

6.1.1 在 Linux 中创建动态库

通常来说，构建动态库的过程至少需要下面两个选项：

- -fPIC 编译器选项。
- -shared 链接器选项。

下面的简单示例演示了从两个源代码文件创建动态库的过程：

```
$ gcc -fPIC -c first.c second.c
$ gcc -shared first.o second.o -o libdynamiclib.so
```

根据 Linux 的惯例，动态库以 lib 为前缀，以 .so 为文件扩展名。

如果你把本篇示例照本宣科，就有可能会稍稍有些迷惑。若你将这些参数分别传递给编译器和链接器，无论什么时候，只要你想创建动态库，最终都能够得到正确可用的动态库。但是，你不应该把本篇示例作为写满真理的教科书。更准确地说，将 -shared 选项传递给链接器是绝对没有问题的，但是 -fPIC 编译器选项的运用则是一个有趣的问题，值得我们深入研究。

本节剩余的内容主要关注 Linux 平台（即便如此，有些概念也同样适用于 Windows）。

关于 -fPIC 编译器选项

我们可以通过下面这些问题和对应的解答来详细阐述 -fPIC 选项的各项细节。

问题 1：-fPIC 代表什么？

-fPIC 中的"PIC"是位置无关代码（Position-independent Code）的缩写。在位置无关代码这个概念出现以前，我们也能够创建动态库，装载器可以将动态库加载到进程内存空间中。但是，只有第一次加载这个动态库的进程可以使用它。当其他进程需要加载同一个动态库的时候，除了将动态库的完整副本加载到自身内存空间中以外，别无他法。当更多的进程需要加载某一个特定的动态库时，内存中就会存在更多的相同副本。

这种限制的根本原因在于加载过程设计的缺陷。在将动态库加载到进程中之前，装载器需要修改动态库代码段（.text 段），使得在加载该库的进程中，动态库的所有符号是有意义的。即便这种方法可以满足基本的运行时需求，但其导致的最终结果是，因为动态库代码的修改是不可逆的，其他进程难以直接重用这个已加载的动态库。这种原始的装载器设计方法叫作"加载时重定位"，我们会在随后的内容中详细讨论。

PIC 这个概念的出现显然是一个巨大的进步。我们重新设计加载机制，避免将加载的动态库代码段（.text 段）绑定到第一个加载该动态库的进程中。想要实现这种我们期望的额外功能，需要提供一种方式：使得多个进程可以无缝映射到已加载动态库的内存映射中。

问题 2：一定要使用 -fPIC 编译器选项来创建动态库吗？

这个问题的答案不是唯一的。在 32 位体系结构（x86）中，我们不需要使用 -fPIC 编译器选项。但如果没有指定该选项，编译出来的动态库就会遵循旧式的装载时重定位机制，也就是说只有第一次加载该动态库的进程才能将其映射到自身进程内存映射中。

在 64 位体系结构（x86_64 和 I686）中，简单地忽略 -fPIC 编译器选项（试图实现装载时重定位机制）将会导致链接器错误。本书随后将会介绍发生链接器错误的原因，并讨论可以避免该问题的解决方案。要修正这个链接器错误，一种方法是向编译器传递 -fPIC 选项，另一种方法是向编译器传递 -mcmodel=large 选项。

问题 3：只有在编译动态库时才会使用 -fPIC 编译器选项吗？能否在编译静态库的情况下使用呢？

有一种普遍的说法是 -fPIC 选项只有在动态库的情况下使用。这种说法与事实略有出入。

在 32 位体系结构（x86）中，编译静态库时是否使用 -fPIC 选项是无所谓的。这样会对编译生成的代码结构产生一定的影响，但是对于静态库的链接和运行时行为的影响是微乎其微的。

在 64 位体系结构（即 x86_64）中，情况会变得更加有意思。

- 如果静态库是链接到可执行文件中的，那么编译时可以指定，也可以不指定 -fPIC 编译器选项（也就是说，是否指定该选项不会造成任何影响）。

● 如果静态库是链接到动态库中的，那么就必须使用 -fPIC 选项编译！

（或者，如果不使用 -fPIC 选项，你可以指定 -mcmodel=large 编译器选项。）

如果静态库编译时没有使用上述两种选项之一，在试图将其链接到动态库中时将会引发链接器错误，如图 6-1 所示。

```
/usr/bin/ld: ../staticLib/libstaticlinkingdemo.a(testStaticLinking.o):
relocation R_X86_64_32 against `.rodata' can not be used when making a
shared object; recompile with -fPIC
../staticLib/libstaticlinkingdemo.a: could not read symbols: Bad value
```

图 6-1　链接器错误

有一篇有趣的技术性文章对这个问题进行了讨论，地址为：www.technovelty.org/c/position-independent-code-and-x86-64-libraries.html。

6.1.2　在 Windows 中创建动态库

在 Windows 中，构建一个简单的动态库的过程只需遵循下面简单的几步。以下展示的一系列截图（图 6-2 ～图 6-6）描述了创建 DLL 项目的过程。当项目创建完成后，若要构建 DLL，只需执行构建命令即可。

图 6-2　首先创建 Win32 动态库项目（DLL）

图 6-3 单击 Next 按钮指定 DLL 选项

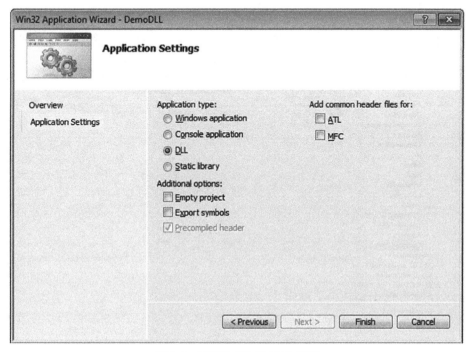

图 6-4 可用的 Win32 DLL 选项

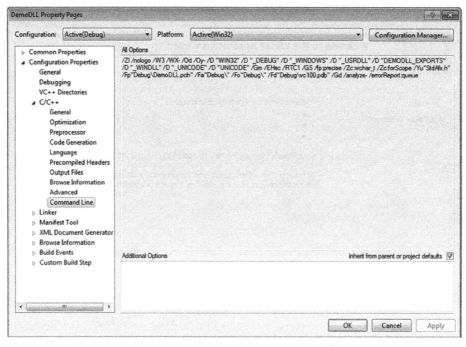

图 6-5 已有的 DLL 编译器选项

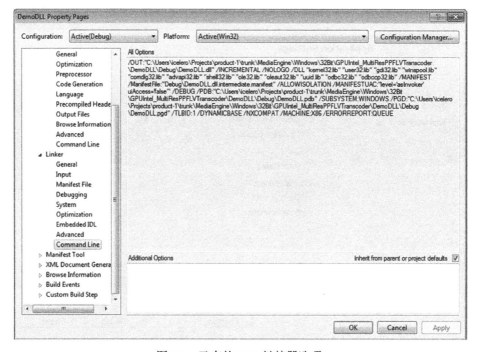

图 6-6 已有的 DLL 链接器选项

6.2　设计动态库

设计动态库的过程和设计软件其他组件的过程类似。但考虑到动态库自身的某些特性，我们需要在这里对一些动态库设计的要点进行详细的讨论。

6.2.1　设计二进制接口

本质上，动态库通常是为外部提供特定功能的，而动态库的用户不需要了解太多内部工作细节。这种实现方式就是接口，使用接口的用户不必去关注他们本不该关心的动态库的内部实现细节。

接口这个概念在面向对象的领域中无处不在，是二进制代码重用领域中的一种方式。就像在第 5 章中讲到的那样，动态链接构建时与运行时之间应用程序二进制接口（ABI，Application Binary Interface）的不变性是动态链接成功的最基本要求。

初看 ABI 和 API 的设计其实并没有太大区别。接口概念的基本含义依然没有改变：向客户提供一系列的函数，以使用特定模块提供的服务。

其实，只要程序不是使用 C++ 编写的，那么与可重用软件模块的 API 设计相比，动态库 ABI 的设计并不需要考虑更多的问题。ABI 实际上仅仅是一组需要在运行时加载的链接器符号，这与 API 在本质上并没有太大区别。

但是，由于 C++ 语言（最主要的原因是缺乏严格的标准化）的影响，我们在设计动态库 ABI 的时候需要考虑更多问题。

C++ 的问题

一个很不幸的事实是：程序设计语言领域的发展与链接器设计的发展严重不一致，或者更准确地说，是与软件领域中标准主题带来的标准的严密性严重不平衡。本节会阐述人们不这样做的原因。一篇名为“Beginner's Guide To Linkers”（链接器入门指导）的文章很好地说明了这个问题，文章网址为：www.lurklurk.org/linkers/linkers.html。

让我们从几个简单的例子开始，回顾这些问题。

问题 1：C++ 使用了更加复杂的符号命名规则

和 C 程序设计语言不同，C++ 函数与链接器符号之间的映射关系给链接器的设计带了巨大的挑战。C++ 面向对象的特点让我们需要额外考虑一些问题：

- 通常来说，C++ 函数很少单独存在，往往从属于多种类型的代码单元。
  我们马上就会想到确实如此，在 C++ 中函数通常属于类（甚至有专门的名称：方法）。除此之外，类（当然包括类的方法）还可能从属于命名空间。当遇到模板的时候，问题就变得更加复杂了。
  为了唯一地标识函数，链接器在为函数入口点建立符号时，必须用某种方法来包含函数的从属信息。

- C++ 的重载机制允许同一个类的不同方法拥有同一个名称和相同的返回值类型，并依靠不同的输入参数列表进行区分。

  为了唯一地标识共享了相同名称的函数（方法），链接器在为函数入口点建立符号时，必须用某种方法来包含函数的输入参数的信息。

链接器的设计旨在满足这种更加复杂的需求，最终产生了"名称修饰"这种技术。简而言之，名称修饰是将函数名、函数的从属信息、函数的参数列表进行组合，最后生成符号名称的过程。通常来讲，函数的从属信息放在函数名的前面（前缀），而函数签名信息添加在函数名的后面（后缀）。

问题的主要根源在于，名称修饰惯例没有一个统一的标准，而且到今天为止也是由编译器自己规定的。维基百科的一篇文章（http://en.wikipedia.org/wiki/Name_mangling#How_different_compilers_mangle_the_same_functions）阐述了不同链接器之间名称修饰实现的区别。就像文章中所说的那样，除了 ABI 以外，还有大量因素在命名修饰机制中起着作用（如异常栈处理、虚函数表布局、结构和栈帧填充等）。考虑到众多不同的需求，ARM（Annotated C++ Reference Manual）中甚至提出了维护个别名称修饰的方案。

C 风格函数

在 C++ 编译器中使用 C 风格函数时会发生一些有意思的事情。即便 C 函数不需要名称修饰，链接器默认也会为其创建带修饰的名称。当我们希望避免名称修饰时，必须使用一个特殊的关键字来告知链接器不要修饰符号名称。

这种技术基于 extern"C" 关键字。如果一个函数使用下面的方式声明（通常在头文件中），那么链接器最终就会创建不带修饰的符号名称。

```
#ifdef __cplusplus
extern "C"

{
#endif // __cplusplus

int myFunction(int x, int y);

#ifdef __cplusplus

}
#endif // __cplusplus
```

本章在随后讲解关于 ABI 导出的那一节中，会详细说明这种技术的重要性。

问题 2：静态初始化顺序问题

C 语言中的一项遗留特性是链接器可以处理很简单的初始化变量，无论是简单数据类型还是结构体。链接器只需要在数据段（.data 节）中保留存储空间，并将初始值写入该位置即可。在 C 语言领域，变量初始化的顺序通常不是很重要。关键在于变量的初始化其实在程序启动的时候就完成了。

但是在 C++ 中，数据类型通常是一个对象，对象的初始化是在运行时通过对象构造函数的处理完成的，当类构造函数结束执行的时候，对象初始化也就完成了。很明显，为了初始化 C++ 对象，链接器需要做更多的工作。为了帮助链接器完成其任务，编译器将特定文件需要使用的所有构造器的列表嵌入目标文件中，并将相关信息存放在特定的目标文件段中。在链接时，链接器会检查所有的目标文件，并将其中的构造函数列表合并成完整的列表，以备运行时执行。

现在要讲一个重点，链接器会根据继承链来观察执行构造函数的顺序。换言之，链接器保证基类构造函数会首先执行，然后再执行派生类的构造函数。这些嵌入链接器中的逻辑已经可以充分满足多种情况的需求了。

但是，链接器依然不够智能。不幸的是，在绝大多数情况下，程序员完全遵循 C++ 语法规则，但由于链接器的逻辑限制，程序会在加载时引起非常严重的崩溃，而且是在任何调试器能够捕捉到其之前。

通常来说，发生这种情况是因为初始化的对象依赖于另外一些需要在其之前初始化的对象。下面我会首先解释该问题的根本原因，然后提出一些建议帮助程序员避免这些情况。在 C++ 程序员领域，这类问题通常被称为静态初始化顺序问题。

 提示　Scoot Meyer 的名著 *Effective C++* 对这个问题及其解决方案有着精彩的阐述（第 47 条：确保非局部静态对象在使用前被初始化）。

问题描述

非局部静态对象是 C++ 类的实例，我们可以在类作用域以外访问该对象。更准确地说，这类对象可以是以下几种情况之一：

- 定义在全局或者命名空间作用域中。
- 定义为类中的静态变量。
- 定义为文件作用域中的静态变量。

链接器通常在程序启动运行之前就完成了这类对象的初始化。对每个对象来说，链接器维护了用于创建对象的构造函数列表，并且根据继承链的顺序依次执行这些构造函数。

不幸的是，这也是链接器唯一可以识别并实现的对象初始化顺序方案。现在，我们来看一个特殊的例子。

我们假设这些目标文件中的对象会依赖于一些其他需要预先初始化的对象。假设示例中有以下两个静态对象：

- A 对象（a 类的实例）用于初始化网络基础组件、查询可用网络列表、初始化套接字并与认证服务器建立初始连接。

- B 对象（b 类的实例）调用 b 类实例的接口方法，可通过网络向远程认证服务器发送消息。

很明显，正确的初始化顺序是在对象 A 初始化完成后初始化对象 B。很显然，如果破坏这种对象初始化顺序很有可能造成重大问题。即使设计者考虑到了初始化未完成的这种情况（也就是说，在实际调用前先检查指针值的有效性），但这时 b 类实例也不能执行真正的调用操作了。

实际上，根本没有任何规则可以指定静态对象的初始化顺序。要实现用来检查代码并识别这类情况并告诉链接器正确初始化顺序的算法非常困难。C++ 语言的其他特性（比如模板）只会加重这种问题，使其更难以解决。

以上问题最终导致链接器可以以任何顺序来初始化非局部静态对象。令情况更为糟糕的是，链接器所遵循的初始化顺序是由不相关的运行时状态产生的随机数来决定的。

在实际情况下，这些问题导致了许多其他错误的产生。首先，我们很难去追踪这些问题，因为这些问题使得程序在进程加载期间就崩溃了，根本无法等到调试器去捕捉这些问题。其次，程序也不一定会崩溃，可能偶尔崩溃几次，也可能因为不同的状况而每次都崩溃。

解决方案

即使无法彻底解决这种问题，但我们还是有办法避免这种混乱情况的发生。链接器没有指定变量的初始化顺序，但是在函数体内声明的静态变量的初始化顺序是确定的。换言之，可以将对象声明为函数（或者类成员函数）内部的静态变量，这样在调用该函数第一次遇到变量定义时才会初始化这些变量。

这样，问题的解决方案就变得显而易见了。对象实例不应被自由存放在数据内存中，相反，它们应该：

- 被声明成函数内的静态变量。
- 只能通过函数来访问定义在文件作用域中的静态变量（比如返回对象的引用）。

总而言之，一般情况下我们使用以下两种解决方案来解决这类问题：

- **方案 1**：为 _init() 函数提供自定义实现，这是一个在动态库加载时会被立即调用的标准函数，我们可以在该函数中通过类静态成员函数初始化对象，以通过构造函数强制初始化。因此，也可以为标准的 _fini() 函数提供自定义实现，这是一个在动态库卸载时会被立即调用的标准函数，我们可以在该函数中完成对象的销毁工作。

- **方案 2**：调用一个自定义函数去访问特定对象，而不是直接访问。该函数将会包含 C++ 类的一个静态实例，并返回对其的引用。在第一次访问之前，程序会自动构造这个静态变量，可以确保在第一次实际调用之前完成对象的初始化。GNU 编译器和 C++11 标准均确保了这种方案是线程安全的。

问题 3：模板

通常对于同一个算法，由于其操作对象的数据类型不同，我们往往需要重复且分散地实现，为了消除这种重复代码，我们引入了模板这个概念。这个概念在带来便利的同时，也为链接过程引入了一些问题。

问题在于不同的模板特殊化后会包含完全不同的机器码。不幸的是，一旦模板编写完成，就可能通过很多方式特殊化，具体取决于用户想如何使用这个模板。下面这个模板可能会为许多数据类型产生特殊化，只要这些数据类型支持比较操作符（简单的数据类型，从 char 类型到 double 类型，都是可以直接使用的）。

```
template <class T>
T max(T x, T y)
{
  if (x>y) { return x;}
  else     { return y;}
}
```

当编译器遇到模板时，需要将其具体化成某种形式的机器码。但是其他源代码文件只有在完成检查并推断出其代码中应如何特殊化该模板时，才能执行该任务。虽然在独立应用程序中完成该任务是相对简单的，但当需要使用动态库导出模板时，模板特殊化就需要更为完善的方案了。

有两种通用方法可以解决这类问题：

- 编译器可以保证生成所有的模板特殊化代码，并为每个特殊化版本创建一个弱符号。关于弱符号概念的完整阐述可以参考链接器符号类型介绍。请注意，如果在最终的构建结果中，并没有使用弱符号，链接器可以自由丢弃该符号。
- 另一种方法是，链接器在链接结束之前都不包含模板特殊化的机器码实现。当其余所有链接任务都完成后，链接器会检查代码，确定到底需要哪些特殊化版本，并调用 C++ 编译器创建所需的模板特殊化，最后，将机器码插入可执行文件中。值得一提的是 Solaris C++ 编译器套件就采取了这种方案。

6.2.2　设计应用程序的二进制接口

为了减少潜在问题的发生，提高不同平台之间的可移植性，抑或增强由不同编译器所创建的模块之间的可操作性，强烈建议读者在设计程序二进制接口时遵循以下规则。

规则 1：用一组 C 风格的函数来实现动态库 ABI

有很多原因可以说明我们为什么要遵循这条规则。举例来说，通过这条规则你能：

- 避免各种 C++ 与链接器交互的问题。
- 提升跨平台可移植性。
- 提升不同编译器产生的二进制文件之间的可交互性。（有些编译器产生的二进制文件可以直接被其他编译器使用。比如 MinGW 和 Visual Studio 编译器就是很好的例子。）

为了将 ABI 符号导出为 C 风格函数，使用关键字 extern"C" 来告知链接器不要对这些符号进行名称修饰。

规则 2：提供完整 ABI 声明的头文件

"完整的 ABI 声明"指的是不仅仅提供函数原型，还要提供预处理器定义，结构体布局等信息。

规则 3：使用被广泛支持的标准 C 关键字

更具体地说，如果你使用自己项目特定的数据类型定义，或是平台特定的数据类型，抑或是其他任何在不同编译器以及不同平台下没有得到广泛支持的类型，那么将会在之后的开发过程中引来很多问题。因此，千万不要特立独行，而是应该尽可能让你的代码朴素简单。

规则 4：使用类工厂机制（C++）或模块（C）

如果动态库的内部功能是通过 C++ 类来实现的，并不是说你就违背了规则 1。正确的方法是使用下面介绍的类工厂方法（见图 6-7）来解决问题。

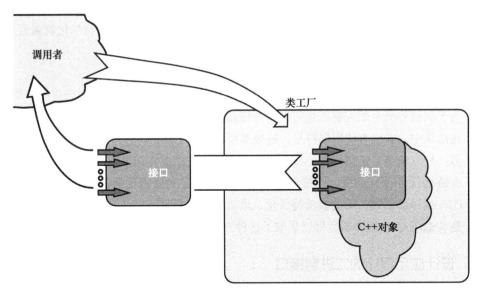

图 6-7 类工厂的概念

类工厂是一个 C 风格函数，用于向用户提供一个或多个 C++ 类的对象（这类似于一名好莱坞经纪人，他代表许多明星演员与电影工作室谈判）。

一般来说，类工厂通过声明其自身为同一 C++ 类的静态成员函数来获取整个 C++ 类的布局。

当客户调用类工厂时，类工厂会创建其对应 C++ 类的实例。类工厂不会直接将对象实例返回给调用者，以确保 C++ 类布局的相关细节对客户透明。取而代之的是，类工厂通过 C

风格的接口向客户提供访问 C++ 类的途径，并将已创建的 C++ 对象作为接口指针提供给调用者。

当然，为了让我们的设计能够正常工作，C++ 类所对应的类工厂需要负责将该接口实现为一个外部可以访问的接口。在使用 C++ 的情况下，我们需要以公有方式继承该接口，这样就能轻松地把类指针转化成对应的接口指针。

最后，我们的设计还需要一种分配跟踪机制，用来记录所有类工厂函数生成的实例。在微软组件对象模型（COM）技术中，引用计数功能确保了已经分配的对象能在不需要时被销毁。在其他的实现中，建议保留一份指向已分配对象的指针链表。在功能执行结束时（比如调用清理函数），释放每个链表中的元素，直至链表中的元素都被清理干净。

在 C 中，有一个类似于类工厂的功能被称为模块。模块是指通过一组精心设计的接口函数对外提供功能的代码体。

在底层内核模块和设备驱动设计时通常都会使用模块化设计，但模块化设计的应用领域并不仅仅局限于此。一般模块会提供 Open() 函数［或 Initialize()］、一个或多个工作函数［Read()、Write() 和 SetMode() 等］以及 Close() 函数［或 Deinitialize()］。

非常典型的一个使用模块的例子是句柄，句柄是一种模块实例的标识符，常常被实现为 void 类型的指针，其中 void 类型的指针也是 C++this 指针的前身。

句柄一般通过 Open() 函数创建并返回给调用者。在调用其他模块接口方法时，句柄一般都是函数的第一个参数。

在无法使用 C++ 的场合，设计 C 模块完全等同于面向对象概念中的类工厂。

规则 5：只对外提供必要的符号

动态库先天的模块化特点使其能够对外提供一组定义清晰的函数符号（应用程序二进制接口，ABI），而仅在内部使用的所有其他函数的符号则允许客户可执行文件直接进行访问。

这么做有以下几个好处：

- 增强对私有内容的保护。
- 通过减少对外提供符号的数量可以大大提高库的加载速度。
- 极大地减少了不同共享库之间的冲突和同名符号出现的概率。

该规则的思想其实很简单：动态库只需对外提供那些用户必须使用的函数符号和数据，而其他符号都应该对外部透明。我们会在 6.2.3 节中针对如何控制动态库符号的可见性进行更为详细的说明。

规则 6：利用命名空间来解决符号名称冲突问题

通过将动态库代码放置在独立的命名空间内部，可以降低不同动态库包含同名符号［函数 Initialize() 就是一个很好的例子，这个函数可能会出现在功能完全不同的动态库中］的概率。

6.2.3 控制动态库符号的可见性

从高层视角来看，在 Windows 和 Linux 平台上，几乎使用了相同的方法来处理链接器符号的可见性的机制。唯一区别在于默认情况下所有 Windows DLL 链接器符号都是外部不可见的，而在 Linux 中所有动态库的链接器符号都是外部可见的。

在实践中，由于 GCC 希望为跨平台提供相同的功能集合，因此符号输出机制的实现都非常相似：最终只有包含应用程序二进制接口的链接器符号是外部可见的，而其余符号则是隐藏且外部不可见的。

1. 导出 Linux 动态库符号

不同于 Windows 平台，在 Linux 中所有动态链接器符号默认都是外部可见的，因此任何尝试动态链接这些动态库的用户都可以访问这些符号。尽管这种默认行为可以简化动态库的处理，但是我们依然有充足的理由认为，把所有符号置为外部可见并不是最好的选择。向用户暴露过多接口或符号向来不是什么好的做法。而且在加载库的时候，只加载必要的少量符号和加载大量符号所消耗的时间应该有很大区别。

我们显然也需要一些控制功能对符号的可见性进行操作。此外，由于这种控制功能已经在 Windows DLL 中实现了，所以实现对应功能将极大地促进可移植性。

有多种机制可以在构建过程中实现对符号可见性的控制。此外，还有一种比较"粗暴"的方法可以实现对符号的控制：使用命令行工具 strip 处理动态库二进制文件。最后，我们可以将多种不同的方法进行组合，实现对动态库符号可见性的控制。

在构建过程中控制符号的可见性

GCC 编译器提供了多种机制来设置链接器符号的可见性：

方法 1：（影响所有代码）

```
-fvisibility compiler flag
```

根据 GCC 手册页（http://linux.die.net/man/1/gcc），通过向编译器传递编译器选项 -fvisibility=hidden 就可以将所有的动态库符号置为对外不可见，任何尝试链接该动态库的用户将无法访问这些符号。

方法 2：（只影响单个符号）

```
__attribute__ ((visibility("<default | hidden>")))
```

通过在函数前面使用编译属性修饰，你可以指示链接器允许（默认行为）或者禁止（隐藏符号）对外提供该符号。

方法 3：（影响单个符号或者一组符号）

```
#pragma GCC visibility [push | pop]
```

该选项通常用在头文件中，比如：

```
#pragma visibility push(hidden)
void someprivatefunction_1(void);
void someprivatefunction_2(void);
...
void someprivatefunction_N(void);
#pragma visibility pop
```

你就可以将 #pragma 语句之间所有声明的函数设定成对外不可见的。

只要程序员觉得合适，就可以随意组合这三种方法来使用。

其他方法

GNU 链接器支持一种复杂的方法来解决动态库版本问题：将一个简单的脚本文件作为参数传递给链接器（通过 -Wl,--version-script,< 脚本文件名 > 链接器选项）。虽然这种机制的最初目的是指定版本信息，但是也有控制符号的可见性的功能。由于简化了符号可见性的控制任务，因此这种技术也成了最为优雅的控制符号可见性的方法。本书会在第 11 章讨论 Linux 库的版本控制时再对与该技术相关的更多细节进行详细的介绍。

2. 演示示例：控制符号的可见性

为了展示控制符号可见性的机制，我创建了一个演示项目，并使用不同的可见性设置来生成两个相同的动态库。我们为这两个库文件取了恰当的名字：分别是 libdefaultvisibility.so 和 libcontrolledvisibility.so。在库构建完成之后，我们使用 nm 工具（将会在第 12 章和第 13 章中进行详细的介绍）来检查动态库的符号。

默认的符号可见性示例

libdefaultvisibility.so 的源代码如代码清单 6-1 所示。

代码清单 6-1 libdefaultvisibility.so

```
#include "sharedLibExports.h"

void mylocalfunction1(void)
{
        printf("function1\n");
}

void mylocalfunction2(void)
{
        printf("function2\n");
}

void mylocalfunction3(void)
{
        printf("function3\n");
}

void printMessage(void)
{
        printf("Running the function exported from the shared library\n");
}
```

不出所料，经过对构建好的二进制文件的符号进行检查，所有函数符号都是对外可见的，如图 6-8 所示。

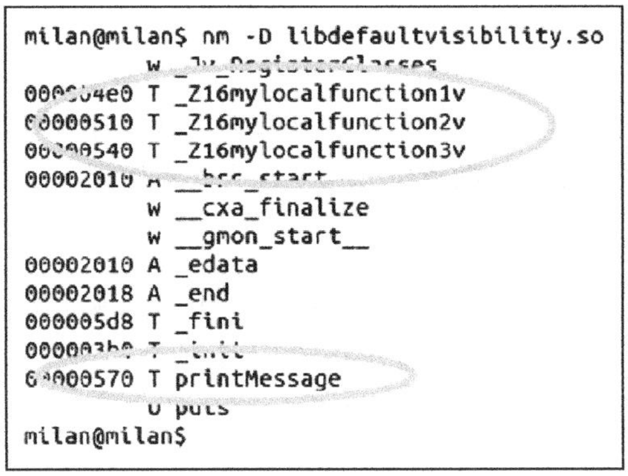

```
milan@milan$ nm -D libdefaultvisibility.so
              w _Jv_RegisterClasses
000004e0 T _Z16mylocalfunction1v
00000510 T _Z16mylocalfunction2v
00000540 T _Z16mylocalfunction3v
00002010 A __bss_start
              w __cxa_finalize
              w __gmon_start__
00002010 A _edata
00002018 A _end
000005d8 T _fini
000003b0 T _init
00000570 T printMessage
              U puts
milan@milan$
```

图 6-8　动态库的所有符号都是对外可见的

经过控制调整的符号可见性示例

在希望控制动态库符号的可见性的情况下，我们在项目 Makefile 中设置 -fvisibility 编译器选项，如代码清单 6-2 所示。

代码清单 6-2　-fvisibility 编译器选项

```
...

#
# Compiler
#
INCLUDES        = $(COMMON_INCLUDES)
DEBUG_CFLAGS    = -Wall -g -O0
RELEASE_CFLAGS  = -Wall -O2
VISIBILITY_FLAGS = -fvisibility=hidden -fvisibility-inlines-hidden

ifeq ($(DEBUG), 1)
CFLAGS          = $(DEBUG_CFLAGS) -fPIC $(INCLUDES)
else
CFLAGS          = $(RELEASE_CFLAGS) -fPIC $(INCLUDES)
endif

CFLAGS          += $(VISIBILITY_FLAGS)

COMPILE         = g++ $(CFLAGS)

...
```

在构建库的编译脚本中使用了这条符号可见性设置后，就会发现这些函数符号将不会出现在符号检查结果中（见图 6-9）。

接下来，当我们在函数前面前使用了编译属性进行修饰后，如代码清单 6-3 所示，得到的结果是：使用 __attribute__((visibility("default"))) 修饰的函数都变为可见的（见图 6-10）。

```
milan@milan$ nm -D libcontrolledvisibility.so
         w _Jv_RegisterClasses
00002010 A __bss_start
         w __cxa_finalize
         w __gmon_start__
00002010 A _edata
00002018 A _end
00000538 T _fini
00000304 T _init
         U puts
milan@milan$
```

图 6-9 动态库的所有符号都被隐藏了

代码清单 6-3 在函数签名修饰中使用可见性属性

```
#include "sharedLibExports.h"

#if 1
#define FOR_EXPORT __attribute__ ((visibility("default")))
#else
#define FOR_EXPORT
#endif

void mylocalfunction1(void)
{
        printf("function1\n");
}

...etc...

//
// also supported:
//              FOR_EXPORT void printMessage(void)
// but this is not supported:
//      void printMessage FOR_EXPORT (void)
// nor this:
//              void printMessage(void) FOR_EXPORT
//
// i.e. attribute may be declared anywhere
// before the function name

void FOR_EXPORT printMessage(void)
{
        printf("Running the function exported from the shared library\n");
}
```

使用 strip 工具

还有另外一种控制符号可见性的机制。这种方法很简单,而且不可编程。该方法是通过执行命令行工具 strip 实现的(见图 6-11)。相比之前的方法,这种方法要粗暴得多,因为它有能力完全抹除任何与库符号相关的信息,这样一来,常用的符号查看工具就无法查看其中的任何符号了,无论该符号是否在 .dynamic 节中。

```
milan@milan$ nm -D libcontrolledvisibility.so
         w _Jv_RegisterClasses
00002010 A __bss_start
         w __cxa_finalize
         w __gmon_start__
00002010 A _edata
00002018 A _end
00000538 T _fini
000003?c T _init
000004ce T printMessage
         U puts
milan@milan$
```

图 6-10　为 printMessage 函数使用可见性编译属性

```
milan@milan$ strip --strip-symbol _Z16mylocalfunction1v libcontrolledvisibility.so
milan@milan$ strip --strip-symbol _Z16mylocalfunction2v libcontrolledvisibility.so
milan@milan$ strip --strip-symbol _Z16mylocalfunction3v libcontrolledvisibility.so
milan@milan$ nm libcontrolledvisibility.so
00001f28 a _DYNAMIC
00001ff4 a _GLOBAL_OFFSET_TABLE_
         w _Jv_RegisterClasses
00001f18 d __CTOR_END__
00001f14 d __CTOR_LIST__          strip 工具完全
00001f20 d __DTOR_END__           删除了特定的符号
00001f1c d __DTOR_LIST__
000006bc r __FRAME_END__
00001f24 d __JCR_END__
00001f24 d __JCR_LIST__
00002010 A __bss_start
         w __cxa_finalize@@GLIBC_2.1.3
00000520 t __do_global_ctors_aux
000003a0 t __do_global_dtors_aux
0000200c d __dso_handle
         w __gmon_start__
00000457 t __i686.get_pc_thunk.bx
00002010 A _edata
00002018 A _end
00000558 T _fini
0000032c T _init
00002010 b completed.6159
00002014 b dtor_idx.6161
00000420 t frame_dummy
000004f0 T printMessage
         U puts@@GLIBC_2.0
milan@milan$
```

图 6-11　使用 strip 工具来删除特定的符号

 提示　我们会在第 13 章中对 strip 工具进行更加详细的介绍。

3. 导出 Windows 动态库符号

在 Linux 中，客户可执行文件默认可以访问动态库的所有链接器符号。但是在 Windows 中并非如此。相反，客户只能访问明确指定可以对外提供的符号。必须在构建过程中使用独立的二进制文件（导入库）才能使这种限制生效，其中二进制文件只包含你期望对外提供的符号。

幸运的是，程序员可以控制动态库符号的导出机制。实际上，编译器支持两种机制来指定动态库的符号是否对外可见。

使用 __desclspec（dllexport）关键字

该机制是由 Visual Studio 提供的一种标准方式。在新项目创建对话框中勾选"Export symbols"复选框，如图 6-12 所示。

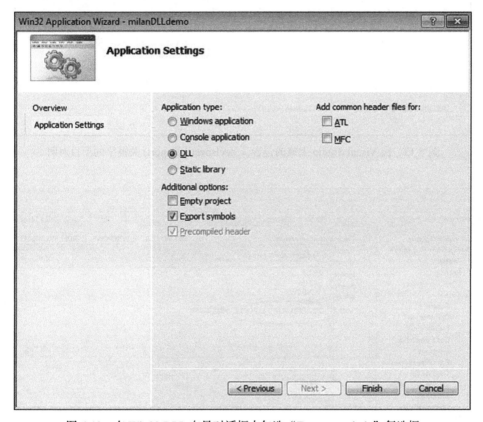

图 6-12　在 Win32 DLL 向导对话框中勾选"Export symbols"复选框

现在你通过项目向导生成了库的导出头文件，该文件包含以下代码片段，如图 6-13 所示。

可以看到，导出头文件既可以在动态库项目中使用，也可以在客户可执行程序项目中使用。当在动态库项目中使用时，这个项目特定的宏会被扩展成 __declspec(dllexport) 关键字，而在客户可执行程序项目中使用时，则被扩展成 __declspec(dllimport)。Visual Studio 会将预处理定义自动插入 DLL 项目中（见图 6-14），以使其宏扩展生效。

```
milanDLLdemo.h ×  milanDLLdemo.cpp
(Global Scope)
    //·The following ifdef block is the standard way of creating macros which make exporting
    //·from a DLL simpler. All files within this DLL are compiled with the MILANDLLDEMO_EXPORTS
    //·symbol defined on the command line. This symbol should not be defined on any project
    //·that uses this DLL. This way any other project whose source files include this file see
    //·MILANDLLDEMO_API functions as being imported from a DLL, whereas this DLL sees symbols
    //·defined with this macro as being·exported.
    #ifdef MILANDLLDEMO_EXPORTS
    #define MILANDLLDEMO_API __declspec(dllexport)
    #else
    #define MILANDLLDEMO_API __declspec(dllimport)
    #endif

    // This class is exported from the milanDLLdemo.dll
    class MILANDLLDEMO_API CmilanDLLdemo {
    public:
        CmilanDLLdemo(void);
        // TODO: add your methods here.
    };

    extern MILANDLLDEMO_API int nmilanDLLdemo;

    MILANDLLDEMO_API int fnmilanDLLdemo(void);
```

图 6-13 由 Visual Studio 生成的包含 __declspec(dllexport) 关键字的项目声明

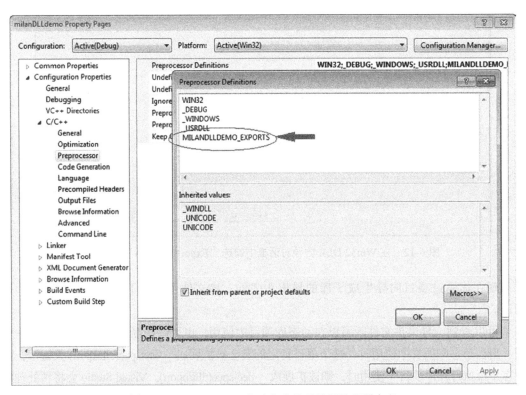

图 6-14 Visual Studio 自动生成的项目预处理器定义

当项目特定关键字被扩展成 __declspec(dllexport)，并添加到函数修饰中后，该函数的链接器符号就会被置为对外可见。否则，如果省略了该关键字，对应的函数符号将不会被置为对外可见。图 6-15 中有两个函数，其中只有一个被声明为对外可见的符号。

```
#include "stdafx.h"
#include "milanDLLdemo.h"

// This is an example of an exported variable
/* MILANDLLDEMO_API */ int nmilanDLLdemo=0;

// This is an example of an exported function.
MILANDLLDEMO_API int fnmilanDLLdemo(void)
{
    return 256;
}

int notExportingThisFunction(void)
{
    return -1;
}
```

图 6-15　Visual Studio 自动生成的示例：示范使用项目特定符号导出控制关键字的方法

现在是时候介绍 Visual Studio 的 dumpbin 工具了，该工具用于分析搜索导出符号名字并分析动态库文件。该工具是 Visual Studio 工具集的一部分，可以在 Visual Studio Tools 命令提示符下运行（见图 6-16）。

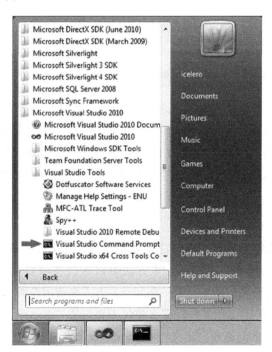

图 6-16　启动 Visual Studio 命令提示符以访问二进制分析命令行工具

图 6-17 展示了 dumpbin 工具（使用 /EXPORT 选项调用）对你的动态库的导出符号分析报告。

图 6-17　使用 dumpbin.exe 查看动态库导出符号列表

很明显，在项目中指定了对外可见符号的函数，在最终生成的 DLL 中都是对外可见的。但是，链接器根据 C++ 规范对这些导出的符号进行了名称修饰。一般情况下，客户可执行文件在解析这些符号时不会出现什么问题，但一旦出现问题，你还是需要将函数声明为 extern "C"——让函数符号的命名规则符号 C 风格惯例，才能解决问题（如图 6-18 所示）。

使用模块定义文件（.def）

另一种控制动态库符号可见性的方法是使用模块定义文件（.def）。不像前面描述的机制［基于 __declspec(dllexport) 关键字］，该方法可以通过在项目创建向导中勾选"Export symbols"复选框来指定，我们需要通过一些间接的方式来使用模块定义文件。

首先，如果你打算使用 .def 文件，那么建议不要勾选"Export symbols"复选框。你应该使用 File → New 菜单来创建新的定义（.def）文件。如果正确地完成了这一步，在项目设置中将会看到这个模块定义文件是属于当前项目的，如图 6-19 所示。

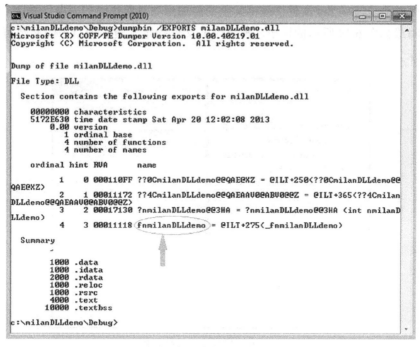

图 6-18　将函数声明为 extern "C"

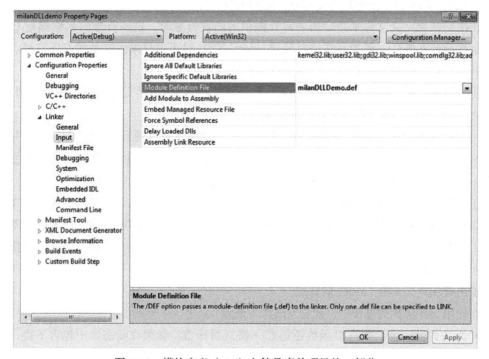

图 6-19　模块定义（.def）文件是当前项目的一部分

你也可以手动编写 .def 文件，并将其手动添加到项目源代码列表中。最后，将链接器属性页编辑成如图 6-19 所示的样子。模块定义文件指定了演示项目中的函数可见性，如图 6-20 所示。

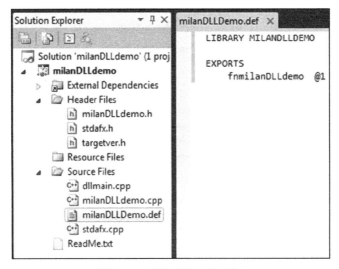

图 6-20　模块定义文件示例

在 EXPORTS 行下面添加需要对外可见的函数符号。

在使用模块定义文件来指定需要对外提供的函数符号时，这些符号的名称都是 C 风格的，你并不需要将 C++ 函数显式地声明成 extern "C"。对于项目来说这是优点还是缺点完全取决于个人喜好和设计场景。

使用模块定义（.def）文件来配置 DLL 符号可见性的一个优点是：在交叉编译的情况下，除微软之外，其他的编译器也支持这种选项。

一个很好的例子就是使用 MinGW 编译器，可以编译开源项目（比如 ffmpeg），并生成 Windows 的动态库以及关联的 .def 文件。为了在构建时动态链接 DLL 文件，你需要使用导入库，而非常不幸的是，MinGW 编译器并没有生成这个文件。

然而幸运的是，Visual Studio 工具中提供了 lib.exe 命令行工具，它可以利用 .def 文件内容（如图 6-20 所示）生成导入库。lib 工具可以通过 Visual Studio Tools 命令行调用。图 6-21 展示了在 Linux 上使用 MinGW 编译器交叉编译生成 Windows 二进制文件（但是不提供导入库）的情况下使用该工具的场景。

使用模块定义文件（.def）的缺点

在使用 .def 文件的过程中，就会发现以下缺点：

- 无法识别一个函数是 C 函数还是 C++ 类成员函数：如果在动态库中包含了类，并且该类恰好有一个成员函数与你在 .def 文件中导出的 C 函数同名，编译器将尝试推断导出哪一个符号时会报告冲突。

```
X:\MilanFFMpegWin32Build>dir *.def
 Volume in drive X is VBOX_VBoxShared
 Volume Serial Number is 9AE7-0879

 Directory of X:\WinFFMpegBuiltOnLinux

02/14/2013  11:51 AM             7,012 avcodec-53.def
02/14/2013  11:51 AM               115 avdevice-53.def
02/14/2013  11:51 AM             5,107 avfilter-2.def
02/14/2013  11:51 AM             5,119 avformat-53.def
02/14/2013  11:51 AM             4,762 avutil-51.def
02/14/2013  11:51 AM               232 postproc-51.def
02/14/2013  11:51 AM               155 swresample-0.def
02/14/2013  11:51 AM             7,084 swscale-2.def
               8 File(s)         29,586 bytes
               0 Dir(s)  465,080,082,432 bytes free

X:\MilanFFMpegWin32Build>lib /machine:X86 /def:avcodec-53.def /out:avcodec.lib

Microsoft (R) Library Manager Version 10.00.40219.01
Copyright (C) Microsoft Corporation.  All rights reserved.

   Creating library avcodec.lib and object avcodec.exp

X:\MilanFFMpegWin32Build>lib /machine:X86 /def:avdevice-53.def /out:avdevice.lib

Microsoft (R) Library Manager Version 10.00.40219.01
Copyright (C) Microsoft Corporation.  All rights reserved.

   Creating library avdevice.lib and object avdevice.exp

X:\MilanFFMpegWin32Build>lib /machine:X86 /def:avfilter-2.def /out:avfilter.lib

Microsoft (R) Library Manager Version 10.00.40219.01
Copyright (C) Microsoft Corporation.  All rights reserved.

   Creating library avfilter.lib and object avfilter.exp

X:\MilanFFMpegWin32Build>lib /machine:X86 /def:avformat-53.def /out:avformat.lib

Microsoft (R) Library Manager Version 10.00.40219.01
Copyright (C) Microsoft Corporation.  All rights reserved.

   Creating library avformat.lib and object avformat.exp

X:\MilanFFMpegWin32Build>lib /machine:X86 /def:avutil-51.def /out:avutil.lib
Microsoft (R) Library Manager Version 10.00.40219.01
Copyright (C) Microsoft Corporation.  All rights reserved.

   Creating library avutil.lib and object avutil.exp

X:\MilanFFMpegWin32Build>lib /machine:X86 /def:postproc-51.def /out:postproc.lib

Microsoft (R) Library Manager Version 10.00.40219.01
Copyright (C) Microsoft Corporation.  All rights reserved.

   Creating library postproc.lib and object postproc.exp

X:\MilanFFMpegWin32Build>lib /machine:X86 /def:swresample-0.def /out:swresample.
lib
Microsoft (R) Library Manager Version 10.00.40219.01
Copyright (C) Microsoft Corporation.  All rights reserved.

   Creating library swresample.lib and object swresample.exp

X:\MilanFFMpegWin32Build>lib /machine:X86 /def:swscale-2.def /out:swscale.lib
Microsoft (R) Library Manager Version 10.00.40219.01
Copyright (C) Microsoft Corporation.  All rights reserved.

   Creating library swscale.lib and object swscale.exp

X:\MilanFFMpegWin32Build>
```

图 6-21　利用 MinGW 编译器生成的模块定义文件（.def）来生成导入库

- extern "C" 问题：通常来说，在 .def 文件中声明导出的函数不需要使用 extern "C" 来声明，因为链接器会认为符号是遵循 C 惯例的。但是，如果决定使用 extern "C" 来修饰函数，请确保你的头文件和源代码 .cpp 文件（后者通常不需要）中都这样做了。否则的话会让链接器造成混淆，你的客户应用程序也无法链接你对外提供的函数符号。更糟糕的是，dumpbin 工具的输出无论如何也无法表明其中的区别，这使得问题更加难以解决。

6.2.4　完成链接需要满足的条件

动态库的创建过程是一个完整的构建过程，因为其涉及了编译和链接两个阶段。通常来说，当链接器解析了所有引用后，链接阶段就完成了，而且无论其目标是可执行文件还是动态库，都应该遵守这个判断标准。

在 Windows 中严格遵守了这条规则。只有在已经完成每个动态库符号的解析的情况下，链接器才会完成整个链接过程，这时才会输出二进制文件。直到完成最后一个符号的解析之前，链接器都会搜索完整的依赖库列表。

而在 Linux 中，在构建动态库时的默认行为同这条规则略有出入，因为即使链接器没有完成所有符号的解析工作，动态库的链接过程也会完成（并创建二进制文件）。

之所以允许这种情况发生，是因为链接器会隐式假设在链接阶段中缺失的符号，最终都能在进程内存映射中找到，很有可能在运行时加载某些动态库后就能找到缺失符号的实现。那些需要却未在动态库中提供的符号会被标记成 undefined（"U"）。

一般来说，如果期望的符号因为某种原因没有在进程内存映射中找到，操作系统会向标准错误流输出一段简洁的文本消息说明错误原因以及具体缺失的符号。

Linux 中动态库链接规则的灵活性已经被证明在很多情况下都是有好处的，有利于有效地解决某些特定复杂的链接限制问题。

--no-undefined 链接器选项

尽管在 Linux 中动态库链接限制更为宽松，但在 GCC 链接器中也可以通过选项来建立与 Windows 链接器一样严格的条件。

如果将 --no-undefined 选项传递给 gcc 链接器，在构建时一旦有符号无法解析，就会导致构建失败。这样一来，Linux 默认容忍未解析符号存在的行为就与 Windows 那样严格的条件保持一致了。

需要注意的是，当通过 gcc 调用链接器时，必须使用 "-Wl," 前缀来处理链接器选项，比如：

```
$ gcc -fPIC <source files> -l <libraries> -Wl,--no-undefined -o <shlib output filename>
```

6.3　动态链接模式

在不同的程序生命周期中都可以进行动态库的链接。在某些情况下，有些动态库是必须预先加载的，这样才能确保客户二进制程序正确执行。而在其他一些场景中，是否加载动态库是根据运行时的实际情况或用户配置来决定的。我们根据动态链接操作执行的时机将动态链接划分成以下两种模式。

6.3.1　加载时动态链接

在之前的所有讨论中，我们遇到的动态链接基本上都是加载时动态链接。如果从程序启动到程序结束运行为止都需要使用某个特定动态库的功能才能确保程序正常工作，那么通常都会使用这种模式。在这种情况下，我们需要在构建过程中准备以下内容。

在编译阶段：

- 动态库的导出头文件，其中定义了所有有关动态库 ABI 接口的信息。

在链接阶段：

- 项目所需的动态库列表。
- 客户二进制文件所需的动态库二进制文件路径，用于建立需要对外提供的动态库的符号列表。

关于如何指定路径的内容，请参阅 7.2 节。

- 可选的链接器选项，用于指定链接过程中的操作细节。

6.3.2　运行时动态链接

使用动态链接功能最为美妙的地方在于：该特性能够让开发人员在运行时有选择性地加载必要的特定动态库。

在很多情况下，设计要求有多个具有相同 ABI 的动态库并存，并根据用户的配置来加载某个特定的动态库。一个典型的例子是在程序需要支持多语言时，程序会根据用户的配置来加载包含所有特定用户语言的资源（字符串、菜单项和帮助文件）的动态库。

在这种情况下，我们在构建过程中需要提供以下内容。

在编译阶段：

- 动态库的导出头文件，其中定义了所有有关动态库 ABI 接口的信息。

在链接阶段：

- 至少提供需要加载的动态库的文件名。动态库的准确路径地址通常会被隐式解析，路径解析依赖于一组管理路径选择的优先级规则，规则通常指的是运行时期望找到的二进制文件的路径的集合。

所有的主流操作系统都提供了一组简单的 API 函数，为开发人员提供了使用这些功能的更好的途径（见表 6-1）。

表 6-1　API 函数

目的	Linux 版本	Windows 版本
加载库	dlopen()	LoadLibrary()
查找符号	dlsym()	GetProcAddress()

（续）

目的	Linux 版本	Windows 版本
卸载库	dlclose()	FreeLibrary()
错误报告	dlerror()	GetLastError()

无论在何种类型的操作系统或编程环境下，我们都可以用下面的伪代码来描述这些函数的典型使用方法：

```
1) handle = do_load_library("<library path>", optional_flags);
   if(NULL == handle)
      report_error();

2) pFunction = (function_type)do_find_library_symbol(handle);
   if(NULL == pFunction)
   {
      report_error();
      unload_library();
      handle = NULL;
      return;
   }

3) pFunction(function arguments); // execute the function

4) do_unload_library(handle);
   handle = NULL;
```

代码清单 6-4 和代码清单 6-5 简单展示了运行时动态加载代码。

代码清单 6-4　Linux 运行时动态加载

```
#include <stdlib.h>
#include <stdio.h>
#include <dlfcn.h>

#define PI (3.1415926536)

typedef double (*PSINE_FUNC)(double x);

int main(int argc, char **argv)
{
    void *pHandle;

    pHandle = dlopen ("libm.so", RTLD_LAZY);
    if(NULL == pHandle) {
       fprintf(stderr, "%s\n", dlerror());
       return -1;
    }
    PSINE_FUNC pSineFunc = (PSINE_FUNC)dlsym(pHandle, "sin");
    if (NULL == pSineFunc) {
       fprintf(stderr, "%s\n", dlerror());
       dlclose(pHandle);
       pHandle = NULL;
       return -1;
    }

    printf("sin(PI/2) = %f\n", pSineFunc(PI/2));
```

```
    dlclose(pHandle);
    pHandle = NULL;
    return 0;
}
```

代码清单 6-5 展示了 Windows 运行时动态加载。我们尝试加载 DLL，然后定位
DllRegisterServer() 及 DllUnregisterServer() 函数的符号并执行它们。

代码清单 6-5　Windows 运行时动态加载

```c
#include <stdio.h>
#include <Windows.h>

#ifdef __cplusplus
extern "C"
{
#endif // __cplusplus
typedef HRESULT (*PDLL_REGISTER_SERVER)(void);
typedef HRESULT (*PDLL_UNREGISTER_SERVER)(void);
#ifdef __cplusplus
}
#endif // __cplusplus

enum
{
  CMD_LINE_ARG_INDEX_EXECUTABLE_NAME = 0,
  CMD_LINE_ARG_INDEX_INPUT_DLL,
  CMD_LINE_ARG_INDEX_REGISTER_OR_UNREGISTER,
  NUMBER_OF_SUPPORTED_CMD_LINE_ARGUMENTS
} CMD_LINE_ARG_INDEX;

int main(int argc, char* argv[])
{
  HINSTANCE dllHandle = ::LoadLibraryA(argv[CMD_LINE_ARG_INDEX_INPUT_DLL]);
  if(NULL == dllHandle)
  {
    printf("Failed loading %s\n", argv[CMD_LINE_ARG_INDEX_INPUT_DLL]);
    return -1;
  }
  if(NUMBER_OF_SUPPORTED_CMD_LINE_ARGUMENTS > argc)
  {
    PDLL_REGISTER_SERVER pDllRegisterServer =
        (PDLL_REGISTER_SERVER)GetProcAddress(dllHandle, "DllRegisterServer");
    if(NULL == pDllRegisterServer)
    {
      printf("Failed finding the symbol \"DllRegisterServer\"");
      ::FreeLibrary(dllHandle);
      dllHandle = NULL;
      return -1;
    }
    pDllRegisterServer();
  }
  else
  {
    PDLL_UNREGISTER_SERVER pDllUnregisterServer =
```

```
              (PDLL_UNREGISTER_SERVER)GetProcAddress(dllHandle, "DllUnregisterServer");
       if(NULL == pDllUnregisterServer)
       {
         printf("Failed finding the symbol \"DllUnregisterServer\"");
         ::FreeLibrary(dllHandle);
         dllHandle = NULL;
         return -1;
       }
       pDllUnregisterServer();
    }

    ::FreeLibrary(dllHandle);
    dllHandle = NULL;
    return 0;
}
```

6.3.3 比较两种动态链接模式

这两种动态链接模式在本质上并没有太多的区别。即便这两种情况中进行动态链接的时机有所不同，但从动态链接的机制上来讲却是完全相同的。

而且，采用静态加载的动态库也可以在运行时进行动态加载。对于动态库的设计来说，没有任何对于动态库加载时机的限制。

唯一的区别在于，静态加载还有一项附加的需求需要满足：你需要在构建阶段就提供动态库的路径。我们会在下一章中介绍一些 Linux 和 Windows 环境下的动态库加载技巧，这些是优秀软件开发人员必备的技巧。

第 7 章 *Chapter 7*

定位库文件

二进制代码共享的思想是库概念的核心。其引申含义是指在通常情况下，我们会将一份库的二进制文件存放在机器中的一个固定位置下，不同的客户二进制程序则需要定位它们所需的库文件（在构建阶段或运行时）。人们制定了各种各样的约定来解决定位库文件的问题。在本章中，我们将会针对这些约定和规则进行详细的讨论。

7.1 典型用例场景

在软件社区中，使用库文件被证明是一种非常有效的代码共享方式。一些在某些领域具备丰富经验的公司以库文件的方式为客户提供他们的技术，而第三方客户则将这些库文件集成进他们的产品中并交付给用户，这是一种很常见的做法。

我们会在两种不同的用例场景下利用库来实现代码共享。第一种场景是开发者试图将第三方库（静态库或者动态库）集成到其产品中。另一种场景是为了确保安装在客户机上的应用程序正常运行，而需要在运行时定位库（这里特指动态库）。

这两种场景都涉及二进制库文件的定位问题。本章将会针对这些问题进行系统的讲解。

7.1.1 开发用例场景

通常来说，第三方包中会包含库文件以及对外提供的头文件，也可能会包含少量额外文件（比如文档、联机帮助、软件包的图标文件、应用软件、代码和多媒体示例等），这些文件会安装在开发人员机器上预先指定的目录中。随后，开发人员可能在其机器的不同路径中创建很多项目。显然，每个需要链接第三方库的项目都要访问这些二进制库，否则就无法完成项目的构建。有一种不太好的方法是：将第三方库文件复制至每个开发人员创建的项目中。

显然，在每个项目中都包含相同库文件的副本违背了使用库实现代码重用的初衷。

一个不错的替代方案是仅保留一份二进制库文件的副本，并借助一组规则帮助客户二进制项目来定位这些文件。这些规则通常指的是构建时的库文件定位规则，而开发平台上的链接器一般都支持这些规则。这些规则基本规定了将库文件路径信息传递给链接器的方法，完成二进制文件链接时需要这些信息。

在构建阶段，库文件定位规则非常复杂，而且常常伴有各种各样的配置选项。每一个主流开发平台一般都会提供一组复杂的配置选项，用来指定规则的执行方式。

在构建阶段，库文件定位规则会对静态库和动态库都产生影响，理解这一点非常重要。无论在链接静态库和动态库的过程中有任何细节上的差别，链接器都需要知道所需二进制库文件的具体路径。

7.1.2 用户运行时用例场景

开发者在自己的项目中集成第三方库后，就可以准备将其产品交付给最终客户了。根据不同的设计标准和实际考量，交付的产品结构可能有很多种：

- 最简单的情况是在整个交付的产品中仅包含一个应用程序文件。供客户轻松地执行应用程序。

  这种产品结构非常普遍。用户只需将其路径添加到 PATH 环境变量中，就可以访问和执行应用程序。只要是稍微了解计算机的用户，都可以轻松完成这项工作。

- 稍微复杂一些的情况是在整个交付的产品中，除了产品本身，还包含一些动态库和一些工具。其中动态库可能只是产品供应商提供的第三方库文件，也可能是供应商提供的库文件，或两者皆有。

  使用这种产品结构来交付产品的原因是：会有多个应用程序共用所提供的动态库来进行动态链接。像多媒体领域中的 DirectX 和 GStreamer 这些比较典型的多媒体框架，都采用这种产品结构，它们都提供了（也可以在运行时使用已经安装好的库文件）一组经过精心设计的动态库，以及一组定义明确的功能集合。

就像在软件开发的用例场景中那样，交付的产品中只会存有一份所需动态库文件的副本，并在程序安装过程中将这些文件部署到指定位置。另外，还有很多位于不同路径下的客户二进制程序（其他一些动态库或应用程序）也会使用到这些库文件。

在运行时（或在运行时前的程序加载阶段），为了能够实现结构化查找动态库二进制文件的过程，我们需要建立一组运行时库文件的定位规则。运行时库文件的定位规则通常来讲都相当复杂。而每种不同的开发平台都定义了自己的一套较为复杂的配置选项，用来规定这些规则的执行方法。

最后，我们再看一些比较简单的概念——运行时库文件的定位规则仅适用于动态库。在运行时之前（也就是在客户二进制文件构建过程的链接阶段）就已经完成了静态库的集成，因此应用程序不会在运行时再去定位这些静态库文件。

7.2　构建过程中库文件的定位规则

在本节中，我们将会讨论构建过程中定位二进制库文件的具体方法。除了为链接器提供完整的库文件路径以外，还有一些额外的技巧值得你去了解。

7.2.1　Linux 构建过程中的库文件定位规则

在 Linux 中，构建过程中的库文件定位规则是基于 Linux 库文件命名规则来实现的，这是本节讲解的重点。

1. Linux 静态库命名规则

在 Linux 中，静态库的标准文件名是按照以下模式创建的：

```
static library filename = lib + <library name> + .a
```

静态库文件名中间那一部分是库的实际名称，链接器需要使用这个名称来进行链接。

2. Linux 动态库命名规则

Linux 的动态库命名规则非常复杂。虽然其最初的意图是为了解决库版本问题，但这种命名规则影响了库文件的定位机制。下面几个小节将会重点阐述这个问题。

动态库文件名和库的名称

在 Linux 中，动态库的标准文件名是按照以下模式创建的：

```
dynamic library filename = lib + <library name> + .so + <library version information>
```

动态库文件名中间那一部分是库的实际名称，链接器会在随后的构建时库文件搜索过程中使用这个名称，装载器也会在运行时库文件搜索过程中使用这个名称。

动态库的版本信息

动态库文件名结尾附带的库文件版本信息遵循以下规则：

```
dynamic library version information = <M>.<m>.<p>
```

其中，每个助记符可能使用一个或多个数字来表示：

- M：主版本号。
- m：次版本号。
- p：修订（很小的代码改动）版本号。

我们将会在第 11 章中对动态库版本信息的进行详细的阐述。

动态库的 soname [⊖]

根据定义，动态库的 soname 按照以下规则命名：

```
library soname = lib + <library name> + .so + <library major version digit(s)>
```

⊖　soname 可以理解为共享库名称。——译者注

举例来说，库文件 libz.so.1.2.3.4 的 soname 则是 libz.so.1。

实际上，只有主版本号的数字在库 soname 中起作用，这就意味着即使库的次版本号是不同的，也可能使用同一个 soname 值来表示。本书第 11 章中专门探讨动态库版本处理的部分将具体阐述这项特性的用法。

动态库的 soname 通常由链接器嵌入二进制库文件的专有 ELF 字段中。通常使用特定的链接器选项将表示库 soname 的字符串传递给链接器。比如：

```
$ gcc -shared <list of object files> -Wl,-soname,libfoo.so.1 -o libfoo.so.1.0.0
```

用于查看二进制文件内容的工具程序一般都提供了获取 soname 值的选项（见图 7-1）。

```
milan@milan:~$ readelf -d /lib/i386-linux-gnu/libz.so.1.2.3.4

Dynamic section at offset 0x13ee8 contains 23 entries:
  Tag        Type                         Name/Value
 0x00000001 (NEEDED)                     Shared library: [libc.so.6]
 0x0000000e (SONAME)                     Library soname: [libz.so.1]
 0x0000000c (INIT)                       0x1400
 0x0000000d (FINI)                       0xe668
 0x6ffffef5 (GNU_HASH)                   0x138
 0x00000005 (STRTAB)                     0xa4c
```

图 7-1　嵌入在二进制库文件 ELF 头中的库的 soname

3. 库文件名称对比（链接器视角和人们的视角）

需要注意的是，人们并不需要使用前面描述的规则来特指某个库文件的名称。比如，在某台特定机器上，一个提供压缩功能的库文件名是 libz.so.1.2.3.4。根据库命名规则，库的名称应该是简单的"z"，在使用链接器与装载器时均使用该名称。但是从人们的视角来看，库的名称可能指的是"libz"，而不是"z"。比如在缺陷（bug）跟踪系统中可能会有这么一条缺陷描述："错误号 3142：缺少 libz 二进制文件的问题"。为了避免混淆，有时库名称也被称为库链接器名称（linker name）。

4. Linux 构建过程中库文件定位规则详解

在 Linux 中使用 -L 和 -l 选项来指定构建过程中库文件的路径。以下列出的几条规则阐述了这两个选项的正确使用方法：

- 将完整的库文件路径分成两个部分：目录路径和库文件名。
- 将目录路径添加到 -L 链接器选项后面，并传递给链接器。
- 将库文件名（链接器名称）添加到 -l 参数后面，并传递给链接器。

比如，使用命令行来对 main.o 文件进行编译，并链接 ../sharedLib 目录中的动态库 libworkingdemo.so，然后生成示例程序，命令如下所示：

```
$ gcc main.o -L../sharedLib -lworkingdemo -o demo
                 ^             ^
                 |             |
          library folder path  library name only
                               (not the full library filename !)
```

在使用 gcc 命令行一次性完成编译链接两个过程时，应该在链接器选项之前添加 -Wl 选项，如下所示：

```
$ gcc -Wall -fPIC main.cpp -Wl,-L../sharedLib -Wl,-lworkingdemo -o demo
```

5. 初学者易犯的错误和解决方案

对于缺乏耐心和经验的编程人员来说，可能会在处理动态库时遇到一些问题，一般是以下两种情况：

- 将动态库文件的完整路径传递给 -l 选项（没有使用 -L 传递目录名）。
- 使用 -L 选项传递路径的一部分，并使用 -l 选项传递包含文件名的剩余部分路径。

在指定构建时库文件的路径时，通常链接器都可以识别这些变化形式。如果提供给链接器的库文件是静态库，则不会在程序运行时引发任何问题。

但如果在编译时链接了动态库，而且使用了不标准的传递库文件路径的方法，则在运行时就会暴露出问题。比如说，如果客户应用程序依赖于库 libmilan.so，且该文件存放在如下所示的路径中：

```
/home/milan/mylibs/case_a/libmilan.so.
```

我们可以使用以下命令成功地构建客户应用程序：

```
$ gcc main.o -l/home/milan/mylibs/case_a/libmilan.so -o demo
```

而且它可以在同一台机器上正常运行。

我们现在假设项目是部署在另一台机器上的，并指定一个名为"john"的用户。当该用户试图执行该应用程序时，就会发现不会有任何响应。经过仔细调查后（相关技术在第 13 章和第 14 章中会有讲解）就会发现，该应用程序运行时需要动态库 libmilan.so（这本身没有什么问题），但是程序却希望在路径 /home/milan/mylibs/case_a/ 中找到该动态库。

不幸的是，在用户"john"的机器上并不存在这个文件目录！

如果指定相对路径而不是绝对路径，那么就可以在一定程度上缓解这个问题。如果我们使用相对于当前目录的相对路径来指定库路径（即 ../mylibs/case_a/libmilan.so），那么只要在 john 的机器上部署客户二进制文件和所需动态库时，确保可执行文件和动态库之间的相对路径不变，那么就可以正常执行应用程序。但是，如果 john 将应用程序复制到不同的目录，并尝试从那里执行该程序，依然会产生前面出现的问题。

不仅如此，即使在开发者机器上该程序曾经可以正常运行，在以后也有可能出现问题。如果你决定将应用程序二进制文件复制到开发机上的其他目录中，装载器会在相对于应用程序二进制文件所在目录的相对路径中查找这个库文件。而该路径很有可能并不存在（除非你花时间重新创建整个路径）。

出现该问题的根本原因在于，链接器和装载器并不以同样的方式处理使用 -L 和 -l 选项传递的库文件路径。

实际上，链接器为你传递给 -l 选项的参数赋予了更多的意义。更明确地讲，传递给 -L 选项的参数仅在链接阶段起作用，而在之后的阶段就不会起到任何作用了。

然而，使用 -l 选项传递的参数会被嵌入二进制库文件中，并且会在运行时起到重要的作用。实际上，在寻找运行时所需库文件的过程中，装载器首先读入客户二进制文件，同时尝试定位特定的信息。

如果你违反了这条严格的规则，将库文件名以外的其他信息传递给 -l 选项，当在 milan 的机器上构建应用程序，然后部署在 john 的机器上执行时，装载器将会根据硬编码路径查找动态库，该路径很有可能在开发者（milan）的机器上存在，但是在用户（john）的机器上并不存在。图 7-2 很好地展示了这个问题。

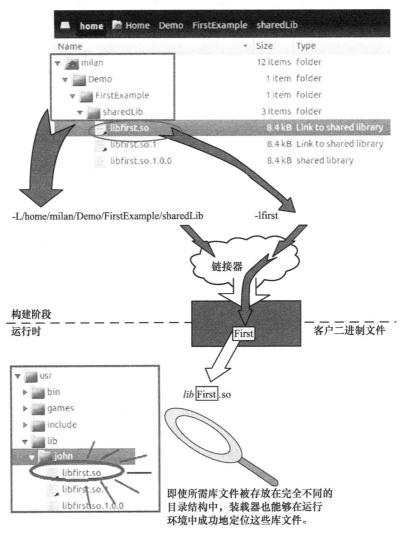

图 7-2　-L 选项仅在库构建时起作用，而 -l 选项还会对运行时产生影响

7.2.2　Windows 构建过程中的库文件定位规则

我们可以使用很多方法将链接时所需的动态库信息传递给项目。不过，无论使用什么方法来指定构建过程中的定位规则，这些机制都能够同时用于静态库与动态库。

1. 项目链接器设置

这些标准选项用于提供链接器所需的动态库信息，如下所示：

● 在链接器输入（Input）清单中指定 DLL 导入库（.lib）（见图 7-3）。

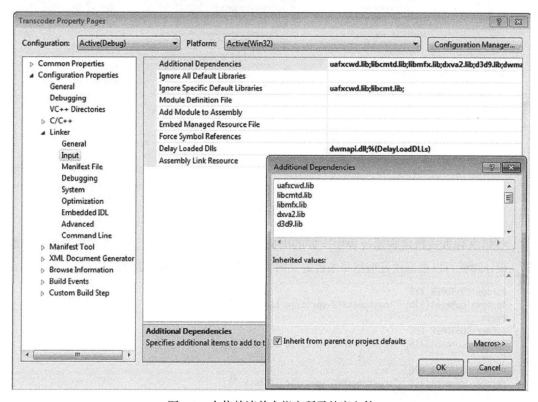

图 7-3　在依赖清单中指定所需的库文件

● 将导入库路径添加到库路径集合中（见图 7-4）。

2. #pragma 注释

我们可以通过在源代码文件中添加如下所示的一行代码来指定需要的库文件：

```
#pragma comment(lib, "<import library name, full path, or relative path>");
```

每当遇到该指令，编译器就会将库文件的搜索记录插入目标文件中，最后由链接器收集起来。如果在双引号中只提供了库文件名，链接器在搜索库的时候将会遵循 Windows 库文件的搜索规则。该选项通常用于更精确地控制库搜索过程，因此相对其他用途，该指令更常用于指定库文件的完整路径或是版本信息。

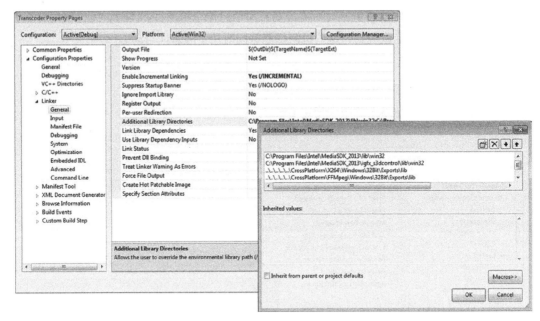

图 7-4　指定库文件路径

使用这种方式指定构建过程中所需的库文件的一个巨大优势在于，通过在源代码中编码，设计师就可以根据预处理指令来自定义需要链接哪些具体的库。例如：

```
#ifdef CUSTOMER_XYZ
#pragma comment(lib, "<customerXYZ-specific library>");
#else
#ifdef CUSTOMER_ABC
#pragma comment(lib, "<customerABC-specific library>");
#else
#ifdef CUSTOMER_MPQ
#pragma comment(lib, "<customerMPQ-specific library>");
#endif // CUSTOMER_MPQ
#endif // CUSTOMER_ABC
#endif // CUSTOMER_XYZ
```

3. 通过项目依赖间接引用库文件

这个选项只有在动态库项目和其客户可执行文件项目都属于同一个 Visual Studio 解决方案时，才可以使用。如果将动态链接库项目添加到客户应用程序项目的引用列表中，Visual Studio 环境会提供所有构建与运行应用程序所需的资源（这个过程是自动执行的，对开发人员透明）。

首先，Visual Studio 会将 DLL 文件的完整路径传递给用于构建应用程序的链接器命令行。最后，会将 DLL 复制到应用程序运行时目录下（对于调试版本，通常是在 Debug 目录

下；对于发布版本，通常是在 Release 目录下），这种方法满足最简单的运行时库文件的定
位规则。

图 7-5 至图 7-8 展示了通过项目来间接引用库文件的方法。图中使用的解决方案示例
（SystemExamination）包含两个相关的项目：应用程序项目 SystemExaminerDemoApp 和动
态链接库项目 SystemExaminer。SystemExaminerDemoApp 项目会以加载时链接的方式链接
SystemExaminer 项目生成的 DLL 文件。

我不准备根据之前讲到的第一种方法［即在链接器输入清单中指定动态链接库的导入库
（.lib）文件］来指定动态链接库文件的依赖。图 7-5 中没有直接指定 DLL 依赖，但是程序构
建过程中却会自动链接这个 DLL，通过间接的方式实现了定位依赖项的功能。

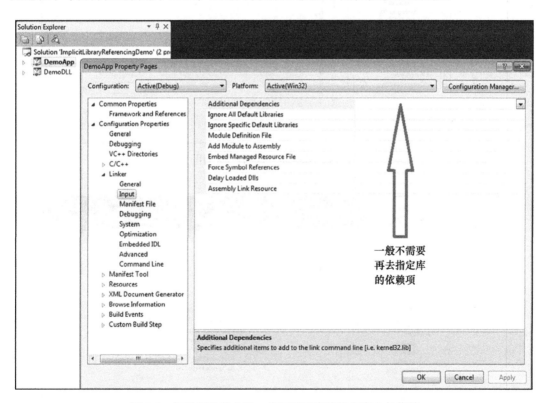

图 7-5　如果用这种方法，你不需要直接指定库文件依赖

你只需在客户二进制项目中添加依赖库项目的引用就可以了。访问 "Common Properties
（通用属性）→ Framework and References tab（框架和引用）" 标签（见图 7-6）。

图 7-7 展示了完成对依赖库项目的引用配置后的截图。

最终，Visual Studio 会根据项目引用，确定项目构建时所需的 DLL 文件，并将这些 DLL
文件的路径传递到链接器命令行，如图 7-8 所示。

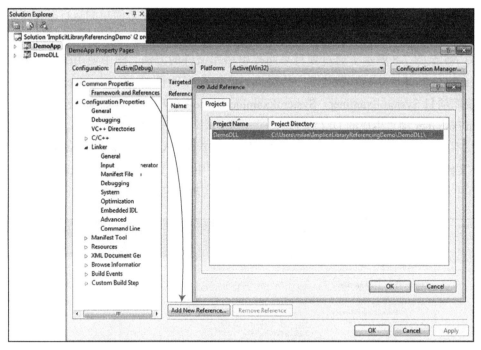

图 7-6　添加依赖库项目的引用

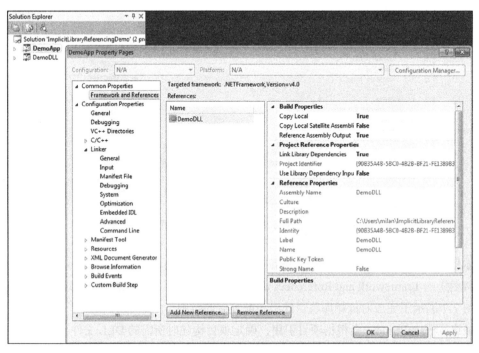

图 7-7　完成对依赖库项目的引用

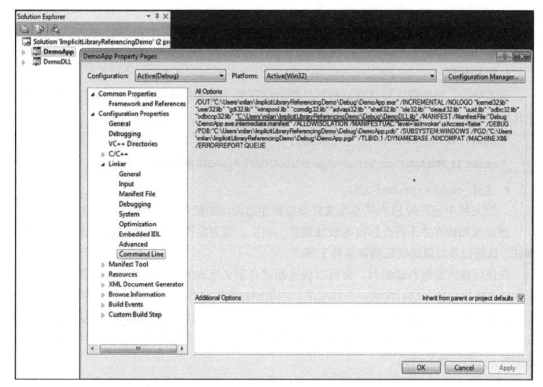

图 7-8 通过项目依赖间接引用库文件：将库的准确路径传递给链接器

7.3 运行时动态库文件的定位规则

为了打开、读取并将动态库二进制文件加载到进程中，装载器需要知道其准确路径。程序在运行过程中可能需要很多种动态库，这其中包括必要的系统库、自定义库、私有库或仅供当前项目使用的库文件。

从开发人员视角来看，对每个动态库的路径进行硬编码并不恰当。如果开发人员可以只提供动态库的文件名，而操作系统能够使用某种方式定位库文件，将对加载动态库更有意义。

所有主流操作系统都已经认识到了这种机制的重要性，该机制可以根据程序运行时提供的库文件名去搜索和查找动态库。操作系统不仅定义了一组预定义的库文件位置，还定义了搜索顺序，规定了操作系统首先查找何处。

最后，我们要知道：无论动态库是静态加载还是运行时加载，程序执行都必须借助于运行时定位库文件。

7.3.1　Linux 运行时动态库文件的定位规则

动态库运行时搜索算法由以下一组规则约束，按照优先级从高到低列出。

1. 预加载库

毫无疑问，预加载库应该拥有最高的搜索优先级，因为装载器会首先加载这些库，然后才开始搜索其他库。有两种方式可以指定预加载库：

- 通过设置 LD_PRELOAD 环境变量。

```
export LD_PRELOAD=/home/milan/project/libs/libmilan.so:$LD_PRELOAD
```

- 通过 /etc/ld.so.preload 文件。

该文件中包含的 ELF 共享库文件会在程序启动前加载，文件列表使用空格分隔。

指定预加载库并不符合标准的设计规范。相反，该方案仅用于特殊情况，比如设计压力测试、诊断以及对原始代码的紧急补丁等。

在使用该方法进行诊断时，你可以快速创建自定义版本的标准函数，并在其中附加上用于调试的输出信息。然后构建一个共享库，利用预加载机制将原有函数的动态库替换掉。

在预加载阶段完成库文件的加载操作之后，装载器开始根据依赖搜索其他罗列出的库。装载器遵循一组复杂的规则执行搜索，后面几节将针对完整的规则列表（根据优先级从高到低安排）进行详细的讨论。

rpath

从很早开始，ELF 格式就使用 DT_RPATH 字段来存储与二进制文件相关的搜索路径细节，该字段使用 ASCII 字符串表示。比如，如果可执行文件 XYZ 运行时依赖于动态库 ABC，XYZ 可能会在其 DT_RPATH 字段中存储字符串，指定 ABC 运行时可能出现的路径。

这项功能为开发人员提供了一种清晰且细致入微的控制部署过程的方法，最为显著的是很大程度避免了期望的库版本的库与可用的库版本不匹配的问题。

可执行文件 XYZ 中 DT_RPATH 字段所存储的信息最终会在运行时由装载器读取出来。需要记住的一个重要细节是，从哪个路径开始解析对装载器解析 DT_RPATH 信息会产生影响。在 DT_RPATH 存储了相对路径的情况下，装载器并不是将其解释成相对于库 XYZ 的相对路径，而是相对于装载器（即应用程序）启动路径的相对路径。虽然 rpath 已经满足我们的需求，不过其概念还是经过了一系列的改进。

网上的资料显示，在 1999 年左右，第 6 版 C 运行时库正式替代第 5 版成为主流版本，与此同时也注意到了 rpath 的一些缺陷，并使用 ELF 二进制文件格式中的一个相似字段 runpath（DT_RUNPATH）取代了 rpath。

如今 rpath 和 runpath 都是可供我们使用的，但是 runpath 在运行时搜索优先级列表中被赋予了更高的优先级。只有在 runpath（DT_RUNPATH 字段）缺失的情况下，rpath（DT_RPATH 字段）才是 Linux 装载器剩余的搜索路径信息中具有最高优先级的。但如果 ELF 二进制文件的 runpath（DT_RUNPATH）字段是非空的，那么 rpath 也会被忽略。

我们通常使用 -R 或者 -rpath 选项向链接器传递 rpath，随后介绍的 runpath 路径的赋值方法也是一样的。此外，根据惯例，凡是间接调用链接器（也就是直接调用 gcc 或者 g++），我们都需要在链接器参数前追加 "-Wl," 前缀（也就是 "减号 Wl 逗号"）。

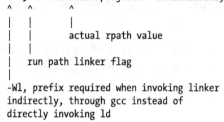

```
$ gcc -Wl,-R/home/milan/projects/ -lmilanlibrary
      ^  ^             ^
      |  |             |
      |  |             actual rpath value
      |  |
      |  run path linker flag
      |
      -Wl, prefix required when invoking linker
      indirectly, through gcc instead of
      directly invoking ld
```

此外，也可以使用 LD_RUN_PATH 环境变量来指定 rpath：

```
$ export LD_RUN_PATH=/home/milan/projects:$LD_RUN_PATH
```

最后要提的一点是，在二进制文件生成之后，通过 chrpath 工具，就能可以对 rpath 进行修改。但 chrpath 存在一个问题是其无法修改超出原有的 rpath 字段的长度。更准确地说，chrpath 可以改变、删除或清空 DT_RPATH 字段，但是无法插入该字段，或是将该字段扩展成更长的字符串。

查看二进制文件 DT_RPATH 值的方法是查看二进制文件的 ELF 头（比如执行 readelf-d 或者 objdump-f 命令）。

2. LD_LIBRARY_PATH 环境变量

从库搜索概念发展初期开始，开发人员就希望可以使用一种临时应急的有效机制来验证他们的设计。通过特定的环境变量（LD_LIBRARY_PATH）就能解决我们遇到的问题。

当没有设置 rpath（DT_RPATH）值时，该路径就是路径搜索信息中优先级最高的。

 在优先级策略中，有关嵌入二进制文件中的值与环境变量之间的优先级问题一直以来争论不断。如果优先级策略保持不变，一旦二进制文件中存在 rpath 字段，由于 rpath 有更高的优先级，因此无法在第三方软件产品中解决临时验证设计的问题。幸运的是，新的优先级策略认为使用 rpath 这种方法并不友好，因此使用一种临时覆盖该设置的方法来解决这个问题。而 rpath 的改进版 runpath 的优先级则比 rpath 高，因此会先于 rpath 对程序产生作用，在这种情况下，LD_LIBRARY_PATH 也可以临时地获取最高优先级。

用于设置 LD_LIBRARY_PATH 的语法和设置其他环境变量的语法是一样的。我们可以按照如下所示方法，在 shell 中输入命令来设置 LD_LIBRARY_PATH。

```
$ export LD_LIBRARY_PATH=/home/milan/projects:$LD_LIBRARY_PATH
```

再强调一次，该机制只应用于实验目的。软件产品的产品版本不应该依赖于这种机制。

runpath

runpath 与 rpath 遵循相同的设计原则。在构建时，使用 ELF 二进制格式的 DT_RUNPATH 字段来指出寻找动态库的路径。与 rpath 不同的是，runpath 被设计用于支持 LD_LIBRARY_PATH 这种紧急情况下使用的需求。

设置 runpath 的方法和设置 rpath 的方法非常相似。为了传递 -R 或者 -rpath 链接器选项，需要使用额外的 --enable-new-dtags 链接器选项。就像我们在介绍 rpath 时提到的，但凡我们通过 gcc（或者 g++）间接调用链接器，而不是直接调用 ld 时，根据惯例都需要在链接器选项前加上 "-Wl," 前缀：

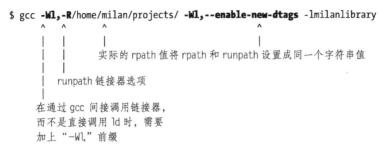

一般来说，只要指定了 runpath，链接器均会将 rpath 和 runpath 设置成同一个值。查看二进制文件 DT_RUNPATH 值的方法是查看二进制文件的 ELF 头（比如执行 readelf-d 或者 objdump-f 命令）。

从优先级角度来看，只要 DT_RUNPATH 包含非空字符串，装载器就会忽略 DT_RPATH。这样就可以减少 rpath 带来的问题，并在需要时使用 LD_LIBRARY_PATH。

我们可以使用实用程序 patchelf 来改变二进制文件的 runpath 字段。当前无法在官方仓库中找到该工具，但是其源代码和手册页可以在 http://nixos.org/patchelf.html 上找到。编译成二进制文件的过程非常简单。下面的例子展示了 patchelf 的用法：

```
$ patchelf --set-rpath <one or more paths> <executable>
                        ^
                        |
                  可以定义多个路径，
                  使用冒号 (:) 分隔
```

 提示　虽然在 patchelf 文档中对 rpath 有所提及，但实际上 patchelf 操作的是 runpath 字段。

---

3. ldconfig 缓存

一种标准的代码部署过程是基于运行 Linux 的 ldconfig 工具（http://linux.die.net/man/8/

ldconfig)。运行 ldconfig 工具通常是标准包安装过程中的最后一步,通常需要将指向包含库目录的路径作为输入参数传递。其结果是 ldconfig 会将指定的目录路径插入动态库搜索列表中,该列表维护在文件 /etc/ld.so.conf 中。同样地,系统会扫描新加入的目录路径,其结果是将发现的库文件名添加到库文件名列表中,该列表维护在 /etc/ld.so.cache 文件中。比如,我的开发使用了 Ubuntu 机器上的 /etc/ld.so.conf 文件,其内容如图 7-9 所示。

```
milan@milan$ cat /etc/ld.so.conf
include /etc/ld.so.conf.d/*.conf

milan@milan$ ls -alg /etc/ld.so.conf.d/
total 24
drwxr-xr-x   2 root  4096 Aug 17  2012 .
drwxr-xr-x 131 root 12288 Feb  5 16:09 ..
lrwxrwxrwx   1 root    40 Feb  5 15:14 i386-linux-gnu_GL.conf -> /etc/alternativ
es/i386-linux-gnu_gl_conf
-rw-r--r--   1 root   108 Apr 19  2012 i686-linux-gnu.conf
-rw-r--r--   1 root    44 Apr 19  2012 libc.conf
milan@milan-ub-1204-32-lts:~$ cat /etc/ld.so.conf.d/*
/usr/lib/i386-linux-gnu/mesa
# Multiarch support
/lib/i386-linux-gnu
/usr/lib/i386-linux-gnu
/usr/lib/i686-linux-gnu
/lib/i686-linux-gnu
# libc default configuration
/usr/local/lib
milan@milan$
```

图 7-9　/etc/ld.so.conf 文件的内容

在 ldconfig 预扫描完所有 /etc/ld.so.conf 中列出的目录后,就会开始查找 /etc/ld.so.cache 文件中列出的大量动态库(图 7-10 只展示了该文件的一小部分)。

```
milan@milan$ cat /etc/ld.so.cache
                       o
                       o
                       o
.so.0libSDL-1.2.so.0/usr/lib/i386-linux-gnu/libSDL-1.2.so.0libQtXmlPatterns.so.4
/usr/lib/i386-linux-gnu/libQtXmlPatterns.so.4libQtXml.so.4/usr/lib/i386-linux-gn
u/libQtXml.so.4libQtSvg.so.4/usr/lib/i386-linux-gnu/libQtSvg.so.4libQtSql.so.4/u
sr/lib/i386-linux-gnu/libQtSql.so.4libQtScript.so.4/usr/lib/i386-linux-gnu/libQt
Script.so.4libQtOpenGL.so.4/usr/lib/i386-linux-gnu/libQtOpenGL.so.4libQtNetwork.
so.4/usr/lib/i386-linux-gnu/libQtNetwork.so.4libQtGui.so.4/usr/lib/i386-linux-gn
u/libQtGui.so.4libQtGConf.so.1/usr/lib/libQtGConf.so.1libQtDee.so.2/usr/lib/libQ
tDee.so.2libQtDeclarative.so.4/usr/lib/libQtDeclarative.so.4libQt
DBus.so.4/usr/lib/i386-linux-gnu/libQtDBus.so.4libQtCore.so.4/usr/lib/i386-linux
-gnu/libQtCore.so.4libQtCLucene.so.4/usr/lib/i386-linux-gnu/libQtCLucene.so.4lib
QtBamf.so.1/usr/lib/libQtBamf.so.1libORBitCosNaming-2.so.0/usr/lib/i386-linux-gn
u/libORBitCosNaming-2.so.0libORBit-2.so.0/usr/lib/i386-linux-gnu/libORBit-2.so.0
libORBit-imodule-2.so.0/usr/lib/i386-linux-gnu/libORBit-imodule-2.so.0libLLVM-3.
0.so.1/usr/lib/i386-linux-gnu/libLLVM-3.0.so.1libI810XvMC.so.1/usr/lib/libI810Xv
MC.so.1libIntelXvMC.so.1/usr/lib/libIntelXvMC.so.1libIDL-2.so.0/usr/lib/i386-lin
ux-gnu/libIDL-2.so.0libICE.so.6/usr/lib/i386-linux-gnu/libICE.so.6libGeoIPUpdate
.so.0/usr/lib/libGeoIPUpdate.so.0libGeoIP.so.1/usr/lib/libGeoIP.so.1libGLU.so.1/
usr/lib/i386-linux-gnu/libGLU.so.1libGLEWmx.so.1.6/usr/lib/i386-linux-gnu/libGLE
Wmx.so.1.6libGLEW.so.1.6/usr/lib/i386-linux-gnu/libGLEW.so.1.6libGL.so.1/usr/lib
/i386-linux-gnu/mesa/libGL.so.1libFS.so.6/usr/lib/libFS.so.6libFLAC.so.8/usr/lib
/i386-linux-gnu/libFLAC.so.8libFLAC++.so.6/usr/lib/i386-linux-gnu/libFLAC++.so.6
libBrokenLocale.so.1/lib/i386-linux-gnu/libBrokenLocale.so.1libBrokenLocale.so/u
sr/lib/i386-linux-gnu/libBrokenLocale.sold-linux.so.2/lib/i386-linux-gnu/ld-linu
x.so.2ld-linux.so.2/lib/ld-linux.so.2milan@milan$
```

图 7-10　/etc/ld.so.cache 文件的内容(一小部分)

在文件 /etc/ld.so.conf 中引用的一些库文件可能是存储在"默认库文件路径"（trusted library paths）中的。如果在构建可执行文件时使用了 -z nodeflib 链接器选项，那么在搜索库时操作系统默认库文件路径中的库就会被忽略。

4. 默认库文件路径（/lib 和 /usr/lib）

路径 /lib 和 /usr/lib 是 Linux 操作系统保存动态库的两个默认路径。对于那些为超级用户权限或者所有用户设计的程序，通常需要将其动态库部署到这两个位置之一。

请注意路径 /usr/local/lib 并不属于 Linux 操作系统保留路径。当然，你完全可以通过以上描述的几种机制来将该路径加入优先级列表中。

 如果链接可执行文件时使用了 -z nodeflib 链接器选项，那么在搜索库时操作系统默认库文件路径中的所有库都会被忽略。

5. 优先级方案小节

总的来说，优先级方案可以归类为以下两种版本。

如果指定了 RUNPATH 字段（即 DT_RUNPATH 字段非空）：

1）LD_LIBRARY_PATH。

2）runpath（DT_RUNPATH 字段）。

3）ld.so.cache。

4）默认库路径（/lib 和 /usr/lib）。

如果没有指定 RUNPATH 字段（即 DT_RUNPATH 字段为空字符串）：

1）被加载库的 RPATH，然后是二进制文件的 RPATH，直到可执行文件或者动态库将这些库全部加载完毕为止。

2）LD_LIBRARY_PATH。

3）ld.so.cache。

4）默认库路径（/lib 和 /usr/lib）。

欲了解更多有关该主题的细节，可以浏览 Linux 装载器手册页（http://linux.die.net/man/1/ld）。

7.3.2 Windows 运行时动态库文件的定位规则

我们可以将最为简单、常用且广泛使用的部署运行时所需 DLL 的方式归类为以下两种：

● 与应用程序二进制文件在同一目录下。

● 系统动态库目录之一（比如 C:\Windows\System 或者 C:\Windows\System32）。

但这还不够，其实 Windows 运行时动态库搜索优先级方案要复杂得多，下面列出的一些因素影响了优先级方案：

- Windows 应用商店中的应用程序（Windows 8）有不同于 Windows 桌面应用程序的一组规则。
- 同名的动态库是否已经加载到了内存中。
- 动态库是否属于 Windows 操作系统特定版本的 KnownDLLs[⊖]。

读者若想查阅更精确、最新的信息，最好的办法就是查看与此主题相关的微软官方文档，地址是：http://msdn.microsoft.com/en-us/library/windows/desktop/ms682586(v=vs.85).aspx。

7.4　示例：Linux 构建时与运行时的库文件定位

下面的示例展示了遵循 -L 和 -R 规则的优点。在示例中，我们所使用的项目由一个动态库项目和其测试应用程序项目组成。为了证明遵循 -L 规则的重要性，我们创建了两个演示项目。第一个项目名为 testApp_withMinusL，用于展示使用 -L 链接器参数的实际效果。另一个项目（testApp_withoutMinusL）展示了如果不遵循 -L 规则会引发的问题。

两个应用程序都依赖于 rpath 选项来指定所需动态库的运行时位置。动态库项目和应用程序项目的目录结构如图 7-11 所示。

图 7-11　用于展示遵循 -L 和 -l 规则的优点的项目目录结构

代码清单 7-1 展示了不使用 -L 规则的应用程序的 Makefile。

⊖　KnownDLLs 是 Windows 下的一种用来缓存经常用到的 DLL 文件的机制。更准确地说，是被用来加快应用程序对 DLL 文件的加载速度的机制；也可以作为一种安全机制，因为它能够阻止恶意软件植入木马 DLL。——译者注

代码清单 7-1　不遵循 -L 规则的 Makefile

```
# Import includes
COMMON_INCLUDES  = -I../sharedLib/exports/

# Sources/objects
SRC_PATH        = ./src
OBJECTS         = $(SRC_PATH)/main.o

# Libraries
SYSLIBRARIES    =               \
                    -lpthread \
                    -lm       \
                    -ldl

DEMOLIB_PATH    = ../deploy
# specifying full or partial path may backfire at runtime !!!
DEMO_LIBRARY    = ../deploy/libdynamiclinkingdemo.so
LIBS            = $(SYSLIBRARIES) $(DEMO_LIBRARY) -Wl,-Bdynamic

# Outputs
EXECUTABLE      = demoNoMinusL

# Compiler
INCLUDES        = $(COMMON_INCLUDES)
DEBUG_CFLAGS    = -Wall -g -O0
RELEASE_CFLAGS  = -Wall -O2

ifeq ($(DEBUG), 1)
CFLAGS          = $(DEBUG_CFLAGS) $(INCLUDES)
else
CFLAGS          = $(RELEASE_CFLAGS) $(INCLUDES)
Endif

COMPILE         = g++ $(CFLAGS)

# Linker
RUNTIME_LIB_PATH = -Wl,-R$(DEMOLIB_PATH)
LINK            = g++

# Build procedures/target descriptions
default: $(EXECUTABLE)
%.o: %.c
        $(COMPILE) -c $< -o $@
$(EXECUTABLE): $(OBJECTS)
        $(LINK) $(OBJECTS) $(LIBS) $(RUNTIME_LIB_PATH) -o $(EXECUTABLE)
clean:
        rm $(OBJECTS) $(EXECUTABLE)
deploy:
        make clean; make; patchelf --set-rpath ../deploy:./deploy $(EXECUTABLE);\
        cp $(EXECUTABLE) ../;
```

代码清单 7-2 展示了遵循 -L 规则的应用程序的 Makefile。

代码清单 7-2　遵循 -L 规则的 Makefile

```
# Import includes
COMMON_INCLUDES  = -I../sharedLib/exports/
```

```
# Sources/objects
SRC_PATH        = ./src
OBJECTS         = $(SRC_PATH)/main.o

# Libraries
SYSLIBRARIES    =               \
                  -lpthread \
                  -lm       \
                  -ldl

SHLIB_BUILD_PATH = ../sharedLib
DEMO_LIBRARY     = -L$(SHLIB_BUILD_PATH) -ldynamiclinkingdemo
LIBS             = $(SYSLIBRARIES) $(DEMO_LIBRARY) -Wl,-Bdynamic

# Outputs
EXECUTABLE      = demoMinusL

# Compiler
INCLUDES        = $(COMMON_INCLUDES)
DEBUG_CFLAGS    = -Wall -g -O0
RELEASE_CFLAGS  = -Wall -O2

ifeq ($(DEBUG), 1)
CFLAGS          = $(DEBUG_CFLAGS) $(INCLUDES)
else
CFLAGS          = $(RELEASE_CFLAGS) $(INCLUDES)
endif

COMPILE         = g++ $(CFLAGS)

# Linker
DEMOLIB_PATH    = ../deploy
RUNTIME_LIB_PATH = -Wl,-R$(DEMOLIB_PATH)

LINK            = g++

# Build procedures/target descriptions
default: $(EXECUTABLE)
%.o: %.c
        $(COMPILE) -c $< -o $@
$(EXECUTABLE): $(OBJECTS)
        $(LINK) $(OBJECTS) $(LIBS) $(RUNTIME_LIB_PATH) -o $(EXECUTABLE)
clean:
        rm $(OBJECTS) $(EXECUTABLE)
deploy:
        make clean; make; patchelf --set-rpath ../deploy:./deploy $(EXECUTABLE);\
        cp $(EXECUTABLE) ../;
```

当动态库构建过程结束后，其二进制文件被部署到了 deploy 目录中，其位置和应用程序 Makefile 相比在两级子目录中。因此，我们需要将构建时路径指定为 ../deploy/libdynamiclinkingdemo.so。

图 7-12 展示了使用 -L 规则的优势：程序不会因运行时库位置改变而出现问题。

当使用 -L 选项指定构建时库路径时，我们可以将库文件路径和库名称有效分离，并将库名称嵌入客户二进制文件中。当运行时需要搜索库文件时，运行时库搜索算法实现可以很好地利用嵌入在客户二进制文件中的库名称（只是库的名称，不是库文件的完整路径）来完成任务。

```
/Minus_L_investigation$ ls -alg

2 21:30 .
2 21:34 ..
2 21:33 demoMinusL
2 21:33 demoNoMinusL
2 21:30 deploy
2 21:15 Makefile
2 21:33 sharedLib
2 21:33 testApp_withMinusL
2 21:33 testApp_withoutMinusL
/Minus_L_investigation$
/Minus_L_investigation$
/Minus_L_investigation$
/Minus_L_investigation$
/Minus_L_investigation$ ldd demoMinusL
      linux-gate.so.1 =>  (0xb77d9000)
      libdynamiclinkingdemo.so => ./deploy/libdynamiclinkingdemo.so (0xb77d4000)
      libc.so.6 => /lib/i386-linux-gnu/libc.so.6 (0xb7612000)
      /lib/ld-linux.so.2 (0xb77da000)
/Minus_L_investigation$
/Minus_L_investigation$
/Minus_L_investigation$
/Minus_L_investigation$ ldd demoNoMinusL
      linux-gate.so.1 =>  (0xb7700000)
      ../deploy/libdynamiclinkingdemo.so => not found
      libc.so.6 => /lib/i386-linux-gnu/libc.so.6 (0xb753c000)
      /lib/ld-linux.so.2 (0xb7701000)
/Minus_L_investigation$
/Minus_L_investigation$
/Minus_L_investigation$ mkdir ../deploy
/Minus_L_investigation$ cp ./deploy/libdynamiclinkingdemo.so ../deploy/
/Minus_L_investigation$
/Minus_L_investigation$
/Minus_L_investigation$ ldd demoNoMinusL
      linux-gate.so.1 =>  (0xb77d1000)
      ../deploy/libdynamiclinkingdemo.so (0xb77cc000)
      libc.so.6 => /lib/i386-linux-gnu/libc.so.6 (0xb760a000)
      /lib/ld-linux.so.2 (0xb77d2000)
/Minus_L_investigation$
```

Library specified as -L<path> -l <name> may be handled neatly in both linking as well as at runtime (where its name may be cleanly combined with rpath.)

Library specified without requires worrying about maintaining the relative paths.

图 7-12　遵循 -L 与 -l 规则可以解决很多运行时出现的问题

第 8 章 | *Chapter 8*

动态库的设计：进阶篇

本章将开始对动态链接过程中的细节进行讲解。动态链接过程中的一个重要概念就是内存映射。当某个动态库已被装载到正在运行的进程的内存映射中时，我们还可以通过内存映射将该动态库同时映射到另一个正在运行的进程中去。

动态链接的重要原则是不同进程共享同一个动态库的代码段，但不共享数据段。每个加载了动态库的进程都会提供一份自己的数据副本给动态库代码操作（即库文件的数据段）使用。如果用烹饪来打比方，这就类似于几个餐厅的厨师可以使用同一本食谱（指令）来进行烹饪。但是，不同的厨师很有可能会使用同一本书中的不同食谱。事实上，根据同一本食谱烹饪出来的菜肴，会提供给许多不同的顾客。很明显，无论厨师是否阅读了相同的食谱，最终都会使用他们自己的盘子和厨具。否则的话，很难想象会有多么混乱。

目前我们的问题看起来似乎比较简单，但实际上还有很多技术问题需要我们解决。让我们来深入了解一下。

8.1 解析内存地址的必要性

在深入探究动态链接设计中的技术问题以前，我们有必要先来了解一下有关汇编语言和机器指令的基本概念，这些概念有助于我们理解其他的内容。

换言之，一些类似的指令需要在运行时获得内存操作数的地址。通常来说，以下两组指令必须使用经过精确计算的地址。

- 数据访问指令（mov 等）需要内存操作数的地址。比如，为了访问数据变量，x86 体系结构的 mov 汇编指令就需要使用变量的绝对内存地址，以在内存和 CPU 寄存器之间传递数据。

- 以下汇编指令序列用于将内存变量加 1：

```
mov eax, ds:0xBFD10000 ; 将地址 0xBFD10000 处的变量装载到寄存器 eax 中
add eax, 0x1            ; 将已装载的值加 1
mov ds:0xBFD10000, eax ; 将结果保存回地址 0xBFD10000 处
```

- 子程序调用（call 和 jmp 等）需要代码段中的函数地址。比如说，为了调用一个函数，必须为调用指令指定函数入口点的代码段内存地址。

以下汇编指令序列用于执行实际的函数调用：

```
call 0x0A120034 ; 调用入口点地址为 0x0A120034 的函数
```

等价于：

```
push eip + 2    ; 返回地址是当前地址＋两条指令长度
jmp 0x0A120034  ; 跳转到 my_function 的地址
```

不过在某些情况下，相对偏移也可以起作用，这使得事情变得稍微简单一点。局部作用域的（包括 C 语言中使用 static 关键字声明的）静态变量和函数入口点即是如此，只要知道引用这些符号的指令与符号的相对偏移，就可以解析这些符号的地址。数据访问和子程序调用汇编指令都可以使用相对地址替代绝对地址。这种方法从一定程度上降低了复杂度，但并不能解决所有问题。

8.2　引用解析中的常见问题

让我们先来了解最简单的情况——可执行文件（应用程序）是加载单个动态库的客户二进制文件。我们可以用以下已知规则来描述该工作场景：

- 由客户二进制文件提供进程内存映射中地址范围固定且可以预先确定的部分。
- 当动态加载完成后，动态库才属于进程的有效部分。
- 当可执行文件调用了一个或多个由动态库导出和实现的函数时，就自然地建立了可执行文件与动态库之间的联系。

接下来的内容比较有意思。

要将动态库加载到进程内存映射中，首先需要将动态库中的段地址范围转换成进程内存映射中的新地址范围。通常来讲，动态库的加载地址范围是无法预先确定的。相反，这需要在加载时通过装载器模块的内部算法决定。

由于可执行文件格式规范限定了用于加载动态库的地址范围，因此动态库的实际地址肯定在这个范围中，这从一定程度上减轻了确定地址的问题。但是，设计动态库加载地址范围时，为了能够容纳多个同时加载的动态库，这个地址范围相当大。

在动态库加载过程中发生的地址转换进程（见图 8-1）是动态链接的关键操作，这让整个概念变得非常复杂。

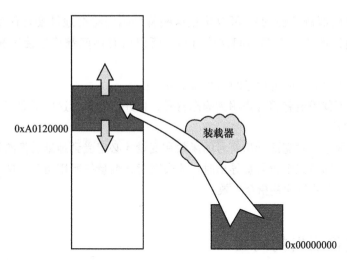

图 8-1 为了查找进程内存映射中用于存储动态库的地址范围，链接器必须执行地址转换操作

地址转换时到底会出现什么问题？

地址转换并不是问题本身。在前面的章节中，你已经看到了，链接器在将对象文件合并到进程内存映射中时，执行了简单的地址转换操作。因此，这个问题的重点是哪个模块执行地址转换。

更具体地说，链接器和装载器执行的地址转换操作本质上并不相同。

● 在执行地址转换操作时，一般链接器处于一种"空白"的初始状态。也就是说，链接器在合并过程中收集的目标文件均不包含已解析引用。这就使得链接器在寻找适合存放目标文件的地址范围时有很大的自由。在完成目标文件的初始布局后，链接器会扫描并解析未解析引用列表，解析所有引用，并将正确地址嵌入汇编指令中。

● 另一方面，装载器则工作在完全不同的环境下。其得到的输入是动态库二进制文件，这些文件经过了完整的构建过程，并完成了所有引用的解析。也就是说，所有的汇编指令中都嵌入了正确的地址。

在这种链接器将绝对地址嵌入汇编指令的特例中，如果装载器执行了地址转换，会使得链接器嵌入的地址毫无意义。一旦执行这种彻底被破坏的指令，最理想的情况下会给出错误的结果，也有可能会造成严重危害。很明显，如果在动态加载期间执行地址转换，那么会陷入一种进退两难的境地。

总之，装载器的地址转换是不可避免的，因为这就是动态加载的基本思想。但这也立即引发了非常严重的问题。幸运的是，尽管地址转换不可避免，但人们围绕这个问题成功实现了一些解决方案。

可能需要地址转换的符号

显而易见的是，如果将函数和变量声明为静态的（指的是 C 语言中的 static 说明符，即声明符号是文件内部链接性的），可以防止这些符号因为绝对地址变化而受到影响。实际上，因为只有附近的指令需要访问这些符号，所以所有访问都可以使用相对地址偏移来实现。

但是对于那些没有声明为静态的函数和变量呢？

事实证明，即使没有将符号声明为静态符号，也并不意味着这些函数或者变量一定会受到地址转换的影响。

其实，只有那些由动态库导出符号的函数和变量才必定受到地址转换的负面影响。实际上，只有当链接器知道某个符号被导出时，才会在对该变量的所用访问中使用绝对地址。而随后的地址转换就会使得这些指令失效。

8.3　地址转换引发的问题

在动态加载过程中地址转换偶尔会引发问题。所幸这些问题可以被系统归纳成两个一般化的情景。

8.3.1　情景 1：客户二进制文件需要知道动态库符号地址

这是最基本的情景，在这种情况下，客户二进制文件（可执行文件或者动态库）依赖于运行时被加载的动态库中的可用符号，但是不知道符号的最终地址，如图 8-2 所示。

如果你采用最常用的方法，使用链接器完成解析符号地址的任务（而且仅由链接器完成），那么你会遇到麻烦。换言之，如果使用这种方法，那么链接器完成了客户二进制文件和动态库的构建任务。

显然，我们需要使用某些"创造性思维"来解决这类问题。该问题的解决方案倾向于将链接器解析符号的一部分职责赋予装载器。

在新的解决方案中，有部分任务原本属于链接器而现在则被赋予装载器，我们通常将这些任务实现为一个模块，该模块通常被称为动态链接器。

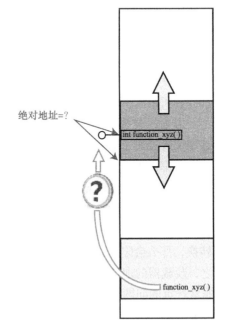

绝对地址=？

int function_xyz()

function_xyz()

图 8-2　情景 1：客户二进制文件必须解析动态库符号

8.3.2　情景 2：被装载的库不需要知道其自身符号地址

我们通常将库的功能体封装在动态库内部，并利用动态库导出的 ABI 函数作为功能体的入口点。运行时的函数调用顺序通常是这样的：客户二进制程序调用某一个 ABI 方法，然后 ABI 方法调用库内部的函数，客户二进制文件通常不会使用这些函数，因此动态库不会导出这些函数。

还有种可能情况（虽然不常遇到）是：一个动态库 ABI 函数会在内部调用其他的 ABI 函数。

我们假设，一个动态库有一个模块，该模块导出了两个接口函数：

- Initialize()
- Uninitialize()

这两个函数的内部执行流很有可能是对库中其他内部函数的调用序列，这些内部函数被声明为静态作用域。在调用内部方法时，我们通常会使用支持相对地址的那类指令。地址转换不会对这类函数调用产生负面影响，如图 8-3 所示。

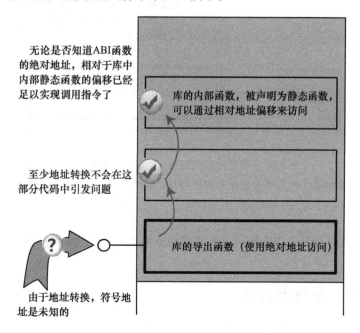

图 8-3　无论有没有地址转换，链接器都可以轻松解析局部函数调用（可以实现为相对地址跳转）

内部函数调用完全可以避免受到地址转换影响，但接下来库设计者决定提供 Reinitialize() 接口函数。该函数首先会在内部调用 Uninitialize() 接口函数，紧接着调用 Initialize() 接口函数，读者应该不会对此感到惊讶，因为这样做不会有任何问题。

作为一个 ABI 接口函数，Reinitialize() 函数的入口点肯定是动态库导出符号。引用该函数的跳转指令无法使用相对跳转实现。相反，链接器实现跳转或者调用指令时必须使用绝对地址跳转。

显然，你现在遇到了一类值得分析的情况。这种情况下的受害方不再只是客户二进制文件，还有被加载的库。在装载器执行内存地址转换后，函数地址就失效了。嵌入了绝对地址的汇编调用指令不只变得毫无意义，而且由于其跳转目标再也不是原来的目的地，因此可能会有危险，如图 8-4 所示。

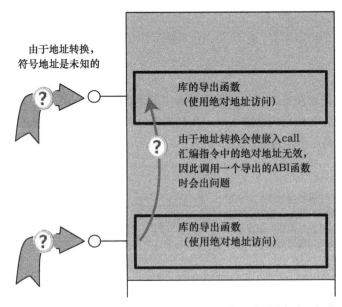

图 8-4　情景 2：一个 ABI 函数在内部调用另一个函数会受到未解析引用问题的影响。两个函数入口点都被指定为对外可见，促使编译器在调用函数时使用绝对跳转。但是直到装载器完成地址转换之前，无法解析该函数的绝对地址

另外，使用 ABI 函数时存在的问题在处理动态库全局变量时也是存在的。

8.4　链接器 - 装载器协作

人们很早就发现在动态链接中，链接器无法像构建单个可执行文件那样完全解决所有问题。

在动态链接的初始化阶段，装载器将动态库的代码段加载到新的地址范围中。即使链接器可以在构建动态库时正常完成引用解析，但是仅仅这样是不够的。地址转换进程会使嵌入汇编调用指令中的绝对地址无效。

实际上，由于对指令的破坏发生在链接器完成所有任务后，因此必须有一些"智能工具"随后修复这些破坏。而我们则选择装载器作为这个"智能工具"。

8.4.1　总体策略

了解了前面描述的所有约束后，可以根据以下的规则来建立链接器和装载器之间的协作：

- 链接器识别自身符号解析的局限性。
- 链接器精确统计失效的符号引用，准备引用修复提示，并将提示嵌入二进制文件中。
- 装载器准确遵循链接器的重定位提示，并且在完成地址转换后根据这些提示进行修复。

1. 链接器识别自身符号解析的局限性

在创建一个动态库时，链接器除了要明确地分清不同部分代码之间的关系，也需要足够准确地识别出将代码段加载到不同的地址范围中时会失效的符号引用。

首先，与可执行文件不同，动态库内存映射的地址范围是从零开始的。链接器处理可执行文件时，大多情况下不会将地址范围的起点设置成零。其次，在加载阶段前，如果链接器发现某些符号的地址无法解析时就会停止解析，取而代之会使用临时值填充未解析符号（通常会使用明显错误的值，比如 0 之类的数值）。

但是这并不意味着链接器会完全放弃符号解析任务。

2. 链接器精确统计失效符号引用，准备修复提示

我们可以完全知道哪些已解析的引用会因装载器地址转换而失效。只要汇编指令需要绝对地址，指令中的引用就会失效。在完成动态库构建的链接阶段时，链接器可以标识出那些出现绝对地址的地方，并通过某些方法让装载器知道这些信息。

为了提供链接器-装载器协作支持，链接器会为装载器预留一些提示，这些提示为装载器指出了如何修复动态加载中由于地址转换引发的错误，二进制格式规范支持一些新的节，专门用于为这类提示预留空间。此外还设计了特定的简单语法以便于链接器准确指出装载器需要执行的动作。这些节在二进制文件中称为"重定位节"，其中 .rel.dyn 节是最古老的重定位节。

通常来说，链接器将重定位提示写入二进制文件中，以便于装载器读取这些提示。这些提示指定了：

- 装载器在完成整个进程的最终内存映射布局后需要修补的地址。
- 装载器为了正确修补未解析引用需要执行的正确动作。

3. 装载器准确遵循链接器重定位提示

最后一个阶段属于装载器。装载器读取由链接器创建的动态库，读取动态库中的装载器段（每个段都保存了多个链接器节），并将所有数据放置到进程内存映射中，存放在最初的可执行文件代码附近。

最后，装载器定位 .rel.dyn 节，读取链接器预留下的提示，并根据这些提示对原来的动态库代码进行修补。完成修补后，就可以准备使用内存映射启动进程了。

相比于处理基本任务，在处理动态库加载时，我们需要为装载器提供更多的信息。

8.4.2 具体技术

通常来说，链接器会在二进制文件体中插入特殊的 .rel.dyn 节，链接器和装载器之间通过该节进行信息交换。唯一的问题是链接器会在哪些二进制文件中插入 .rel.dyn 节呢？

答案很简单：吱吱叫的轮子先上油。那些需要修补代码节的二进制文件通常都会携带 .rel.dyn 节。

具体来说，在情景 1 中，装载器将 .rel.dyn 节嵌入客户二进制文件（那些加载新的动态库后指令会失效的可执行文件与动态库）中，因为在加载库时，这些文件会因地址转换而出现失效引用。图 8-5 阐述了这种思想。

但在情景 2 中，链接器也要将 .rel.dyn 节嵌入被加载的动态库二进制文件中，因为装载器需要这些信息来帮助其重新构建地址和指向这些地址的指令之间的关联（见图 8-6）。

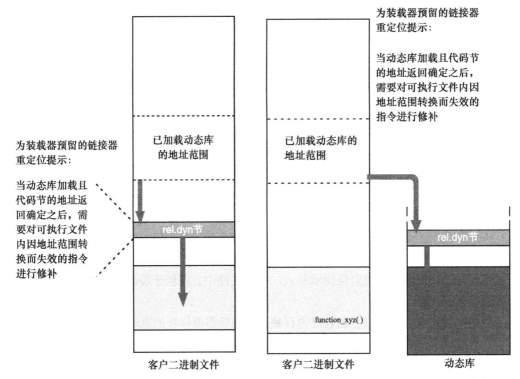

图 8-5　在情景 1 中，将链接器提示嵌入客户　　　图 8-6　在情景 2 中，将链接器的重定位提示
　　　　二进制文件中　　　　　　　　　　　　　　　　嵌入动态库中

在这个特定例子中，你看到的是最简单的情况，即一个可执行文件加载一个动态库。一种更为现实的情况是动态库自身可能需要加载另一个动态库，而另一个动态库接下来需要加载新的动态库，这就形成了一条动态加载链。任何在动态加载链中间的动态库都具有双重角色。情景 1 和情景 2 都可能发生在同一个二进制文件上。

8.4.3　链接器重定位提示概述

二进制格式规范通常详细规定了链接器和装载器之间通信的语法规则。为装载器设计的链接器重定位提示通常都非常简单，但是非常准确且关键（见图 8-7）。因此，理解链接器重定位提示中携带的信息，并根据其实现修复并不需要太多工作。

```
Offset      Info     Type             Sym.Value    Sym. Name
0804a000    00000107 R_386_JUMP_SLOT  00000000     printf
0804a004    00000207 R_386_JUMP_SLOT  00000000     shlib_abi_function
0804a008    00000307 R_386_JUMP_SLOT  00000000     __gmon_start__
0804a00c    00000407 R_386_JUMP_SLOT  00000000     dl_iterate_phdr
0804a010    00000507 R_386_JUMP_SLOT  00000000     __libc_start_main
0804a014    00000607 R_386_JUMP_SLOT  00000000     putchar


Offset      Info     Type             Sym.Value    Sym. Name
000004b8    00000008 R_386_RELATIVE
00002008    00000008 R_386_RELATIVE
000004c8    00000801 R_386_32         0000201c     shlibNonStaticAccessed
000004d0    00000801 R_386_32         0000201c     shlibNonStaticAccessed
000004ea    00000b01 R_386_32         0000200c     shlibNonStaticVariable
00001fe8    00000106 R_386_GLOB_DAT   00000000     __cxa_finalize
00001fec    00000206 R_386_GLOB_DAT   00000000     __gmon_start__
00001ff0    00000306 R_386_GLOB_DAT   00000000     _Jv_RegisterClasses
```

图 8-7　链接器重定位提示示例

特别地，ELF 文件格式规范详细定义了链接器应该如何为装载器指定重定位提示。链接器主要将重定位提示存储在 .rel.dyn 节中，同时将少量其他信息存储在其他特定节中（rel.plt、got、got.plt）。可以使用类似于 readelf 或者 objdump 之类的工具来显示重定位提示的内容。图 8-7 展示了一些示例。

接下来对链接器重定位提示中的各个字段进行解释：

- Offset：指定了代码节与汇编指令操作数的字节偏移，这些操作数会受地址转换影响而失效，因此需要修复。
- Info：可以使用 ELF 格式规范描述该字段为

```
#define ELF32_R_SYM(i)   ((i)>>8)
#define ELF32_R_TYPE(i)  ((unsigned char)(i))
#define ELF32_R_INFO(s,t) (((s)<<8)+(unsigned char)(t))

#define ELF64_R_SYM(i)   ((i)>>32)
#define ELF64_R_TYPE(i)  ((i)&0xffffffffL)
#define ELF64_R_INFO(s,t) (((s)<<32)+((t)&0xffffffffL))
```

其中

- ELF××_R_SYM 表示必须要进行重定位的符号在符号表中的索引：二进制文件中有一个节专门存放符号列表，这个值简单地表示了该符号在符号表中的索引。readelf 和 objdump 可以提供包含在二进制符号表中的完整符号列表。
- ELF××_R_TYPE 表示需要执行的重定位类型。接下来详细阐述有效的重定位类型。
- Type：指定了装载器需要在汇编指令操作数上执行的动作类型，以修复地址转换引发的问题。图 8-8（ELF 规范的图 1-22）中的 ELF 二进制格式规定了以下的重定位类型。

- Sym.Value 指定了符号在代码节（如果是函数）或者在数据段（如果是变量）中的临时偏移，这些符号都在原始二进制文件中存在。这假设了地址转换会影响这些值。
- Sym.Name 指定了人类可读的符号名称（函数名和变量名）。

图 1-22：重定位类型

名　　称	值	字段类型	计算方式
R_386_NONE	0	*none*	none
R_386_32	1	*word32*	S + A
R_386_PC32	2	*word32*	S + A - P
R_386_GOT32	3	*word32*	G + A - P
R_386_PLT32	4	*word32*	L + A - P
R_386_COPY	5	*none*	none
R_386_GLOB_DAT	6	*word32*	S
R_386_JMP_SLOT	7	*word32*	S
R_386_RELATIVE	8	*word32*	B + A
R_386_GOTOFF	9	*word32*	S + A - GOT
R_386_GOTPC	10	*word32*	GOT + A - P

一些重定位类型依靠简单的计算而产生语义

R_386_GOT32	用于计算全局偏移表基地址和符号对应的全局偏移表项之间的距离。此外会命令链接编辑器构建全局偏移表。
R_386_PLT32	用于计算符号过程链接表项的地址。此外会命令链接编辑器构建过程链接表。
R_386_COPY	链接编辑器用于动态链接。其 offset 成员引用了可写段的位置。符号表索引指定了应该在目标文件和共享对象中同时存在的符号。在执行阶段中，动态链接器会将与共享对象符号相关的数据复制到由 offset 指定的位置中。
R_386_GLOB_DAT	用于将全局偏移表项设置为特定符号的地址。这个重定位类型允许我们确定符号和全局偏移表项的对应关系。
R_3862_JMP_SLOT	链接编辑器用于动态链接。其 offset 成员指出了过程链接表项的位置。动态链接器通过将控制权转移给预设好的符号地址来修改过程链接表项（参见第二部分的"过程链接表"）。
R_386_RELATIVE	链接编辑器用于动态链接。其 offset 成员指出了一个共享对象中的位置，该共享对象包含一个表示相对地址的值。动态库通过将共享对象加载后的虚拟地址和该相对地址相加，来得到其对应的虚拟地址。该类型的重定位项的符号表索引必须设置成 0。
R_386_GOTOFF	用于计算符号值和全局偏移表地址之间的差。此外会命令链接编辑器构建全局偏移表。
R_386_GOTPC	类似于 R_386_PC32，但是会在计算中使用全局偏移表。这种符号在重定位中默认会引用 _GLOBAL_OFFSET_TABLE_，除此以外还会命令链接编辑器构建全局偏移表。

图 8-8　链接器提示类型概述（摘录自 ELF 格式规范）

8.5　链接器 - 装载器协作实现技术

纵观动态链接概念的演进过程，一共使用了两种实现技术：装载时重定位（Load Time

Relocation，LTR）和位置无关代码（Position Independent Code，PIC）。

8.5.1　装载时重定位

历史上，动态链接概念的第一个实现技术是所谓的装载时重定位（LTR）。我们通常认为该技术是第一个实际工作的动态加载技术。这种技术带来的好处是减少应用程序二进制文件所需携带的不必要代码（通常是由特定操作系统负责完成的功能代码）。

LTR 概念带来的好处不仅是大幅缩小应用程序二进制文件字节长度，而且也使得不同类型的应用程序中可以统一执行某些特定于操作系统的任务。

尽管这个概念优势明显，但也有一些明显缺陷。第一个缺陷是，该技术会使用变量或函数地址的值来修改（修补）动态库代码，这仅对首先加载动态库的程序的上下文有意义。在其他程序的上下文中（很有可能有不同的进程内存映射布局），原先的代码修改就显得毫无用处。

因此，如果多个应用程序同时需要一个动态库的服务，那么这将意味着你会在内存中存放同一个动态库的多份副本。

第二个缺陷是，这种方法需要的代码修改量与引用数量成正比。如果使用这种技术，那么代码中对某些变量进行了多少次引用，或对某些函数进行了多少次调用，就需要修改、修补多少代码。这种情况下，如果应用程序需要加载大量的动态库，那么在程序启动时，加载时间就会显著增加，并且有严重的启动延迟。

第三个缺陷是，可写代码（.text）段造成了一个潜在的安全威胁。在使用这种技术的情况下，希望一次性将动态库加载入物理内存中，并将其映射到多个不同应用程序内存映射的不同地址中，是不可能完成的。

图 8-9 描述了装载时重定位概念的思想。

位置无关代码（PIC）方法是一种较新的且在许多方面更为先进的技术，可以解决上面的所有缺陷，该技术很快成为链接技术的普遍选择。

8.5.2　位置无关代码

装载时重定位方案的局限性已经在随后的动态链接实现中得到了解决，该技术被称为位置无关代码（PIC），如图 8-10 所示。该技术通过引入间接的额外步骤来避免对动态库代码段指令的不必要的直接修改。我们可以使用程序设计语言领域的术语将该方案描述为"用指针的指针来替代指针"。

简单来说，需要引用外部符号的指令获取符号地址的时候需要两个步骤。为了获取符号的地址，我们首先使用 mov 指令访问一个地址，该位置存放了实际的符号地址，接下来我们将该地址处的数据（也就是所需符号的地址）加载到有效的 CPU 寄存器中。这样一来，我们就可以将该寄存器作为后续指令（如果是数据，则为 mov 指令；如果是函数，则为 call 指令）的操作数，这些指令就可以访问到实际的符号地址了。

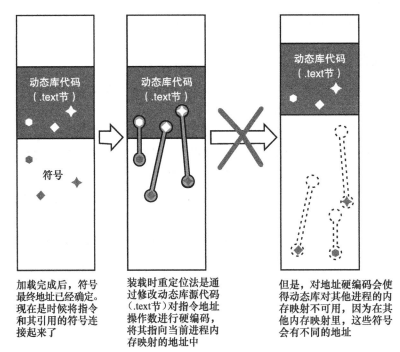

加载完成后，符号最终地址已经确定。现在是时候将指令和其引用的符号连接起来了

装载时重定位法是通过修改动态库源代码（.text节）对指令地址操作数进行硬编码，将其指向当前进程内存映射的地址中

但是，对地址硬编码会使得动态库对其他进程的内存映射不可用，因为在其他内存映射里，这些符号会有不同的地址

图 8-9　LTR 概念与其局限

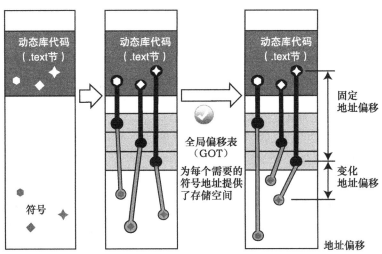

全局偏移表（GOT）存储了每个未解析符号的地址

GOT偏移是个常数，而且在链接时已知。因此，CPU指令可以独立于进程内存地址映射布局而引用GOT符号

GOT的数据是与特定进程内存映射相关的。只要当所有节加载完毕，且符号地址已知时，装载器才会访问GOT并将内部存储的符号地址更新成正确的值

图 8-10　PIC 概念

这个解决方案的特殊技巧是将符号地址保存在所谓的"全局偏移表"（Global Offset Table，GOT）中，而该表则存放在专用的 .got 节中。.text 节和 .got 节之间的距离是一个常数，而且在链接时就已经知道了。对于每个需要解析的符号，链接器都会在全局偏移表中的固定位置存放该符号的信息。

代码节和 GOT 的距离以及特定符号信息在 GOT 中的偏移是固定的（都在链接时已知），而对于编译器而言，实现一个代码指令来引用固定位置处的数据也是完全可行的。更重要的是，使用这种方法，实现代码不需要依赖于实际的符号地址，因此将动态库代码映射到其他不同进程中使用时，不需要修改代码。

最后，装载器需要根据特定进程的内存布局对进程数据进行调整。在这种方案中，装载器无论如何都不需要对代码（.text 节的内容）进行不可逆的修改。相反，装载器会在知道符号地址之后去修补 .got 节，而每个进程中一般都会有 .got 节（很像数据节那样）。

提示　实现该方案需要大量的设计工作，这已经远远超出了链接器和装载器的范围。实际上，为了实现 PIC 这个概念，在编译器阶段就要完成一部分工作，尤其是我们需要将 -fPIC 选项传递给编译器。而 "fPIC" 或简单的术语 "PIC" 最后甚至成了动态链接的同义词。

1. 延迟绑定

PIC 方法中对符号的引用是通过间接引用完成的，而运行时性能则可以从间接引用中获益。为了得到额外的性能提升，实际上装载器采取了如下策略：直到程序启动为止，装载器都不会浪费宝贵的时间对 .got 节和 .got.plt 节的内容进行任何设置。

无论如何，汇编指令引用符号时，都会去引用一个中介地址来获取实际的符号地址，如果想让这样的代码生效，则需要初始化全局符号表，毋庸置疑，这会使程序加载时出现明显的停滞。

实际上，除非我们确实需要引用这些符号，否则装载器甚至不会花时间去设置 .got 节和 .got.plt 节的内容。只有当程序启动后，且程序执行流遇到指令引用了地址保存在 .got 节和 .got.plt 节中的符号时，装载器才会去设置这两个节中的数据。

装载器延迟初始化（通常称为延迟绑定）的明显好处是可以更快地完成进程加载，这可以使应用程序启动得更快。但是当装载器快速填补其初始化产生的疏漏（虽然是有意而为之）时，会产生一次性的、小小的性能惩罚。不过这种性能惩罚只会在每次需要时发生一次，也就是只会在第一次引用符号时发生。客户程序运行时对动态库符号的实际引用越少，能够得到的性能优化就越多。

延迟绑定概念是 PIC 方法的一个额外特性，这也给我们提供了另一个不错的理由选择 PIC 而非 LTR 来实现动态链接。实际上，如果客户二进制文件是可执行文件（即应用程序），那么人们倾向于使用 PIC 方法来解决情景 1 中的问题。

2. 动态链接递归链的规则与限制

迄今为止你所研究的都是动态链接中最简单的情景。在仔细研究了动态链接的实现细节之后，现在让我们退一步来研究动态链接中更高层次的问题。因为有一些高层次问题中存在的规则和限制在细节中不太明显。

实际上，程序的结构通常可以被描述为动态链接的递归链，递归链中的每个动态库都会加载其他的动态库。递归链可以被形象地表示为复杂的树结构，在树的分支之间通过大量的边进行连接。

在某些情况中某一条分支的长度最后可能会非常大。无论是动态链接递归链的复杂度，还是分支的长度，这些都不是整个动态链接过程中最重要的细节。

比这些细节更重要的一个事实是：在动态加载链中，情景 1 和情景 2 有可能在每个参与动态链接的动态库上同时发生。图 8-11 展现了这一点。

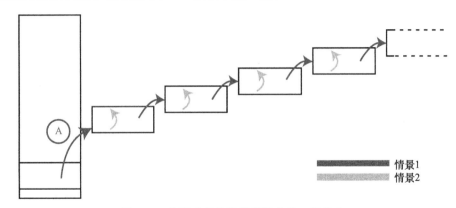

图 8-11　典型动态链接递归链中的一条分支

换句话说，加载链中的某个动态库可能既需要解析来自其加载的库的引用，也需要重新解析其自身的符号。这使得整个过程变得更加有趣。

从高层视角来看，有一组选择实现技术的限制最终会决定实现细节，我将会在下一节中进行介绍。

3. 实现技术选择限制

无论在什么情景中，总会有两种方法来实现链接器和装载器之间的协作：LTR 方法或 PIC 方法。链接器与装载器协作技术的选择不是绝对自由的。设计者除了根据每个技术的自身利弊来进行选择外，还需要考虑下面明确指出的一些其他限制：

- 当可执行文件解析直接依赖的已加载库中的引用时（图 8-11 中用环绕的字母 A 标识的那种情景），位置无关代码（PIC）是强烈推荐的首选技术。
- 就选择 LTR 和 PIC 而言，加载链中的动态库可以采用各种各样的组合。实现了 LTR

的动态库接下来可能动态加载一个实现了 PIC 的动态库，而新的动态库接下来又可能加载另一个动态库……你可以选择任何实现技术——无论你选择什么，都是可以的。

● 单个动态库严格使用同一种链接器 - 装载器协作技术来同时解析情景 1 和情景 2（如果需要）中的引用。这样就不会发生使用 LTR 方法解析情景 1 中引用而使用 PIC 方法解决情景 2 中引用的问题了（或者相反）。

图 8-12 展示了以上规则。

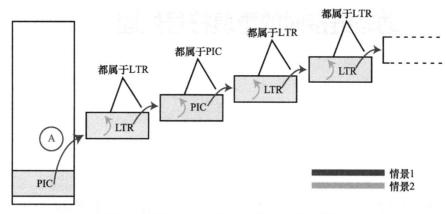

图 8-12　实现技术选择限制（高层视角）决定动态链接递归链的实现技术

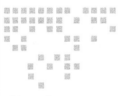

Chapter 9 第9章

动态链接时的重复符号处理

动态链接的概念是软件设计领域中的一项巨大进步。动态链接带来的前所未有的灵活性为技术进步开辟了崭新的途径，同时也使众多具有突破性的新概念应运而生。

与此同时，动态库内部运作机理的复杂性也为软件工具链（编译器、链接器与装载器）领域带来了一些显著的挑战。我们在很早以前就认识到了链接器和装载器需要更紧密协作的需求，这种需求及其技术实现在前面的章节中已经进行了充分的讨论。

但是，有关动态链接的话题并没有结束。

另一个与动态库领域紧密相关的例子是处理重复符号。更具体地说，链接器会采用常用的方法将单个目标文件或静态库合并到二进制文件中，当链接过程的输入单元是动态库时，链接器会采取不同的方案。

9.1 重复符号的定义

在解析引用的过程中，最常发生的问题就是会出现重复符号，该问题发生在链接的最后阶段，可能在所有可用符号列表中包含两个甚至更多同名的符号。

顺便说句题外话，链接器算法通常会因为其内部机制而对原始符号名称进行修改。最直接的结果是，由链接器报告的重复信息所使用的符号名称可能与原始符号名称不同。符号名称的修改可能是简单的名称修饰（比如在符号名称前添加下划线），也有可能是处理复杂的C++函数时所采用的系统级解决方案。幸运的是，这种修改通常以一致且可预测的形式实现。

典型的重复符号场景

产生重复符号的原因可能有很多。最简单的情况是，不同的设计者恰好为他们不同模块中的类、函数和结构体［比如，Timer 类、getLength() 函数以及 lastError 与 libVersion 变量］起了完全相同的名字。在合并这些模块的过程中，不可避免地会导致重复符号问题的发生。

还有一些其他情况也会发生重复符号的问题。一个头文件中定义了数据类型实例（类、结构体或简单的数据类型）时，如果多次包含相同的头文件，也会出现重复符号的问题。

1. 重复的 C 符号

在 C 语言中，判断两个或多个符号与其他符号是否重复的规则非常简单。只要函数、结构体或数据类型的名称一样，那么就认为这些符号是相同的。

举例来说，下面的代码会构建失败：

```
file: main.c
#include <stdio.h>

int function_with_duplicated_name(int x)
{
    printf("%s\n", __FUNCTION__);
    return 0;
}

int function_with_duplicated_name(int x, int y)
{
    printf("%s\n", __FUNCTION__);
    return 0;
}

int main(int argc, char* argv[])
{
    function_with_duplicated_name(1);
    function_with_duplicated_name(1,2);
    return 0;
}
```

编译器会产生如下错误信息：

```
main.c:9:5: error: conflicting types for 'function_with_duplicated_name'
main.c:3:5: note: previous definition of 'function_with_duplicated_name' was here
main.c: In function 'main':
main.c:17:5: error: too few arguments to function 'function_with_duplicated_name'
main.c:9:5: note: declared here
gcc: error: main.o: No such file or directory
gcc: fatal error: no input files
compilation terminated.
```

2. 重复的 C++ 符号

作为面向对象编程的语言，C++ 判定符号重复的规则就比较宽松。就命名空间、类与结构体和简单数据类型而言，C++ 仍然使用"名称"作为判定符号重复的唯一标准。但是，对于函数来说，重复符号的标准就不仅仅局限于函数名了，还要考虑参数列表。

函数（方法）重载规则允许同一个类中具有不同参数列表的不同方法使用相同的函数名，但是不会根据返回值类型进行区分。

该规则也同样适用于同一命名空间中不属于任何类成员的两个或多个函数。即使这些函数不从属于任何类，C++ 提供的灵活的重复判定规则也会起作用：只有函数的名称和参数列表都相同时，函数才是重复的。

下面的代码可以构建成功：

```
file: main.cpp
#include <iostream>
using namespace std;

class CTest
{
public:
    CTest(){ x = 0;};
    ~CTest(){};
public:
    int runTest(void){ return x;};
private:
    int x;
};

int function_with_duplicated_name(int x)
{
    cout << __FUNCTION__ << "(x)" << endl;
    return 0;
}

int function_with_duplicated_name(int x, int y)
{
    cout << __FUNCTION__ << "(x,y)" << endl;
    return 0;
}

int main(int argc, char* argv[]){
    CTest test;
    int x = test.runTest();

    function_with_duplicated_name(x);
    function_with_duplicated_name(x,1);
    return 0;
}
```

```
file: build.sh
g++ -Wall -g -O0 -c main.cpp
g++ main.o -o clientApp
```

运行构建的二进制文件会输出以下内容：

```
function_with_duplicated_name(x)
function_with_duplicated_name(x,y)
```

但是，如果在 main.cpp 中添加以下方法的声明：

```
float function_with_duplicated_name(int x)
{
    cout << __FUNCTION__ << "(x)" << endl;
    return 0.0f;
}
```

就会违背 C++ 函数重载的基本规则，导致构建失败。如下所示：

```
main.cpp: In function 'float function_with_duplicated_name(int)':
main.cpp:23:42: error: new declaration 'float function_with_duplicated_name(int)'
main.cpp:17:5: error: ambiguates old declaration 'int function_with_duplicated_name(int)'
g++: error: main.o: No such file or directory
g++: fatal error: no input files
compilation terminated.
```

9.2　重复符号的默认处理

当链接器将目标文件或静态库同时链接到最终的二进制文件中时，是不能出现重复符号的，否则会导致链接失败。

当链接器检测到重复符号时，会打印出一条错误信息来说明重复符号出现处的代码文件名和行号。这就是说，开发人员需要回过头来检查代码实现以解决链接错误，然后重新编译代码，从而确定问题是否已经得到解决。

下面的例子展示了将两个含有重复符号的静态库链接到同一客户二进制文件时所发生的错误。该项目包含两个非常简单的静态库，其中含有重复的符号，然后客户应用程序尝试将其链接到一起：

Static Library libfirst.a:

file: staticlibfirstexports.h
```
#pragma once

int staticlibfirst_function(int x);
int staticlib_duplicate_function(int x);
```

file: staticlib.c
```
#include <stdio.h>

int staticlibfirst_function(int x)
{
    printf("%s\n", __FUNCTION__);
    return (x+1);
}

int staticlib_duplicate_function(int x)
{
    printf("%s\n", __FUNCTION__);
    return (x+2);
}
```

file: build.sh
```
gcc -Wall -g -O0 -c staticlib.c
```

```
ar -rcs libfirst.a staticlib.o
```

Static Library libsecond.a:

file: staticlibsecondexports.h
```
#pragma once

int staticlibsecond_function(int x);
int staticlib_duplicate_function(int x);
```

file: staticlib.c
```
#include <stdio.h>

int staticlibsecond_function(int x)
{
    printf("%s\n", __FUNCTION__);
    return (x+1);
}

int staticlib_duplicate_function(int x)
{
    printf("%s\n", __FUNCTION__);
    return (x+2);
}
```

file: build.sh
```
gcc -Wall -g -O0 -c staticlib.c
ar -rcs libsecond.a staticlib.o
```

客户应用程序：

file: main.c
```
#include <stdio.h>
#include "staticlibfirstexports.h"
#include "staticlibsecondexports.h"

int main(int argc, char* argv[])
{
    int nRetValue = 0;
    nRetValue += staticlibfirst_function(1);
    nRetValue += staticlibsecond_function(2);
    nRetValue += staticlib_duplicate_function(3);
    printf("nRetValue = %d\n", nRetValue);
    return nRetValue;
}
```

file: build.sh

```
gcc -Wall -g -O0 -I../libFirst -I../libSecond -c main.c
gcc main.o -L../libFirst -lfirst -L../libSecond -lsecond -o clientApp
```

由于两个静态库中存在重复符号，因此在构建客户应用程序时，会导致以下链接器错误：

/home/milan/Desktop/duplicateSymbolsHandlingResearch/01_duplicateSymbolsCriteria/02_duplicatesIn TwoStaticLibs/01_plainAndSimple/libSecond/staticlib.c:10: multiple definition of 'staticlib_duplicate_function'

../libFirst/libfirst.a(staticlib.o):/home/milan/Desktop/duplicateSymbolsHandlingResearch/01_dupl
icateSymbolsCriteria/02_duplicatesInTwoStaticLibs/01_plainAndSimple/libFirst/staticlib.c:10: first
defined here
collect2: ld returned 1 exit status

将重复的函数调用注释掉并不能解决以上链接器错误。很显然，链接器首先尝试将来自所有静态库和目标文件（main.c）的所有元素都组合起来。在链接过程的早期，一旦出现了重复符号，那么无论是否引用了这些符号，链接器都会报错。

局部符号可以重复

值得注意的是，使用 C 语言中的 static 关键字声明的局部函数（将函数的可见域约束在函数存在的同一个源代码文件内）将不会被认为是重复符号。将静态库的源代码文件修改为以下例子中的代码：

Static Library libfirst.a:
file: staticlib.c
```
static int local_staticlib_duplicate_function(int x)
{
    printf("libfirst: %s\n", __FUNCTION__);
    return 0;
}

int staticlibfirst_function(int x)
{
    printf("%s\n", __FUNCTION__);
    local_staticlib_duplicate_function(x);
    return (x+1);
}
```

Static Library libsecond.a:
file: staticlib.c
```
static int local_staticlib_duplicate_function(int x)
{
    printf("libsecond: %s\n", __FUNCTION__);
    return 0;
}

int staticlibsecond_function(int x)
{
    printf("%s\n", __FUNCTION__);
    local_staticlib_duplicate_function(x);
    return (x+1);
}
```

客户应用程序：

file: main.c

```
#include <stdio.h>
#include "staticlibfirstexports.h"
#include "staticlibsecondexports.h"

int main(int argc, char* argv[])
```

```
{
    staticlibfirst_function(1);
    staticlibsecond_function(2);
    return 0;
}
```

客户应用程序可以成功构建并在运行时输出以下内容：

```
staticlibfirst_function
libfirst: local_staticlib_duplicate_function
staticlibsecond_function
libsecond: local_staticlib_duplicate_function
```

显然，链接器会隔离这些局部函数。即使这些符号名称是完全一样的，也不会发生冲突。

9.3 在动态库链接过程中处理重复符号

当动态库作为输入添加到链接过程中时，由于链接器输入类型多种多样，因此链接器处理重复符号的方法也变得更为复杂，这值得我们深入分析。首先，链接器在此时不会采用重复符号的零容忍策略，即在一定程度上接受重复符号，且不会立刻报告链接错误。相反，链接器会使用一种较为粗略的方式来解决符号名称冲突问题。

为了展示链接器在这种情况下采取的完全不同的处理方法，我们创建了一个简单的演示项目。该项目包含两个动态库，其中动态库含有重复符号，然后客户应用程序试图将其链接到一起：

Shared Library libfirst.so:

file: shlibfirstexports.h
```
#pragma once

int shlibfirst_function(int x);
int shlib_duplicate_function(int x);
```

file: shlib.c
```c
#include <stdio.h>

static int local_shlib_duplicate_function(int x)
{
    printf("shlibFirst: %s\n", __FUNCTION__);
    return 0;
}
int shlibfirst_function(int x)
{
    printf("shlibFirst: %s\n", __FUNCTION__);
    local_shlib_duplicate_function(x);
    return (x+1);
}

int shlib_duplicate_function(int x)
{
    printf("shlibFirst: %s\n", __FUNCTION__);
```

```
        local_shlib_duplicate_function(x);
        return (x+2);
}
```

file: build.sh
```
gcc -Wall -g -O0 -fPIC -c shlib.c
gcc -shared shlib.o -Wl,-soname,libfirst.so.1 -o libfirst.so.1.0.0
ldconfig -n .
ln -s libfirst.so.1 libfirst.so
```

Shared Library libsecond.so:

file: shlibsecondexports.h
```
#pragma once

int shlibsecond_function(int x);
int shlib_duplicate_function(int x);
```

file: shlib.c
```
#include <stdio.h>

static int local_shlib_duplicate_function (int x)
{
    printf("shlibSecond: %s\n", __FUNCTION__);
    return 0;
}

int shlibsecond_function(int x)
{
    printf("shlibSecond: %s\n", __FUNCTION__);
    local_shlib_duplicate_function(x);
    return (x+1);
}

int shlib_duplicate_function(int x)
{
    printf("shlibSecond: %s\n", __FUNCTION__);
    local_shlib_duplicate_function(x);
    return (x+2);
}
```

file: build.sh
```
gcc -Wall -g -O0 -fPIC -c shlib.c
gcc -shared shlib.o -Wl,-soname,libsecond.so.1 -o libsecond.so.1.0.0
ldconfig -n .
ln -s libsecond.so.1 libsecond.so
```

客户应用程序:

file: main.c
```
#include <stdio.h>
#include "shlibfirstexports.h"
#include "shlibsecondexports.h"

int main(int argc, char* argv[])
{
    int nRetValue = 0;
```

```
            nRetValue += shlibfirst_function(1);
            nRetValue += shlibsecond_function(2);
            nRetValue += shlib_duplicate_function(3);
            return nRetValue;
}
```

file: build.sh

```
gcc -Wall -g -O0 -I../libFirst -I../libSecond -c main.c
gcc main.o -Wl,-L../libFirst -Wl,-lfirst   \
            -Wl,-L../libSecond -Wl,-lsecond \
            -Wl,-R../libFirst               \
            -Wl,-R../libSecond              \
            -o clientApp
```

即使两个共享库中含有重复符号，甚至其中一个重复符号（shlib_duplicate_function）不是局部函数，也可以成功完成客户应用程序构建。

运行客户应用程序，输出的内容有些出乎意料：

shlibFirst: shlibfirst_function
shlibFirst: local_shlib_duplicate_function
shlibSecond: shlibsecond_function
shlibSecond: local_shlib_duplicate_function
shlibFirst: shlib_duplicate_function
shlibFirst: local_shlib_duplicate_function

显然，链接器使用了一些方法来解析重复符号。其解决方案是挑选一个出现的符号（这里是 shlibfirst.so 中的符号）并将所有对 shlib_duplicate_function 的引用直接指向那个特定符号。

链接器的做法显然有些欠妥。在实际情况下，不同动态库中的同名函数可能用来完成完全不同的功能，比如，动态库 libcryptography.so、libnetworkaccess.so 和 libaudioport.so 中都有 Initialize() 方法，而链接器会让所有的 Initialize() 函数调用都指向其中一个库，结果就只初始化了三个动态库中的一个（不初始化其他两个库文件）。

显然，我们需要谨慎地避免这种情况的发生。为了能够正确处理这些重复的符号，我们需要先深入理解链接器处理重复符号的机制。

我们会在随后的讨论中列出链接器处理动态库重复符号的内部算法实现细节。

9.3.1　处理重复符号问题的一般策略

通常来说，最好的解析重复符号的方法就是强化符号与其特定模块的从属关系，通常采用这种方法就可以消除绝大多数的符号重复问题。

特别是，使用命名空间就是一种最好的解决方法，因为无论将代码生成为什么形式提供给软件社区（静态库和动态库），在很多情况下，都已经证明命名空间可以很好地解决重复符号的问题。该特性仅在 C++ 语言领域中适用，而且需要借助 C++ 编译器才能实现。

另一种方法是，如果必须使用严格的 C 编译器，在函数名前加上一个可以唯一识别的前缀也可以解决问题，只不过这种方式不够强大、灵活，而且可替代性较差。

重复符号和动态链接模式

在继续深入探讨链接器处理重复符号新方法的细节以前，我们需要先来了解一下基本概念。

在运行时动态加载动态库［通过 dlopen() 或 LoadLibrary() 调用］实际上并不会出现重复符号的问题。获取到的动态库符号通常会赋值给［通过 dlsym() 或者 GetProcAddress() 调用］一个变量，给该变量命名时通常会选择与客户二进制文件中存在的符号不重复的名称。

与之相反，正常情况下我们会对动态库进行静态链接，这时会出现符号重复的问题。

之所以决定链接一个动态库，其实是因为我们需要使用动态库的 ABI 符号或其子集。但是，动态库可能常常携带大量无关符号，而且这些符号对客户二进制项目来说无足轻重，且如果没有意识到这些符号的存在，可能导致链接器无意中选择了来自不同动态库中的同名函数或者数据。

为了减少重复符号的出现，动态库开发者只能采取一些预防措施。我们可以减少对外可见的动态库符号，并只导出必要的符号集合，这可以显著降低符号名称冲突的可能性。这种设计实践是非常值得推荐的，但并不能从根本上解决问题。你导出的动态库符号再少，其他开发者依然有可能选择最简单朴素的符号名称，最终结果是其他二进制文件中仍然会出现重复符号的问题。

最后，需要着重指出的是，处理链接器符号重复问题与特定平台以及特定链接器关系不大。Windows 链接器（Visual Studio 2010 当然可以）在动态链接过程中处理重复符号的方法也基本相同。

9.3.2　链接器解析动态库重复符号的模糊算法准则

在搜索可以代表重复符号名的最佳候选符号时，链接器会根据以下情况来做出决定：

- 重复符号位置：链接器为出现在进程内存映射中不同部分的符号赋予不同的重要等级。接下来会对这一点进行更详细的阐述。
- 链接时指定的动态库链接顺序：如果同等优先级的代码中存在两个或多个重复符号，相比于后出现在动态库链接列表中的动态库，更早传递给链接器的动态库中的符号将有更高的优先级。

位置、位置、位置：代码优先级划分规则

构建客户二进制文件时遇到的链接器符号多种多样，这些符号可能出现在各种各样的位置。链接器解决符号之间的名称冲突时，首先会根据以下符号优先级策略来比较符号。

第 1 优先级符号：客户二进制文件符号

二进制文件构建过程的初始输入是目标文件集合，这些目标文件可能是项目自身的，也可能以静态库的形式提供。在 Linux 中，常常会将这些目标文件中的节安排到进程内存映射的低地址部分。

第 2 优先级符号：动态库可见符号

动态库导出符号（存储在动态库的动态节中）是链接器优先级策略的下一个优先级。

第 3 优先级符号（不参与链接）

处理重复符号时通常不考虑静态符号，无论符号属于客户二进制文件还是属于静态链接的动态库。

动态库中被除去的符号也属于这一类。这些符号显然不会参与客户二进制文件的链接阶段。图 9-1 展示了符号优先级划分方法。

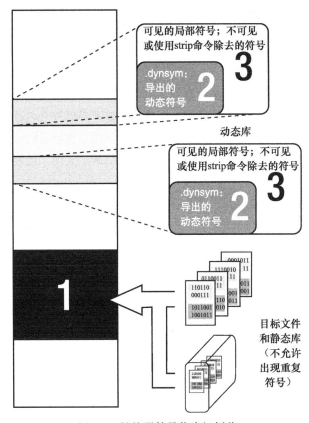

图 9-1　链接器符号优先级划分

9.4　特定重复名称案例分析

接下来的几节涵盖了几个案例。

9.4.1　案例 1：客户二进制文件符号与动态库 ABI 函数冲突

基本可以将该情况描述为优先级区域 1 与优先级区域 2 的符号发生冲突（见图 9-2）。

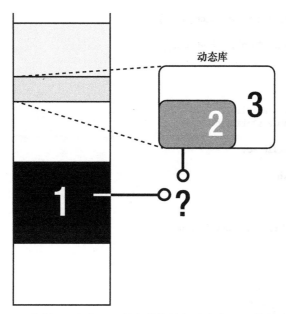

图 9-2　案例 1：客户二进制文件符号与动态库 ABI 符号冲突

　　根据一条一般化的规则，属于高优先级代码区域的符号总是优于低优先级区域的符号。换言之，当决定重名符号引用目标时，链接器会选择客户二进制文件符号。

　　我们创建了下面这个项目用于展示这种特定情景。该项目由一个静态库。一个动态库和将前两者链接到一起的客户应用程序（对动态库进行静态链接）组成。库中存在重名符号：

Static Library libstaticlib.a:

file: staticlibexports.h
```
#pragma once

int staticlib_first_function(int x);
int staticlib_second_function(int x);

int shared_static_duplicate_function(int x);
```

file: staticlib.c
```
#include <stdio.h>
#include "staticlibexports.h"

int staticlib_first_function(int x)
{
    printf("%s\n", __FUNCTION__);
    return (x+1);
}
int staticlib_second_function(int x)
{
    printf("%s\n", __FUNCTION__);
    return (x+2);
}
```

```
int shared_static_duplicate_function(int x)
{
    printf("staticlib: %s\n", __FUNCTION__);
    return 0;
}
```

file: build.sh
```
gcc -Wall -g -O0 -c staticlib.c
ar -rcs libstaticlib.a staticlib.o
```

Shared Library libshlib.so:

file: shlibexports.h
```
#pragma once

int shlib_function(void);
int shared_static_duplicate_function(int x);
```

file: shlib.c
```
#include <stdio.h>
#include "staticlibexports.h"

int shlib_function(void)
{
        printf("sharedLib: %s\n", __FUNCTION__);
    return 0;
}

int shared_static_duplicate_function(int x)
{
    printf("sharedLib: %s\n", __FUNCTION__);
    return 0;
}
```

file: build.sh
```
gcc -Wall -g -O0 -I../staticLib -c shlib.c
gcc -shared shlib.o -Wl,-soname,libshlib.so.1 -o libshlib.so.1.0.0
ldconfig -n .
ln -s libshlib.so.1 libshlib.so
```

客户应用程序：

file: main.c
```
#include <stdio.h>
#include "staticlibexports.h"
#include "shlibexports.h"
int main(int argc, char* argv[])
{
    int nRetValue = 0;
    nRetValue += staticlib_first_function(1);
    nRetValue += staticlib_second_function(2);

    shlib_function();
    shared_static_duplicate_function(1);
    printf("nRetValue = %d\n", nRetValue);
    return nRetValue;
}
```

```
file: build.sh
gcc -Wall -g -O0 -I../staticLib -I../sharedLib -c main.c
gcc main.o -Wl,-L../staticLib -lstaticlib \
           -Wl,-L../sharedLib -lshlib      \
           -Wl,-R../sharedLib              \
           -o clientApp
```

客户应用程序构建成功，并产生以下输出：

```
staticlib_first_function
staticlib_second_function
sharedLib: shlib_function
staticlib: shared_static_duplicate_function
nRetValue = 6
```

显而易见的是，链接器选择了属于高优先级代码区域的静态库符号。现在，我们改变构建顺序，如下所示：

```
file: buildDifferentLinkingOrder.sh
gcc -Wall -g -O0 -I../staticLib -I../sharedLib -c main.c
gcc main.o -Wl,-L../sharedLib -lshlib      \
           -Wl,-L../staticLib -lstaticlib  \
           -Wl,-R../sharedLib              \
           -o clientAppDifferentLinkingOrder
```

请注意，这种改动并不会改变最后的输出结果：

```
$ ./clientAppDifferentLinkingOrder
staticlib_first_function
staticlib_second_function
sharedLib: shlib_function
staticlib: shared_static_duplicate_function
nRetValue = 6
```

Windows 的特定处理方式

这种情况下（也就是当静态库符号与动态库 ABI 符号重名时），Visual Studio 链接器规则的实现会稍有出入。

当静态库作为库列表的第一项出现时，链接器会默默忽略 DLL 的符号，这与我们的期望完全一致。

但是，如果将 DLL 指定为库列表的第一项时，所发生的事情可能就不是我们所期望的了（即静态库符号优先）。相反，链接器会报告链接错误信息，如下所示：

```
StaticLib (staticlib.obj): error LNK2005: function_xyz already defined \
   in SharedLib.lib (SharedLib.dll)
ClientApp.exe: fatal error LNK1169: one or more multiply defined symbols found
BUILD FAILED.
```

9.4.2　案例 2：不同动态库的 ABI 符号冲突

基本可以将该情况描述为同属于优先级区域 2 中的符号互相发生冲突（见图 9-3）。

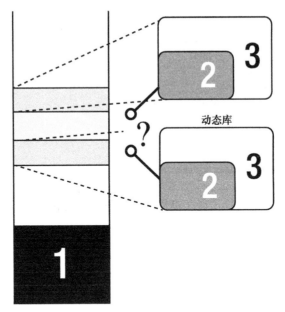

图 9-3　案例 2：不同动态库的 ABI 符号冲突

在这种情况下，没有任何符号具有优先级区域优势，此时的决定性因素是链接顺序。为了展示这种情景，我们创建了以下项目。该项目由两个共享库组成，动态库有重复的 ABI 符号，而且客户应用程序会对两个动态库进行静态链接。为了提供一些更重要的细节，其中一个共享库的 ABI 函数会在内部调用重名的 ABI 函数。

Shared Library libfirst.so:

file: shlibfirstexports.h
```
#pragma once

int shlib_function(void); // duplicate ABI function
int shlibfirst_function(void);
```

file: shlib.c
```
#include <stdio.h>

int shlib_function(void)
{
        printf("shlibFirst: %s\n", __FUNCTION__);
    return 0;
}

int shlibfirst_function(void)
{
        printf("%s\n", __FUNCTION__);
        return 0;
}
```

file: build.sh

```
gcc -Wall -g -O0 -c shlib.c
gcc -shared shlib.o -Wl,-soname,libfirst.so.1 -o libfirst.so.1.0.0
ldconfig -n .
ln -s libfirst.so.1 libfirst.so
```

Shared Library libsecond.so:

file: shlibsecondexports.h
```
#pragma once

int shlib_function(void);
int shlibsecond_function(void);
int shlibsecond_another_function(void);
```

file: shlib.c
```
#include <stdio.h>

int shlib_function(void)
{
    printf("shlibSecond: %s\n", __FUNCTION__);
    return 0;
}
int shlibsecond_function(void)
{
    printf("%s\n", __FUNCTION__);
    return 0;
}

int shlibsecond_another_function(void)
{
    printf("%s\n", __FUNCTION__);
    shlib_function(); // internal call to the duplicate ABI function
    return 0;
}
```

file: build.sh
```
gcc -Wall -g -O0 -fPIC -c shlib.c
gcc -shared shlib.o -Wl,-soname,libsecond.so.1 -o libsecond.so.1.0.0
ldconfig -n .
ln -s libsecond.so.1 libsecond.so
```

客户应用程序:

file: main.c
```
#include <stdio.h>
#include "shlibfirstexports.h"
#include "shlibsecondexports.h"

int main(int argc, char* argv[])
{
    shlib_function();    // duplicate ABI function
    shlibfirst_function();
    shlibsecond_function();
    shlibsecond_another_function(); // this one internally calls shlib_function()
    return 0;
}
```

file: build.sh

```
gcc -Wall -g -O0 -I../libFirst -I../libSecond -c main.c
gcc main.o -Wl,-L../libFirst -Wl,-lfirst   \
           -Wl,-L../libSecond -Wl,-lsecond \
           -Wl,-R../libFirst               \
           -Wl,-R../libSecond              \
           -o clientApp
```

虽然两个共享库有重复符号，甚至其中一个重复符号（shlib_duplicate_function）不是局部函数，也能够成功完成客户二进制程序构建。

执行客户应用程序将会得到以下输出：

```
$ ./clientApp
shlibFirst: shlib_function
shlibfirst_function
shlibsecond_function
shlibsecond_another_function
shlibFirst: shlib_function
```

显而易见的是，链接器挑选了 shlibFirst 中的符号作为重复符号的唯一代表。此外，即使 shlibsecond_another_function() 在内部调用重名函数 shlib_function()，也不会影响链接阶段的最终结果。

作为 ABI 符号（.dynsym 节的一部分），无论该函数和其他 ABI 函数是否存放在同一个源代码文件中，链接器都会使用同样的方式解析重复的函数符号。

1. 不同函数调用顺序的影响

作为研究的一部分，我们还测试了调换函数调用顺序的影响（见代码清单 9-1）。

代码清单 9-1　main_differentOrderOfCalls.c

```
#include <stdio.h>
#include "shlibfirstexports.h"
#include "shlibsecondexports.h"

int main(int argc, char* argv[])
{
    // 改变调用顺序，先调用 shlibsecond 方法，
    // 然后是 shlibfirst 方法
    shlibsecond_function();
    shlibsecond_another_function();
    shlib_function();    // 重名 ABI 函数
    shlibfirst_function();
    return 0;
}
```

这种特殊改动无论如何都不会影响最终结果。显而易见的是，链接阶段重复符号解析的关键过程发生在链接的早期阶段（即链接器的链接阶段，而非装载器阶段）。

2. 不同链接顺序的影响

但是，使用不同的链接顺序构建应用程序会产生不同的结果。

file: buildDifferentLinkingOrder.sh

```
gcc -Wall -g -OO -I../shlibFirst -I../shlibSecond -c main.c
gcc main.o -Wl,-L../shlibSecond -lsecond \
        -Wl,-L../shlibFirst  -lfirst   \
        -Wl,-R../shlibFirst             \
        -Wl,-R../shlibSecond            \
        -o clientAppDifferentLinkingOrder

$ ./clientAppDifferentLinkingOrder
shlibSecond: shlib_function
shlibfirst_function
shlibsecond_function
shlibsecond_another_function
shlibSecond: shlib_function
```

显而易见的是，指定相反的链接顺序会影响链接器决策。现在，链接器选择 shlibSecond 版本的 shlib_function 函数作为重复符号的代表。

9.4.3　案例 3：动态库 ABI 符号和另一个动态库局部符号冲突

基本可以将该情况描述为优先级区域 2 与优先级区域 3 的符号发生冲突（见图 9-4）。

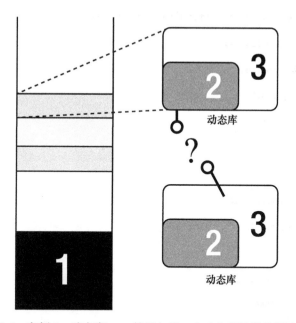

图 9-4　案例 3：动态库 ABI 符号与另一个动态库局部符号冲突

根据一条一般化的原则，就像案例 1 中那样，高优先级代码区域的符号总是优于低优先级区域的符号。换言之，当决定重名符号的引用目标时，链接器会选择动态库 ABI 符号。

为了展示这种特定情况，我们创建了下面这个示例项目。该项目由两个共享库（有重复的符号）组成，客户应用程序会对这两个共享库进行静态链接：

Shared Library libfirst.so:

file: shlibfirstexports.h
```
#pragma once

int shlib_function(void);
int shlibfirst_function(void);
```

file: shlib.c
```c
#include <stdio.h>
int shlib_function(void)
{
    printf("shlibFirst: %s\n", __FUNCTION__);
    return 0;
}

int shlibfirst_function(void)
{
    printf("%s\n", __FUNCTION__);
    return 0;
}
```

file: build.sh
```
gcc -Wall -g -O0 -c shlib.c
gcc -shared shlib.o -Wl,-soname,libfirst.so.1 -o libfirst.so.1.0.0
ldconfig -n .
ln -s libfirst.so.1 libfirst.so
```

Shared Library libsecond.so:

file: shlibsecondexports.h
```
#pragma once

int shlibsecond_function(void);
```

file: shlib.c
```c
#include <stdio.h>

static int shlib_function(void)
{
    printf("shlibSecond: %s\n", __FUNCTION__);
    return 0;
}

int shlibsecond_function(void)
{
    printf("%s\n", __FUNCTION__);
    shlib_function();
    return 0;
}
```

file: build.sh
```
gcc -Wall -g -O0 -c shlib.c
gcc -shared shlib.o -Wl,-soname,libsecond.so.1 -o libsecond.so.1.0.0
ldconfig -n .
ln -s libsecond.so.1 libsecond.so
```

客户应用程序：

file: main.c
```
#include <stdio.h>
#include "shlibfirstexports.h"
#include "shlibsecondexports.h"

int main(int argc, char* argv[])
{
    shlibfirst_function();
    shlibsecond_function();
    return 0;
}
```

file: build.sh
```
gcc -Wall -g -OO -I../shlibFirst -I../shlibSecond -c main.c
gcc main.o -Wl,-L../shlibFirst -lfirst    \
         -Wl,-L../shlibSecond -lsecond \
         -Wl,-R../shlibFirst           \
         -Wl,-R../shlibSecond          \
         -o clientApp
```

我们可以成功构建客户应用程序。执行客户应用程序，会得到以下输出：

```
$ ./clientApp
shlibFirst: shlib_function
shlibsecond_function
shlibSecond: shlib_function
```

现在出现的情况值得我们进行分析。

首先，当客户二进制文件调用重名函数 shlib_function 时，链接器应该使用 shlibFirst 库的函数来表示该符号，这是毋庸置疑的，因为该符号在高优先级代码区域中。客户应用程序第一行证明了这个事实。

但是，早在链接器处理重复符号前，在动态库自身构建过程中，已经完成了 shlibsecond_function() 函数对局部函数 shlib_function() 的内部调用的解析，原因很简单，因为这两个符号互为局部符号。这就是为什么一个 shlibSecond 对另一个 shlibSecond 函数的内部调用不会受到客户二进制文件构建过程的影响。

不出所料，当链接器根据代码区域优先级解析重复符号时，改变链接顺序并不会影响最终结果。

9.4.4　案例 4：两个未导出的动态库符号冲突

基本可以将该情况描述为同样属于优先级区域 3 中的符号互相发生冲突（见图 9-5）。

属于代码区域 3 的符号对客户二进制文件是不可见的。这些符号有可能声明为局部作用域（对于链接器而言完全不感兴趣），也可能被去除了（对链接器不可见）。

即使符号名称可能重复，这些符号最终也不会出现在链接器符号列表中，也不会引发任何冲突。这些符号属于哪个动态库，其影响就会被严格限制在哪个动态库的作用域中。

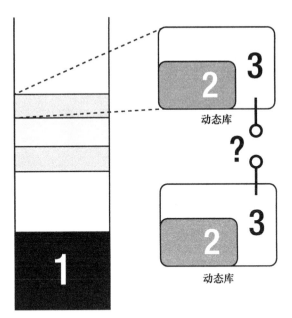

图 9-5　案例 4：两个动态库的非导出符号冲突

　　为了展示这个特殊情景，我们创建了以下示例项目。该项目由一个静态库和一个共享库组成，客户应用程序将两者链接到一起。动态库采用静态链接。

　　每个二进制文件都有局部函数，函数名与其他模块的局部函数名称重复。此外，客户应用程序与共享库有同名的局部函数，共享库中的同名函数已经被去除了。

Static Library libstaticlib.a:

file: staticlibexports.h
```
#pragma once

int staticlib_function(int x);
```

file: staticlib.c
```
#include <stdio.h>
#include "staticlibexports.h"
static int local_function(int x)
{
    printf("staticLib: %s\n", __FUNCTION__);
    return 0;
}

int staticlib_function(int x)
{
    printf("%s\n", __FUNCTION__);
    local_function(x);
    return (x+1);
}
```

file: build.sh
```
gcc -Wall -g -O0 -c staticlib.c
ar -rcs libstaticlib.a staticlib.o
```

Shared Library libshlib.so:
file: shlibexports.h
```
#pragma once

int shlib_function(void);
```

file: shlib.c
```
#include <stdio.h>
#include "staticlibexports.h"

static int local_function(int x)
{
    printf("sharedLib: %s\n", __FUNCTION__);
    return 0;
}

static int local_function_strippedoff(int x)
{
    printf("sharedLib: %s\n", __FUNCTION__);
    return 0;
}

int shlib_function(void)
{
    printf("sharedLib: %s\n", __FUNCTION__);
    local_function(1);
    local_function_strippedoff(1);
    return 0;
}
```

file: build.sh
```
gcc -Wall -g -O0 -I../staticLib -c shlib.c
gcc -shared shlib.o -Wl,-soname,libshlib.so.1 -o libshlib.so.1.0.0
strip -N local_function_strippedoff libshlib.so.1.0.0
ldconfig -n .
ln -s libshlib.so.1 libshlib.so
```

客户应用程序：

file: main.c
```
#include <stdio.h>
#include "staticlibexports.h"
#include "shlibexports.h"

static int local_function(int x)
{
    printf("clientApp: %s\n", __FUNCTION__);
    return 0;
}

static int local_function_strippedoff(int x)
{
    printf("clientApp: %s\n", __FUNCTION__);
    return 0;
```

```
}

int main(int argc, char* argv[])
{
    shlib_function();
    staticlib_function(1);
    local_function(1);
    local_function_strippedoff(1);
    return 0;
}
```

file: build.sh
```
gcc -Wall -g -O0 -I../staticLib -I../sharedLib -c main.c
gcc main.o -Wl,-L../staticLib -lstaticlib \
           -Wl,-L../sharedLib -lshlib      \
           -Wl,-R../sharedLib              \
           -o clientApp
```

不出所料，客户应用程序可以成功构建，并产生以下输出：

```
sharedLib: shlib_function
sharedLib: local_function
sharedLib: local_function_strippedoff
staticlib_function
staticLib: local_function
clientApp: local_function
clientApp: local_function_strippedoff
```

显而易见的是，链接器不会察觉到任何符号重复问题。所有的局部符号和已去除符号都已经在其特定模块中完成解析，而且不会和其他模块中同名的局部或已去除符号发生任何冲突。

1. 值得分析的情况：静态库中的单例

既然你已经知道了链接器如何处理动态库局部符号与已去除符号这类不参与链接的符号，那么应该更容易理解第 6 章中所描述的"单例类的多个示例"问题（静态库使用禁忌之一）了。

想象一下现实世界中的情景：如果你需要设计一个独立于多个进程的日志工具类。该类应该只有一个实例并且应该对所有不同的功能模块保持可见。

实现该工具类的方法一般基于单例设计模式。现在让我们假设单例类在一个专用的静态库中。

一些负责各自功能模块的动态库为了获得日志工具而链接这个日志静态库。单例类符号只是动态库内部功能的一部分（即不是动态库 ABI 接口的一部分），不会被导出。单例类符号属于不参与最终链接的代码区域。

当进程启动且加载了所有动态库时，最后面临的状况是，多个动态库在同一个进程中共同存在，且每个动态库都有一个私有单例类。最后出乎意料的是，由于动态库局部符号不会参与最终链接，你会有多个（很好地共存）单例日志工具类实例。

唯一的问题是你想要一个单独的、唯一的单例工具类实例，而不是多个！

为了说明这种特殊情况，我们将使用下列组件来创建下一个示例项目：

- 一个拥有单例类的静态库。
- 两个共享库，每个库都会链接静态库。每个共享库仅导出一个符号：一个内部调用单例对象方法的函数。不导出被链接的静态库的单例类符号。
- 一个客户应用程序为了使用自己的单例类而链接了静态库，同时也静态链接了两个共享库。

客户应用程序和两个共享库调用其自身的单例类。就像你随后见到的，应用程序将会有 3 个不同的单例类实例。

Static Library libsingleton.a:

file: singleton.h
```
#pragma once

class Singleton
{
public:
    static Singleton& GetInstance(void);

public:
    ~Singleton(){};
    int DoSomething(void);

private:
    Singleton(){};
    Singleton(Singleton const &);       // purposefully not implemented
    void operator=(Singleton const&);   // purposefully not implemented

private:
    static Singleton* m_pInstance;
};
```

file: singleton.cpp
```
#include <iostream>
#include "singleton.h"
using namespace std;

Singleton* Singleton::m_pInstance = NULL;

Singleton& Singleton::GetInstance(void)
{
    if(NULL == m_pInstance)
        m_pInstance = new Singleton();
    return *m_pInstance;
}

int Singleton::DoSomething(void)
{
    cout << "singleton instance address = " << this << endl;
    return 0;
}
```

file: build.sh
```
# for 64-bit OS must also pass -mcmodel=large compiler flag
g++ -Wall -g -O0 -c singleton.cpp
```

```
ar -rcs libsingleton.a singleton.o
```

Shared Library libfirst.so:

file: shlibfirstexports.h
```
#pragma once

#ifdef __cplusplus
extern "C"
{
#endif // __cplusplus

int shlibfirst_function(void);

#ifdef __cplusplus
}
#endif // __cplusplus
```

file: shlib.c
```
#include <iostream>
#include "singleton.h"
using namespace std;

#ifdef __cplusplus
extern "C"
{
#endif // __cplusplus
int shlibfirst_function(void)
{
    cout << __FUNCTION__ << ":" << endl;
    Singleton& singleton = Singleton::GetInstance();
    singleton.DoSomething();
    return 0;
}

#ifdef __cplusplus
}
#endif // __cplusplus
```

file: build.sh
```
rm -rf *.o lib*
g++ -Wall -g -O0 -fPIC -I../staticLib -c shlib.cpp
g++ -shared shlib.o -L../staticLib -lsingleton     \
    -Wl,--version-script=versionScript             \
    -Wl,-soname,libfirst.so.1 -o libfirst.so.1.0.0
ldconfig -n .
ln -s libfirst.so.1 libfirst.so
```

file: versionScript
```
{
    global:
        shlibfirst_function;
    local:
        *;
};
```
Shared Library libsecond.so:

file: shlibfirstexports.h
```
#pragma once

#ifdef __cplusplus
extern "C"
{
#endif // __cplusplus

int shlibsecond_function(void);

#ifdef __cplusplus
}
#endif // __cplusplus
```

file: shlib.c
```
#include <iostream>
#include "singleton.h"
using namespace std;
#ifdef __cplusplus
extern "C"
{
#endif // __cplusplus

int shlibsecond_function(void)
{
    cout << __FUNCTION__ << ":" << endl;
    Singleton& singleton = Singleton::GetInstance();
    singleton.DoSomething();
    return 0;
}

#ifdef __cplusplus
}
#endif // __cplusplus
```

file: build.sh
```
rm -rf *.o lib*
g++ -Wall -g -O0 -fPIC -I../shlibFirst -I../staticLib -c shlib.cpp
g++ -shared shlib.o -L../staticLib -lsingleton        \
    -Wl,--version-script=versionScript               \
    -Wl,-soname,libsecond.so.1 -o libsecond.so.1.0.0
ldconfig -n .
ln -s libsecond.so.1 libsecond.so
```

file: versionScript
```
{
    global:
        shlibsecond_function;
    local:
        *;
};
```

客户应用程序:

file: main.c
```
#include <iostream>
#include "shlibfirstexports.h"
```

```
#include "shlibsecondexports.h"
#include "singleton.h"

using namespace std;

int main(int argc, char* argv[])
{
    shlibfirst_function();
    shlibsecond_function();
    cout << "Accesing singleton directly from the client app" << endl;
    Singleton& singleton = Singleton::GetInstance();
    singleton.DoSomething();
    return 0;
}
```

file: build.sh
```
g++ -Wall -g -OO -I../staticLib -I../shlibFirst -I../shlibSecond -c main.cpp
g++ main.o -L../staticLib -lsingleton \
           -L../shlibFirst -lfirst     \
           -L../shlibSecond -lsecond   \
           -Wl,-R../shlibFirst         \
           -Wl,-R../shlibSecond        \
           -o clientApp
```

客户应用程序会产生以下输出：

```
shlibfirst_function:
singleton instance address = 0x9a01008
shlibsecond_function:
singleton instance address = 0x9a01018
Accesing singleton directly from the client app
singleton instance address = 0x9a01028
```

提
示　　细心的读者会发现，即使我们使用运行时动态加载（dlopen），也不会改变单例类实例
重复的情况。

最后，为了提供一个线程安全的单例对象，我们尝试使用函数返回静态变量而不是直接
使用类静态变量。

```
Singleton& Singleton::GetInstance(void)
{
    Static Singleton uniqueInstance;
    return uniqueInstance;
}
```

该方法不能彻底解决问题，两个共享库会输出同样的单例类实例地址，但是客户应用程
序会输出完全不同的单例类实例地址。

2. 解决方案

读者也不必过于悲观，还是有几种方法可以解决这个问题的。

一种可行方案是稍稍放松符号导出限制，允许动态库额外导出单例类符号。当单例类实

例符号被导出后，单例符号将不再属于最低优先级的符号。相反，这些符号将会变成 ABI 符号。根据复杂的规则，链接器将挑选出一个符号，并将所有引用都直接指向该特定的单例类符号。

解决该问题的最终方案是将单例类放在一个动态库中。这样可以避免绝大多数不希望发生的情况。这不违反任何 ABI 设计原则，设计新模块时也不会面临荒唐的额外设计需求。

9.5　小提示：链接并不提供任何类型的命名空间继承

处理重复符号时常常由于极度依赖于链接器内部机理而发生一些令人不快的意外，想要完全避免这种意外，命名空间显然是最强大的工具。

无论一个共享库是链接另一个共享库，还是链接另一个链接了静态库的共享库，为了保护链接链中某个库中携带的符号的唯一性，需要将特定库的代码明确封装到其私有的命名空间中。

不过，如果希望最顶层库的命名空间可以保护库中符号的一致性，以免与其他动态库中的符号产生冲突，那就大错特错了。如果一个库链接了另一个库，被链接的库是不会继承其命名空间的。

唯一可靠且确实有效的方法是：每一个库，包括静态库和动态库，应该有其自己专用的命名空间。

第 10 章

动态库的版本控制

大多数时候，代码的开发工作是在过程中逐步完善的。由于动态库要提供更多新的功能，同时也要完善现有的代码功能，因此我们不可避免地需要对代码进行改动。不仅如此，较大规模的设计调整也会破坏软件模块之间的兼容性。一般来说，向后兼容的功能都需要经过精心的设计才能实现。其中，动态库的版本控制则是实现向后兼容性的重要一环。

由于动态库通常会为多个客户二进制程序提供功能，这要求我们采用一套严格的规则来确保跟踪库文件版本的准确性、规定版本信息表示方式的规范。如果没有对不同版本动态库所提供的差异性功能进行正确的处理，那么不仅会影响某个应用程序本身，还会影响操作系统中的其他功能（文件系统、网络和窗口系统等）。

10.1　主次版本号与向后兼容性

并不是所有代码改动都会对模块的功能产生影响。有些改动只是对原有代码进行一些细微的改进或错误修正，而其他一些改动则会修改原有的功能实现。在复杂的版本控制策略中，根据代码改动的重要性来确定主次版本号变更，实现向后兼容性。我们会在后续章节对此问题进行详细的讨论。

10.1.1　主版本号变更

一般来说，如果动态库的代码变更对已有功能进行了修改，那么就需要增改主版本号。有好几种情况都属于对已有功能进行修改的范畴，这包括：

- 对已提供的功能进行修改：比如删除某个之前已经支持的功能特性，或者对原有功能进行彻底的修改等。

- ABI 变更导致的无法链接动态库：比如删除功能与整个接口、修改对外提供的函数符号，或者修改类的数据结构等。
- 彻底重新设计整个程序或修改程序依赖项（比如转而使用完全不同类型的数据库、依赖不同的加密方式或不同硬件等）。

10.1.2 次版本号变更

如果在动态库代码的修改过程中，没有引入新功能也没有修改原有逻辑，那么通常会增改次版本号。若代码修改后只修改了次版本号，客户二进制程序则不需要再重新编译和链接，在运行过程中功能也完全相同。新增的功能通常不会影响到原有功能，而是在原有基础上进行改进。

ABI 的变更也属于次版本号修改的范畴，在这种情况下通常是指在原来基础上增添了新的函数、常量、结构和类。也就是说，这种变更并不会影响到原有接口的定义和使用。最为重要的是，若要使用增改次版本号的新动态库，依赖老版本的客户二进制程序不需要重新构建。

10.1.3 修订版本号

主要的代码变更都在内部，不修改 ABI 和原有功能，这时通常会增改修订版本号。

10.2 Linux 动态库版本控制方案

由于有一些有关动态库版本控制的问题，我们将在这一小节针对 Linux 平台上的动态库版本控制的实现方法进行详细的阐述，并对动态库版本控制中存在的一些复杂性进行讲解。目前在 Linux 平台上使用两种不同的版本控制方案：基于库文件 soname 的版本控制方案和基于符号的版本控制方案。

10.2.1 基于 soname 的版本控制方案

1. Linux 库文件名描述版本信息

我们曾在第 7 章中提到，Linux 动态库的文件名末尾表示的是库文件的版本控制信息：

```
library filename = lib + <library name> + .so + <library version information>
```

库的版本信息通常使用以下格式：

```
dynamic library version information = <M>.<m>.<p>
```

其中，M 用一位或多位数字表示库文件的主版本号，m 用一位或多位数字表示库文件的次版本号，而 p 用一位或多位数字来代表库文件的修订（即非常小的改动）版本号。

2. 常用动态库升级方法

在实际环境中，动态库的小版本改动和升级十分频繁。只要产品提供商对发布的新代码进行了严格的测试，那么通常来说这种小版本号的升级不会造成任何问题。

多数情况下，安装新的动态库小版本升级十分简单，就像复制新文件那么容易。

但是，只要新的小版本升级对现有功能进行了修改，就有可能产生问题。为了能够在发生问题的时候顺利恢复之前版本的动态库，可以通过简单的文件复制解决这个问题，但这显然不够优雅，我们需要寻找一个更为合适的方法。

准备：软链接的复杂性

根据定义，软链接是文件系统中的一种元素，存储了包含另一个文件路径的字符串。实际上，我们可以说软链接是指向一个已存在的文件。在大多数情况下，操作系统会将软链接当作其指向的文件进行处理。访问软链接，并将访问重定向到其指向的文件，不会产生多少性能方面的损失。

软链接的创建非常简单：

```
$ ln -s <file path> <softlink path>
```

软链接还可以重定向并指向其他文件：

```
$ ln -s -f <another file> <existing softlink>
```

最后，我们可以在不需要这个软链接的时候将其删除：

```
$ rm -rf <softlink path>
```

准备：库的 soname 和库的文件名

在第 7 章中，讨论有关 Linux 库文件命名规则的时候，我们曾经提到库的文件名应该按照以下格式进行命名：

```
library filename = lib + <library name> + .so + <library complete version information>
```

Linux 动态库的 soname 的定义如下：

```
library soname = lib + <library name> + .so + <(only the)library major version digit(s)>
```

显然，只要有了 soname，我们就基本可以定位某个特定的库文件名了，唯一的问题在于 soname 只有动态库的主版本号，并不包含完整的版本控制信息。你将会了解到，这种只包含主版本号的形式在动态库版本控制方案中起到了非常重要的作用。

升级动态库时使用软链接和 soname

软链接的复杂性能够很好地应对升级动态库时遇到的一些问题。下面列出了升级动态库的过程：

- 当软链接和实际的动态库放置在一个目录下时，将软链接指向实际的动态库文件。

- 软链接的文件名与其指向的动态库的 soname 相同。这样一来，软链接实际包含的库文件名会具有较为松散的版本控制信息 (也就是只包含主版本信息)。

- 一般来说，客户二进制文件从来不会 (也就是很少会) 链接文件名包含完整版本信息的动态库。相反，你会看到客户二进制文件的构建过程只会有目的性地和文件名包含库 soname 的文件进行链接。

- 采取这种方法的原因很简单：链接时，指定完整且精确的动态库版本控制信息将使得我们日后无法链接同一个库的新版本，从而引发太多不必要的限制。

图 10-1 描述了这个概念。

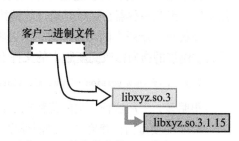

图 10-1 软链接的作用，其中软链接的
文件名符合库的 soname 定义

开发过程中使用软链接实现便捷功能

在构建客户二进制文件时，你需要根据 "-L-1" 规则来指定构建阶段所需的动态库的路径。即使你能够通过在 "-1" 后面追加冒号和文件名 (-l:< 文件名 >)，向链接器传递实际的动态库文件名（或软链接和 soname）进行链接操作：

```
$ gcc -shared <inputs> -l:libxyz.so.1 -o <clientBinary>
```

如果只将库名称传递给链接器，而不提供版本控制信息，这种方式虽然不够正规，但链接器依然可以处理这种情况。

比如：

```
$ gcc -shared <inputs> -lm -ldl -lpthread -lxml2 -lxyz -o <clientBinary>
```

这行命令指的是客户二进制文件需要链接的库的名称分别是 libm、libdl、libpthread、libxml2 和 libxyz。

因此，软链接不仅包含了库 soname，还包含了库的名称和 .so 文件扩展名，如图 10-2 所示。

我们可以通过多种方法来提供附加的软链接文件。最好的办法是使用软件包安装配置查询工具（pkg-config）来实现，另一种较为一般的方法是在构建动态库的 makefile 文件中添加有关内容。最后，你总能通过命令行或者经过简单配置的脚本来创建软链接。

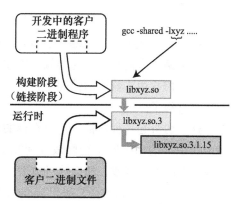

图 10-2 构建阶段和运行时使用软链接

3. 分析：基于 soname 的版本控制方案

基于 soname 的版本控制方案显然要同时依赖软链接和 soname 的版本控制的灵活性才能

够实现。下面的内容将讲解使用这两种机制的灵活性实现版本控制的方法。

软链接的作用

由于操作系统会将软链接看作其指向的文件来处理，而且软链接提供了非常有效的解引用机制，因此装载器在运行时通过软链接或实际库文件进行加载时，本质上没有任何区别。

当提供了新版本的动态库时，只需将新版本的动态库文件复制至之前版本的目录下，然后将软链接的指向修改到新版本的文件上即可。

```
$ ln -s -f <new version of dynamic library file> <existing soname>
```

很明显，采用这种方案的优势在于：

- 不需要重新构建客户二进制程序。
- 不需要删除或覆盖当前版本的动态库文件。新旧文件可以同时存放在相同目录下。
- 可以简单、优雅地实时配置客户二进制程序使用更新版本的动态库。
- 如果升级新版本动态库后出现问题，可以优雅地将客户二进制程序使用的动态库恢复到老版本。

基于 soname 的版本保护机制

我们在前面的章节曾提到过，并不是所有类型的动态库代码修改都会对客户二进制程序的功能产生影响。理论上次版本号的增改不应产生任何大的问题（比如动态链接、执行失败，或者改变了运行时的功能特性）。但如果是主版本号的增改，那么极有可能会产生问题。因此在升级主版本号的动态库时，我们要特别小心。

显然，soname 可以帮助我们实现类似于版本保护机制的功能。

- 通过在构建客户二进制程序过程中使用动态库标示，就可以限制使用特定主版本号的动态库。

  装载器的设计非常智能，它能够识别出 soname 规定的可以升级和不可以升级的主版本号。

- soname 能够主动忽略次版本号和修订版本号的细节，这样就可以在不考虑次版本修改的情况下直接进行升级了。

这一切听起来很不错，只要在你的环境中新版本的动态库不会修改任何功能，即只有次版本的修改，那么这种方案是十分安全的。图 10-3 展示了基于 soname 的版本保护机制。

如果新版本动态库新增了新功能并增改了主版本号，那么使用这种方案，就无法编译执行新版本的功能了。要解释清楚

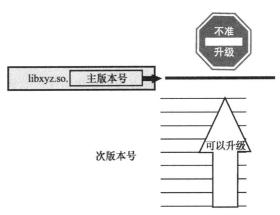

图 10-3 在链接不兼容主版本的共享库时，soname 会阻止这种修改，但不会阻止次版本号的升级

这种限制的影响，我们需要了解一些更为深入的实现细节。

4. soname 实现详解

就像所描述的那样，采用 soname 的方案看起来非常可靠，这离不开其中所使用的一些重要功能。更具体地说，soname 嵌入了二进制文件当中。ELF 格式预留了一块存储动态库 soname 信息的字段。在链接阶段，链接器会将这个特殊 soname 字符串写入 ELF 格式的指定区域中。

当链接器在动态库文件中标记 soname 信息后，就可以通过这个字段来确定库文件的主版本号了。但这还不足以实现我们所需的功能。无论客户二进制程序何时对动态库进行链接，链接器都会将动态库中的 soname 写入客户二进制文件中去，但这里的目的与之前不同——用于检查客户二进制程序所需的版本控制信息。

将 soname 嵌入动态库文件

在构建动态库时，你可以使用一条特定的链接器选项来指定库文件的 soname。

```
$ gcc -shared <list of linker inputs> -Wl,-soname,<soname> -o <library filename>
```

链接器会将指定的 soname 串嵌入二进制文件的 DT_SONAME 字段中，如图 10-4 所示。

```
milan@milan$ ls -alg
total 12
drwxrwxr-x 2 milan 4096 Dec 11 22:41 .
drwxr-xr-x 7 milan 4096 Dec 10 00:10 ..
-rw-rw-r-- 1 milan   43 Dec 11 22:40 test.c
-rw-rw-r-- 1 milan   41 Dec 11 23:01 test.h
milan@milan$ gcc -fPIC -c test.c -o test.o
milan@milan$ gcc -shared test.o -Wl,-soname,libtest.so.1 -o libtest.so.1.0.0
milan@milan$ ls -alg
total 24
drwxrwxr-x 2 milan 4096 Dec 11 22:42 .
drwxr-xr-x 7 milan 4096 Dec 10 00:10 ..
-rwxrwxr-x 1 milan 6864 Dec 11 22:42 libtest.so.1.0.0
-rw-rw-r-- 1 milan   43 Dec 11 22:40 test.c
-rw-rw-r-- 1 milan   41 Dec 11 23:01 test.h
-rw-rw-r-- 1 milan  864 Dec 11 22:41 test.o
milan@milan$ readelf -d libtest.so.1.0.0

Dynamic section at offset 0xf20 contains 21 entries:
  Tag        Type                         Name/Value
 0x00000001 (NEEDED)                     Shared library: [libc.so.6]
 0x0000000e (SONAME)                     Library soname: [libtest.so.1]
 0x0000000c (INIT)                       0x304
 0x0000000d (FINI)                       0x478
           o
           o
           o
           o
```

图 10-4　将 soname 嵌入二进制文件的 DT_SONAME 字段中

将 soname 写入客户二进制文件

当客户二进制文件链接（直接或通过软链接间接进行链接）动态库时，链接器首先获取动态库的 soname 信息，然后将其写入客户二进制文件的 DT_NEEDED 字段，如图 10-5 所示。

```
milan@milan$ ln -s libtest.so.1 libtest.so
milan@milan$ ls -alg
total 32
drwxrwxr-x 3 milan 4096 Dec 11 23:23 .
drwxr-xr-x 7 milan 4096 Dec 10 00:10 ..
drwxrwxr-x 2 milan 4096 Dec 11 23:21 clientBinary
lrwxrwxrwx 1 milan   12 Dec 11 23:23 libtest.so -> libtest.so.1
lrwxrwxrwx 1 milan   16 Dec 11 23:22 libtest.so.1 -> libtest.so.1.0.0
-rwxrwxr-x 1 milan 6662 Dec 11 22:42 libtest.so.1.0.0
-rw-rw-r-- 1 milan   43 Dec 11 22:40 test.c
-rw-rw-r-- 1 milan   41 Dec 11 23:01 test.h
-rw-rw-r-- 1 milan  864 Dec 11 22:41 test.o
milan@milan$ cd clientBinary/
milan@milan:clientBinary$ ls -alg
total 12
drwxrwxr-x 2 milan 4096 Dec 11 23:20 .
drwxrwxr-x 3 milan 4096 Dec 11 23:21 ..
-rw-rw-r-- 1 milan  110 Dec 11 23:17 main.c
milan@milan:clientBinary$ gcc -I../ -c main.c -o main.o
milan@milan:clientBinary$ gcc -shared -L../ -ltest main.o -o clientBinary
milan@milan:clientBinary$ ls -alg
total 24
drwxrwxr-x 2 milan 4096 Dec 11 23:21 .
drwxrwxr-x 3 milan 4096 Dec 11 23:21 ..
-rwxrwxr-x 1 milan 6683 Dec 11 23:21 clientBinary
-rw-rw-r-- 1 milan  110 Dec 11 23:17 main.c
-rw-rw-r-- 1 milan  952 Dec 11 23:21 main.o
milan@milan:clientBinary$ readelf -d clientBinary

Dynamic section at offset 0xf18 contains 22 entries:
  Tag        Type                         Name/Value
 0x00000001 (NEEDED)                     Shared library: [libtest.so.1]
 0x00000001 (NEEDED)                     Shared library: [libc.so.6]
 0x0000000c (INIT)                       0x320
 0x0000000d (FINI)                       0x498
           ○
           ○
           ○
           ○
```

图 10-5　将动态库中的 soname 写入客户二进制文件

通过这种方法，soname 中的版本控制信息就会同时存在于动态库和可执行二进制文件中，而所有相关组件（链接器、动态库文件、客户二进制文件和装载器）都可以使用同一版本控制规则。

不同于库的文件名，任何人（无论是初学者还是技艺精湛的黑客）都可以简单地对其进行修改，而修改 soname 的值就不那么简单了。这是因为我们不仅需要对二进制文件进行修改，还要对所有相关的 ELF 格式文件中存储的信息进行修改。

其他实用程序的支持（ldconfig）

为了能够在所有相关组件（即链接器、二进制文件和装载器）中修改 soname，像 ldconfig 实用程序这样的工具可以帮助我们实现相关功能。除了基本功能外，该工具还有一些非常好用的功能。

给 ldconfig 传递 -n< 文件路径 > 命令行参数后，就可以显示所有依赖的动态库文件（文件名完全按照库文件命名规则显示），解析每个动态库文件的 soname 信息，并为每个解析的 soname 创建相应的软链接。

由于在我们的例子中动态库都使用了符合规则的文件名，因此使用 -l< 指定的库文件 > 选项能够更加灵活。无论文件名是什么（完整的库名称和版本控制信息，或者是修改后的文件名），从动态库中解析的 soname 和创建的软链接都能够指向正确的库文件。

为了演示，我们故意修改了原始库文件的名称。但 ldconfig 还是创建了正确的软链接，如图 10-6 所示。

```
milan@milan$ ls -alg
total 28
drwxrwxr-x 2 milan 4096 Dec 11 23:01 .
drwxr-xr-x 7 milan 4096 Dec 10 00:10 ..
-rwxrwxr-x 1 milan 6662 Dec 11 22:42 libtest.so.1.0.0
milan@milan$ mv libtest.so.1.0.0 purposefullyChangedName
milan@milan$ ls -alg
total 28
drwxrwxr-x 2 milan 4096 Dec 11 23:02 .
drwxr-xr-x 7 milan 4096 Dec 10 00:10 ..
-rwxrwxr-x 1 milan 6864 Dec 11 22:42 purposefullyChangedName
milan@milan$ ldconfig -l purposefullyChangedName
milan@milan$ ls -alg
total 28
drwxrwxr-x 2 milan 4096 Dec 11 23:02 .
drwxr-xr-x 7 milan 4096 Dec 10 00:10 ..
lrwxrwxrwx 1 milan   23 Dec 11 23:02 libtest.so.1 -> purposefullyChangedName
-rwxrwxr-x 1 milan 6864 Dec 11 22:42 purposefullyChangedName
milan@milan$
```

图 10-6　无论库文件名是什么，ldconfig 都能正确解析 soname

10.2.2　基于符号的版本控制方案

除了控制整个动态库的版本控制信息以外，GNU 链接器还支持另一种不同的版本控制机制，即基于符号的版本控制方案。在这种方案中，当链接器将包含符号版本控制信息的节（.gnu.version 等类似的节）写入 ELF 时，我们通过一条简单的命令将基于文本文件的版本控制脚本（version scripts）传递给链接器。

1. 符号版本控制机制的优点

符号版本控制方案在许多方面都比基于 soname 的版本控制方案复杂。使用符号版本控制方案比较有意思的地方在于动态库二进制文件中可以携带多个不同版本的相同符号。不同的客户二进制文件可能需要不同版本的动态库文件，那么只需加载同一份二进制文件，并链接特定版本的符号即可。

作为比较，当我们使用基于 soname 的版本控制方案时，为了支持多个不同主版本号的动态库，你需要在特定机器上提供多个不同版本的动态库二进制文件（每个二进制文件包含不同的 soname 值）。图 10-7 对不同版本控制方案进行了对比。

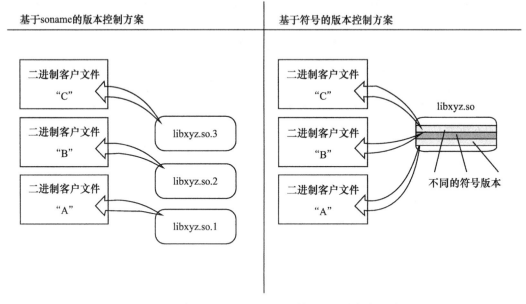

图 10-7　比较基于 soname 和基于符号的版本控制方案

还有一个好处是，由于版本控制脚本文件的语法支持丰富的功能，因此我们可以利用脚本来控制符号的可见性（也就是控制哪些符号对外可见，哪些符号对外隐藏），这种控制符号可见性的方式是目前为止最为简单且优雅的。

2. 符号版本控制机制分析模型

为了充分理解符号版本控制机制，我们有必要预先定义一些可能使用的用例场景。

第 1 阶段：初始版本

首先，让我们假设客户二进制程序"A"链接了第一个发布版本的动态库，而且一切工作正常。图 10-8 描述了开发周期中的这个初始阶段。

虽然程序运行一切正常，但我们才刚刚开始。

第 2 阶段：增改次版本号

随着时间的推移，在动态库的开发过程中必然会进行修改。更重要的问题是，我们不仅修改了动态库，许多新的客户二进制程序（"B""C"等版本）也随之更新，这与最早链接动态库的第一个客户二进制程序"A"时的情况完全不同。图 10-9 对这种情况进行了描述。

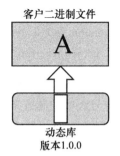

图 10-8　最初版本的客户二进制程序"A"链接了版本为 1.0.0 的动态库

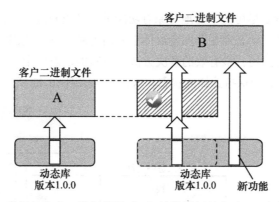

图 10-9　较新的客户二进制程序"B"链接了新版本（1.1.0）的动态库

动态库中的一些修改可能并不会对原有客户二进制程序的功能造成影响。我们将这种类型的修改归类到次版本号的增改当中。

第 3 阶段：增改主版本号

某些情况下，动态库代码的修改非常大，并对之前版本库的功能进行了大刀阔斧的修改。新版本的客户二进制程序（"C"）能够与这些经过重新设计的功能很好地契合。

而老版本的客户二进制程序（"A"和"B"）就像图 10-10 所示的那样，其原来依赖的功能和接口发生了改变，这就类似于：一对老年夫妇在摇滚乐婚宴上，一直等待一个乐队来演奏他们最喜爱的格伦 - 米勒⊖的旋律。

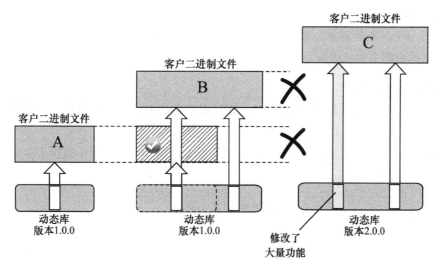

图 10-10　最新的客户二进制程序"C"链接最新版本（2.0.0）的动态库，而
该动态库并不适用于老版本的客户二进制程序"A"和"B"

⊖　Glenn Miller 是 20 世纪初著名的爵士长号手，也是当年最受尊敬的一支爵士乐队的掌舵人。作者在这里所指的是老版本的二进制程序无法获取适用于它们版本的动态库。——译者注

软件开发者的职责是尽可能平滑地对原有功能进行升级和过渡。打破原有的基础架构往往不是什么明智的做法。动态库在开发者群体中使用得越广泛，我们就越不建议放弃原有功能的兼容性。对于这种问题，最有效的解决方法是在新的动态库中保留旧功能的同时提供新功能，至少在一段时间内应保持这样的状态。这种方法如图 10-11 所示。

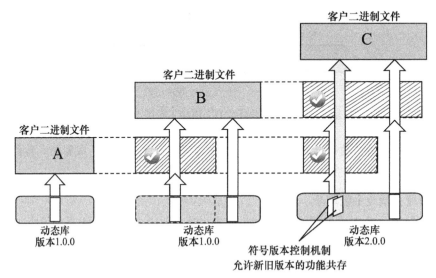

图 10-11　通过符号版本控制机制解决兼容性问题

3. 基本实现方法

基于符号的版本控制方法通过链接器版本控制脚本和 .symver 汇编器指令来实现，我们会在接下来的内容中逐一讲解。

链接器版本控制脚本

最简单的符号可见性控制机制是通过 GNU 链接器读取符号版本信息来实现的，其中符号版本信息来自版本控制脚本文本文件。

我们来看一个基于动态库（libsimple.so）的简单示例，该动态库中提供了 3 个函数，如代码清单 10-1 所示。

代码清单 10-1　simple.c

```
int first_function(int x)
{
    return (x+1);
}

int second_function(int x)
{
    return (x+2);
}
```

```
int third_function(int x)
{
    return (x+3);
}
```

假设我们现在希望前两个函数（不包括第三个函数）有不同的版本实现。通过创建一个简单的版本控制脚本文件来指定前两个函数的符号版本，如代码清单 10-2 所示。

代码清单 10-2　simpleVersionScript

```
LIBSIMPLE_1.0 {
    global:
        first_function; second_function;

    local:
        *;
};
```

最后，构建动态库文件。我们可以通过以下链接器选项将版本控制脚本文件名传递给链接器使用：

```
$ gcc -fPIC -c simple.c
$ gcc -shared simple.o -Wl,--version-script,simpleVersionScript -o libsimple.so.1.0.0
```

链接器会解析脚本文件中的信息，并将这些信息写入 ELF 格式文件存储版本控制信息的字段中去。接下来我们将讲解如何将符号版本控制信息写入 ELF 二进制文件中。

.symver 汇编器指令

不同于通用的版本控制脚本文件，可以解决符号版本控制所需的基本信息，要实现完整的符号版本控制功能，我们还需要依赖 .symver 汇编器指令来解决一些棘手的问题。

我们假设一种情况：动态库版本间的函数签名没有改变，但是其功能实现发生了很大改变。更进一步讲，某个函数原本用于返回链表元素的个数，但在最新的版本中该函数被重新设计，用于返回该链表占用的总字节数（反之亦然）。参见代码清单 10-3。

代码清单 10-3　示例：不同主版本号下，同一函数的不同实现

```
// VERSION 1.0:
unsigned long list_occupancy(struct List* pStart)
{
    // here we scan the list, and return the number of elements
    return nElements;
}

// VERSION 2.0:
unsigned long list_occupancy(struct List* pStart)
{
    // here we scan the list, but now return the total number of bytes
    return nElements*sizeof(struct List);
}
```

很显然，由于函数返回值并不是期望的数据，因此客户二进制程序如果继续使用第一个版本的函数，则会出现问题。

正如我们前面所提到的那样，该版本控制技术会在二进制文件中提供多个不同版本的符号。但问题是，这该如何实现呢？如果直接编译两个不同版本的函数，链接器则会提示"符号重复"。幸运的是，gcc 编译器支持自定义的 .symver 汇编器指令，这将帮助我们解决问题（参见代码清单 10-4）。

代码清单 10-4　为代码清单 10-3 中的前两个函数提供符号版本控制信息

```
__asm__(".symver list_occupancy_1_0, list_occupancy@MYLIBVERSION_1.0");
unsigned long list_occupancy_1_0(struct List* pStart)
{
    // here we scan the list, and return the number of elements
    return nElements;
}
                                    // default symbol version indicated by the additional "@"
                                    //                |
                                    //                v
__asm__(".symver list_occupancy_2_0, list_occupancy@@MYLIBVERSION_2.0");
unsigned long list_occupancy_2_0(struct List* pStart)
{
    // here we scan the list, but now return the total number of bytes
    return nElements*sizeof(struct List);
}
```

方案实现原理

你可以为不同版本的相同函数创建不同的名称，以解决链接器提示符号重复的问题，而不同的名称只在内部空间使用（即不对外提供）。这两个函数分别是 list_occupancy_1_0 和 list_occupancy_2_0。

虽然我们在内部环境中为不同版本的相同函数提供了合适的符号版本信息，如以下两个不同版本：

list_occupancy@MYLIBVERSION_1.0 *and* list_occupancy@MYLIBVERSION_2.0.

但外界所看到的函数名称仍然是 list_occupancy()。

因此，无论是老版本的客户二进制程序还是新版本的客户二进制程序，它们都能识别出期望的符号。老版本的客户二进制程序将使用 list_occupancy@MYLIBVERSION_1.0 符号，调用这个间接函数符号时，程序内部会转而调用正确的对应函数——list_occupancy_1_0() 动态库函数，这个函数才是真正的符号。

最终，新版本的客户二进制程序无须关心老版本的实现细节，只需使用默认包含 @ 的符号（在这个示例中是 list_occupancy@@MYLIBVERSION_2.0）即可。

4. 分析示例项目：第 1 阶段（初始版本）

现在你已经了解了基本的实现方法（通过版本控制脚本和 .symver 汇编器指令），是时候来看一个实例了。为了在过程中展示关键点，让我们再看一下之前用于演示链接器版本控制脚本（即包含三个函数的 libsimple.so 库，其中前两个函数使用了符号版本控制）的例子。为了让演示更具说服力，我们在原有代码中添加了一些用于打印信息的 printf 语句，参见代码清单 10-5 至代码清单 10-8。

代码清单 10-5　simple.h

```
#pragma once
int first_function(int x);
int second_function(int x);
int third_function(int x);
```

代码清单 10-6　simple.c

```
#include <stdio.h>
#include "simple.h"

int first_function(int x)
{
    printf(" lib: %s\n", __FUNCTION__);
    return (x+1);
}

int second_function(int x)
{
    printf(" lib: %s\n", __FUNCTION__);
    return (x+2);
}

int third_function(int x)
{
    printf(" lib: %s\n", __FUNCTION__);
    return (x+3);
}
```

代码清单 10-7　simpleVersionScript

```
LIBSIMPLE_1.0 {
    global:
        first_function; second_function;

    local:
        *;
};
```

代码清单 10-8　build.sh

```
gcc -Wall -g -O0 -fPIC -c simple.c
gcc -shared simple.o -Wl,--version-script,simpleVersionScript -o libsimple.so.1.0.0
```

现在库文件已经构建完成，让我们来了解一下 ELF 格式文件是如何存储符号版本控制信息的。

ELF 格式文件对版本信息的支持

通过分析库文件的节，我们可以看到有三个具有类似名称的节用于存储版本信息，如图 10-12 所示。

```
milan@milan$ readelf -S libsimple.so
There are 35 section headers, starting at offset 0x154c:

Section Headers:
  [Nr] Name             Type            Addr     Off    Size   ES Flg Lk Inf Al
  [ 0]                  NULL            00000000 000000 000000 00      0   0  0
  [ 1] .note.gnu.build-i NOTE           00000114 000114 000024 00   A  0   0  4
  [ 2] .gnu.hash        GNU_HASH        00000138 000138 00002c 04   A  3   0  4
  [ 3] .dynsym          DYNSYM          00000164 000164 000080 10   A  4   1  4
  [ 4] .dynstr          STRTAB          000001e4 0001e4 000098 00   A  3   0  1
  [ 5] .gnu.version     VERSYM          0000027c 00027c 000010 02   A  3   0  2
  [ 6] .gnu.version_d   VERDEF          0000028c 00028c 000038 00   A  4   2  4
  [ 7] .gnu.version_r   VERNEED         000002c4 0002c4 000030 00   A  4   1  4
```

图 10-12　ELF 格式文件存储版本控制信息

在 readelf 实用程序后添加 -V 命令行参数，就可以获得有关这些节的详细信息，如图 10-13 所示。

```
milan@milan$ readelf -V libsimple.so

Version symbols section '.gnu.version' contains 8 entries:
 Addr: 000000000000027c  Offset: 0x00027c  Link: 3 (.dynsym)
  000:   0 (*local*)        3 (GLIBC_2.1.3)   4 (GLIBC_2.0)      0 (*local*)
  004:   0 (*local*)        2 (LIBSIMPLE_1.0)  2 (LIBSIMPLE_1.0)  2 (LIBSIMPLE_1.0)

Version definition section '.gnu.version_d' contains 2 entries:
  Addr: 0x000000000000028c  Offset: 0x00028c  Link: 4 (.dynstr)
  000000: Rev: 1  Flags: BASE   Index: 1  Cnt: 1  Name: libsimple.so.1.0.0
  0x001c: Rev: 1  Flags: none   Index: 2  Cnt: 1  Name: LIBSIMPLE_1.0

Version needs section '.gnu.version_r' contains 1 entries:
  Addr: 0x00000000000002c4  Offset: 0x0002c4  Link: 4 (.dynstr)
  000000: Version: 1  File: libc.so.6  Cnt: 2
  0x0010:   Name: GLIBC_2.0  Flags: none  Version: 4
  0x0020:   Name: GLIBC_2.1.3  Flags: none  Version: 3
milan@milan$
```

图 10-13　通过 readelf 查看有关版本信息节的内容

这些节的内容一目了然：

- .gnu.version_d 节：描述了定义在该动态库中的符号版本控制信息（因此节名称有一个"_d"后缀）。
- .gnu.version_r 节：描述了该动态库所引用的其他库的符号版本控制信息（因此节名称有一个"_r"后缀）。
- .gnu_version 节：提供了和该动态库相关的所有符号版本控制信息的汇总列表。

这个时候，我们可以验证版本控制信息是否和版本控制脚本中指定的符号关联起来了。

在查看二进制文件符号的所有可行方法（nm、objdump、readelf）中，我们还是选择了

readelf，因为该工具能够以最直观的方式显示符号和版本控制信息之间的关联，如图 10-14
所示。

```
milan@milan$ readelf --symbols libsimple.so | grep function
     6: 00000488    44 FUNC    GLOBAL DEFAULT   12 second_function@@LIBSIMPLE_1.0
     7: 0000045c    44 FUNC    GLOBAL DEFAULT   12 first_function@@LIBSIMPLE_1.0
    52: 000004b4    44 FUNC    LOCAL  DEFAULT   12 third_function
    64: 0000045c    44 FUNC    GLOBAL DEFAULT   12 first_function
    66: 00000488    44 FUNC    GLOBAL DEFAULT   12 second_function
milan@milan$ readelf --dyn-syms libsimple.so | grep function
     6: 00000488    44 FUNC    GLOBAL DEFAULT   12 second_function@@LIBSIMPLE_1.0
     7: 0000045c    44 FUNC    GLOBAL DEFAULT   12 first_function@@LIBSIMPLE_1.0
milan@milan$
```

图 10-14　通过 readelf 来查看符号版本控制信息

我们可以看到，存储在版本控制脚本中的版本控制信息传递给链接器，并通过链接器写
入二进制文件中，成为版本控制符号属性。

有意思的是，经过反汇编的二进制文件中并不包含 first_function@@LIBVERSIONDEMO_1.0。
你只能在反汇编结果中找到 first_function。而运行时反汇编（运行时通过 gdb 反汇编）展现出
来的结果也是一样的：只能找到 first_function 符号。

很显然，带有符号版本控制修饰的导出符号其实只是一种虚构的符号（虽然很有用，但
依然是虚构的），然而最后能起实际作用的只有那些真正存在的函数符号。

在客户二进制程序中使用符号版本控制信息

如果客户二进制程序链接了基于符号版本控制机制的动态库文件，那么在分析的过程中
你还会发现一些有趣的事情。为了说明这个问题，让我们来创建一个简单的演示程序，其中
使用了受版本控制的符号，参见代码清单 10-9。

代码清单 10-9　main.c

```c
#include <stdio.h>
#include "simple.h"

int main(int argc, char* argv[])
{
    int nFirst  = first_function(1);
    int nSecond = second_function(2);
    int nRetValue = nFirst + nSecond;
    printf("first(1) + second(2) = %d\n", nRetValue);
    return nRetValue;
}
```

现在来创建它：

```
$ gcc -g -O0 -c -I../sharedLib main.c
$ gcc main.o -Wl,-L../sharedLib -lsimple \
          -Wl,-R../sharedLib -o firstDemoApp
```

需要注意的是，这里我们有意忽略了有关库文件 soname 的细节，以便于只关注其中的

符号版本控制机制。

正如我们所期望的那样，生成的演示程序的 ELF 二进制文件中包含了版本控制节（我们将每个节的信息打印了出来，见图 10-15）。

```
milan@milan$ readelf -S ./firstDemoApp
There are 36 section headers, starting at offset 0x1454:

Section Headers:
  [Nr] Name            Type        Addr     Off    Size   ES Flg Lk Inf Al
  [ 0]                 NULL        00000000 000000 000000 00      0   0  0
  [ 1] .interp         PROGBITS    08048154 000154 000013 00   A  0   0  1
  [ 2] .note.ABI-tag   NOTE        08048168 000168 000020 00   A  0   0  4
  [ 3] .note.gnu.build-i NOTE      08048188 000188 000024 00   A  0   0  4
  [ 4] .gnu.hash       GNU_HASH    080481ac 0001ac 000020 04   A  5   0  4
  [ 5] .dynsym         DYNSYM      080481cc 0001cc 000080 10   A  6   1  4
  [ 6] .dynstr         STRTAB      0804824c 00024c 0000a7 00   A  0   0  1
  [ 7] .gnu.version    VERSYM      080482f4 0002f4 000010 02   A  5   0  2
  [ 8] .gnu.version_r  VERNEED     08048304 000304 000040 00   A  6   2  4
```

图 10-15　演示程序中同样包含了版本控制节

相比之下，我们更应该关注的是客户二进制文件中的符号版本控制信息，这些信息是在链接阶段从动态库中获取的，如图 10-16 所示。

```
milan@milan$ readelf -V ./firstDemoApp

Version symbols section '.gnu.version' contains 8 entries:
 Addr: 00000000080482f4  Offset: 0x0002f4  Link: 5 (.dynsym)
  000:   0 (*local*)       2 (GLIBC_2.0)      3 (LIBSIMPLE_1.0)   3 (LIBSIMPLE_1.0)
  004:   0 (*local*)       2 (GLIBC_2.0)      0 (*local*)         1 (*global*)

Version needs section '.gnu.version_r' contains 2 entries:
 Addr: 0x0000000008048304  Offset: 0x000304  Link: 6 (.dynstr)
  000000: Version: 1  File: libsimple.so  Cnt: 1
  0x0010:   Name: LIBSIMPLE_1.0  Flags: none  Version: 3
  0x0020: Version: 1  File: libc.so.6  Cnt: 1
  0x0030:   Name: GLIBC_2.0  Flags: none  Version: 2
milan@milan$
```

图 10-16　客户二进制文件中的符号版本控制信息是通过链接动态库获取的

与我们之前描述的基于 soname 的版本控制方案类似，客户二进制文件中的符号版本控制信息也是从动态库中获取的。通过这种方式，客户二进制文件和动态库中的版本控制信息就建立起了联系。

我们为什么要强调这一点呢？从客户二进制文件链接开始使用动态库起，动态库中的代码可能会经过多次修改，这其中会包含次版本的升级和主版本的升级。

无论动态库进行了何种修改，其使用者——客户二进制程序仍然保留了原先在链接时使用的版本控制信息。如果对应的版本（当然也就是原来版本所对应的特定功能）找不到了，那么就会立即检测出向后兼容性问题。

在我们了解下一个问题以前，先要确保你的版本控制方案不会影响应用程序的正常执行。我们在这里简单实验一下我们的演示程序是否能够正确执行，如图 10-17 所示。

```
milan@milan$ ./firstDemoApp
 lib: first_function
 lib: second_function
first(1) + second(2) = 6
milan@milan$
```

图 10-17　使用该版本控制方案完全工作正常

5. 分析示例项目：第 2 阶段 (增改次版本号)

你已经了解了一些有关符号版本控制方案实现的基本概念，现在让我们来看看在使用经过修改但不影响向后兼容性的动态库（即次版本增改）时的一些问题。为了模拟真实的使用场景，我们需要按照以下步骤来做：

- 在动态库代码中增加几个函数，将其中一个函数作为对外提供的符号。并在版本控制脚本文件中增加一个升级次版本号的新版本，名为 LIBSIMPLE_1.1。
- 原先的客户二进制程序（即最初的演示程序）保持不变。我们不需要重新构建程序，就可以确保新的动态库和原先版本的应用程序正常工作。
- 创建新的客户二进制程序（另一个演示程序）并链接经过我们修改的动态库文件。这样一来，创建这个客户二进制文件时，只需要使用最新且功能最完善的 1.1 版本的动态库，而不需要知道之前的动态库版本。
- 为了简化演示，只对原先版本的演示程序做了细微的变动。其中最大的区别是新版本的动态库代码提供了全新的 ABI 函数，只有最新的 1.1 版本才包含该函数。

代码清单 10-10 和代码清单 10-11 列出了修改后的动态库源代码文件。

代码清单 10-10　simple.h

```
#pragma once

int first_function(int x);
int second_function(int x);
int third_function(int x);

int fourth_function(int x);
int fifth_function(int x);
```

代码清单 10-11　simple.c

```
#include <stdio.h>
#include "simple.h"

int first_function(int x)
{
    printf(" lib: %s\n", __FUNCTION__);
    return (x+1);
}

int second_function(int x)
{
```

```
    printf(" lib: %s\n", __FUNCTION__);
    return (x+2);
}

int third_function(int x)
{
    printf(" lib: %s\n", __FUNCTION__);
    return (x+3);
}

int fourth_function(int x) // exported in version 1.1
{
    printf(" lib: %s\n", __FUNCTION__);
    return (x+4);
}

int fifth_function(int x)
{
    printf(" lib: %s\n", __FUNCTION__);
    return (x+5);
}
```

代码清单 10-12 展示了如何对版本控制脚本进行修改。

代码清单 10-12　simpleVersionScript

```
LIBSIMPLE_1.0 {
    global:
        first_function; second_function;

    local:
        *;
};

LIBSIMPLE_1.1 {
    global:
        fourth_function;

    local:
        *;
};
```

新的示例应用程序源代码如代码清单 10-13 所示。

代码清单 10-13　main.c

```
#include <stdio.h>
#include "simple.h"

int main(int argc, char* argv[])
{
    int nFirst  = first_function(1);
    int nSecond = second_function(2);
    int nFourth = fourth_function(4);
    int nRetValue = nFirst + nSecond + nFourth;
    printf("first(1) + second(2) + fourth(4) = %d\n", nRetValue);
```

```
        return nRetValue;
}
```

现在，让我们来构建该工程：

```
$ gcc -g -OO -c -I../sharedLib main.c
$ gcc main.o -Wl,-L../sharedLib -lsimple \
        -Wl,-R../sharedLib -o newerApp
```

现在让我们来仔细看一下次版本号修改的内容，这与现实情况中增改动态库的次版本号十分类似。

首先，版本控制信息中不仅包含了原先的版本（1.0），还包含了最新的版本（1.1），如图 10-18 所示。

```
milan@milan$ readelf -V libsimple.so

Version symbols section '.gnu.version' contains 10 entries:
 Addr: 00000000000002c2  Offset: 0x0002c2  Link: 3 (.dynsym)
  000:   0 (*local*)        4 (GLIBC_2.1.3)  5 (GLIBC_2.0)      0 (*local*)
  004:   0 (*local*)        3 (LIBSIMPLE 1.1)  2 (LIBSIMPLE_1.0)  2 (LIBSIMPLE_1.0)
  008:   2 (LIBSIMPLE_1.0)  3 (LIBSIMPLE 1.1)

Version definition section '.gnu.version_d' contains 3 entries:
  Addr: 0x00000000000002d8  Offset: 0x0002d8  Link: 4 (.dynstr)
  000000: Rev: 1  Flags: BASE   Index: 1  Cnt: 1  Name: libsimple.so.1.0.0
  0x001c: Rev: 1  Flags: none  Index: 2  Cnt: 1  Name: LIBSIMPLE_1.0
  0x0038: Rev: 1  Flags: none  Index: 3  Cnt: 1  Name: LIBSIMPLE 1.1

Version needs section '.gnu.version_r' contains 1 entries:
 Addr: 0x000000000000032c  Offset: 0x00032c  Link: 4 (.dynstr)
  000000: Version: 1  File: libc.so.6  Cnt: 2
  0x0010:   Name: GLIBC_2.0  Flags: none  Version: 5
  0x0020:   Name: GLIBC_2.1.3  Flags: none  Version: 4
milan@milan$
```

图 10-18　客户二进制文件中包含了完整的版本控制信息

其中对外提供的符号，现在也包含了 1.0 和 1.1 两个版本的符号信息，如图 10-19 所示。

```
milan@milan$ readelf --dyn-sym libsimple.so

Symbol table '.dynsym' contains 10 entries:
   Num:    Value  Size Type    Bind    Vis      Ndx Name
     0: 00000000     0 NOTYPE  LOCAL   DEFAULT  UND
     1: 00000000     0 FUNC    WEAK    DEFAULT  UND __cxa_finalize@GLIBC_2.1.3 (4)
     2: 00000000     0 FUNC    GLOBAL  DEFAULT  UND puts@GLIBC_2.0 (5)
     3: 00000000     0 NOTYPE  WEAK    DEFAULT  UND __gmon_start__
     4: 00000000     0 NOTYPE  WEAK    DEFAULT  UND _Jv_RegisterClasses
     5: 00000550    44 FUNC    GLOBAL  DEFAULT   12 fourth_function@@LIBSIMPLE 1.1
     6: 00000000     0 OBJECT  GLOBAL  DEFAULT  ABS LIBSIMPLE_1.0
     7: 000004f8    44 FUNC    GLOBAL  DEFAULT   12 second_function@@LIBSIMPLE_1.0
     8: 000004cc    44 FUNC    GLOBAL  DEFAULT   12 first_function@@LIBSIMPLE_1.0
     9: 00000000     0 OBJECT  GLOBAL  DEFAULT  ABS LIBSIMPLE_1.1
milan@milan$
```

图 10-19　共享库中包含了不同版本的符号

现在，让我们来看一下在 1.1 版本之后构建的新的客户二进制程序（newerApp）。如图 10-20

所示，链接器读取出所有动态库支持的版本，将其添加到新版本程序的客户二进制文件中。

```
milan@milan$ readelf -V ./newerApp

Version symbols section '.gnu.version' contains 9 entries:
 Addr: 0000000008048322  Offset: 0x000322  Link: 5 (.dynsym)
   000:   0 (*local*)        2 (GLIBC_2.0)      3 (LIBSIMPLE_1.0)   4 (LIBSIMPLE 1.1)
   004:   3 (LIBSIMPLE_1.0)  0 (*local*)        2 (GLIBC_2.0)       0 (*local*)
   008:   1 (*global*)

Version needs section '.gnu.version_r' contains 2 entries:
 Addr: 0x0000000008048334  Offset: 0x000334  Link: 6 (.dynstr)
  000000: Version: 1  File: libsimple.so  Cnt: 2
  0x0010:   Name: LIBSIMPLE 1.1  Flags: none  Version: 4
  0x0020:   Name: LIBSIMPLE_1.0  Flags: none  Version: 3
  0x0030: Version: 1  File: libc.so.6  Cnt: 1
  0x0040:   Name: GLIBC_2.0  Flags: none  Version: 2
milan@milan$
```

图 10-20　新版客户二进制程序中包含了完整的版本控制信息（新旧版本的符号版本控制信息）

动态库的符号列表中包含了在运行时客户二进制程序所需的两种版本的符号，如图 10-21 所示。

```
milan@milan$ readelf --dyn-syms ./newerApp

Symbol table '.dynsym' contains 9 entries:
   Num:    Value  Size Type    Bind   Vis      Ndx Name
     0: 00000000     0 NOTYPE  LOCAL  DEFAULT  UND
     1: 00000000     0 FUNC    GLOBAL DEFAULT  UND printf@GLIBC_2.0 (2)
     2: 00000000     0 FUNC    GLOBAL DEFAULT  UND second function@LIBSIMPLE 1.0 (3)
     3: 00000000     0 FUNC    GLOBAL DEFAULT  UND fourth_function@LIBSIMPLE_1.1 (4)
     4: 00000000     0 FUNC    GLOBAL DEFAULT  UND first_function@LIBSIMPLE_1.0 (3)
     5: 00000000     0 NOTYPE  WEAK   DEFAULT  UND __gmon_start__
     6: 00000000     0 FUNC    GLOBAL DEFAULT  UND __libc_start_main@GLIBC_2.0 (2)
     7: 00000000     0 NOTYPE  WEAK   DEFAULT  UND _Jv_RegisterClasses
     8: 0804864c     4 OBJECT  GLOBAL DEFAULT   15 _IO_stdin_used
milan@milan$
```

图 10-21　从共享库中获取的所有版本的符号

现在，你可以执行新旧两个应用程序来验证新增的功能和修改后的版本控制信息能否正常工作（见图 10-22）。通过执行旧版本的应用程序，就会发现在动态库中新增的一些小改动并不会影响到原有的功能。

```
milan@milan$ ./newerApp
 lib: first_function
 lib: second_function
 lib: fourth_function
first(1) + second(2) + fourth(4) = 14
milan@milan$ ./firstDemoApp
 lib: first_function
 lib: second_function
first(1) + second(2) = 6
milan@milan$
```

图 10-22　新旧应用程序链接相同的动态库文件，但使用不同版本的符号

6. 分析示例项目：第 3 阶段（增改主版本号）

在前面分析的示例中，我们已经探讨了在不影响客户二进制程序使用现有功能时，对动态库代码进行修改的情况。这种类型的代码修改正是属于增改次版本的范畴。

在很多情况下，修改代码都会严重破坏客户端使用代码的方式，这些情况明显属于增改主版本的范畴，我们会举例一二，但不再探讨更多情况。

修改 ABI 函数的内容

我们最不想看到的一种代码修改就是，从动态库提供的符号上看并没有任何修改（即不对函数原型和结构布局进行修改），但实际情况是在原有函数中对数据进行操作，甚至是返回值发生了改变。

想象一种情况：你有一个可以返回以毫秒为单位的时间值的函数。但有一天，开发人员认为毫秒为单位的精度不足，因此决定将返回值的单位换成纳秒（比毫秒大 1000 倍）。

我们会在接下来的演示中使用这个场景，与此同时阐述如何通过符号版本控制机制来灵活地解决问题。（我承认这个例子可能过于简单了。实际上，有很多方法可以避免这种改动所引发的混乱。比如，在上面那个例子中，为了提高时间精度，你不需要修改原有函数，而可以引入一个符号名中带有 nanoseconds 的新 ABI 函数，该函数用于返回以纳秒为单位的时间，这样就可以解决问题。即便如此，这样的例子已经足以用来进行演示了。）

让我们回到主题上来，假设不对演示动态库中的导出头文件进行任何修改，确保函数原型不变。但在新的设计中，要求 first_function() 函数的返回值从现在起与原有版本的返回值不同。

```
int first_function(int x)
{
    printf(" lib: %s\n", __FUNCTION__);
    return 1000*(x+1);
}
```

不用说，这种修改必然会造成客户二进制程序在执行过程中出错。现有功能无法处理这种数量级的返回值。程序在执行过程中很有可能会出现数组越界的异常。如果在绘图软件中使用这个函数，得到的值将会超出图像尺寸的边界。

因此，你现在需要一种解决方案确保老用户使用原先版本的功能（即在当前版本的客户二进制程序调用 first_function() 时，返回原来设计的返回值），新用户使用新设计的功能。

唯一需要你来解决的问题就是版本冲突，我们需要在两个完全不同的情况下使用相同的函数名。幸运的是，符号版本控制机制能够帮助我们解决这类问题。

首先，你需要对版本控制脚本进行修改，增加新的主版本信息，详见代码清单 10-14。

代码清单 10-14　simpleVersionScript

```
LIBSIMPLE_1.0 {
    global:
        first_function; second_function;
    local:
        *;
};
```

```
LIBSIMPLE_1.1 {
    global:
        fourth_function;
    local:
        *;
};

LIBSIMPLE_2.0 {
    global:
        first_function;
    local:
        *;
};
```

接着，你需要使用 .symver 汇编器指令，如代码清单 10-15 所示。

代码清单 10-15　simple.c（只列出修改的部分）

```
...
__asm__(".symver first_function_1_0,first_function@LIBSIMPLE_1.0");
int first_function_1_0(int x)
{
    printf(" lib: %s\n", __FUNCTION__);
    return (x+1);
}

__asm__(".symver first_function_2_0,first_function@@LIBSIMPLE_2.0");
int first_function_2_0(int x)
{
    printf(" lib: %s\n", __FUNCTION__);
    return 1000*(x+1);
}
...
```

现在，动态库中就增加了一条新的版本控制信息，如图 10-23 所示。

```
milan@milan$ readelf -V libsimple.so

Version symbols section '.gnu.version' contains 12 entries:
 Addr: 00000000000002fe  Offset: 0x0002fe  Link: 3 (.dynsym)
  000:   0 (*local*)       5 (GLIBC_2.0)     6 (GLIBC_2.1.3)    0 (*local*)
  004:   0 (*local*)       3 (LIBSIMPLE_1.1) 2 (LIBSIMPLE_1.0)  4 (LIBSIMPLE_2.0)
  008:   2 (LIBSIMPLE_1.0) 4 (LIBSIMPLE_2.0) 3 (LIBSIMPLE_1.1)  2h(LIBSIMPLE_1.0)

Version definition section '.gnu.version_d' contains 4 entries:
 Addr: 0x0000000000000318  Offset: 0x000318  Link: 4 (.dynstr)
  000000: Rev: 1  Flags: BASE   Index: 1  Cnt: 1  Name: libsimple.so.1.0.0
  0x001c: Rev: 1  Flags: none   Index: 2  Cnt: 1  Name: LIBSIMPLE_1.0
  0x0038: Rev: 1  Flags: none   Index: 3  Cnt: 1  Name: LIBSIMPLE_1.1
  0x0054: Rev: 1  Flags: none   Index: 4  Cnt: 1  Name: LIBSIMPLE_2.0

Version needs section '.gnu.version_r' contains 1 entries:
 Addr: 0x0000000000000388  Offset: 0x000388  Link: 4 (.dynstr)
  000000: Version: 1  File: libc.so.6  Cnt: 2
  0x0010:   Name: GLIBC_2.1.3  Flags: none  Version: 6
  0x0020:   Name: GLIBC_2.0    Flags: none  Version: 5
milan@milan$
```

图 10-23　最新版本的动态库中包含了所有符号版本

有趣的是，.symver 汇编器指令已经为我们完成了所有工作，如图 10-24 所示。

```
milan@milan$ readelf --dyn-syms libsimple.so

Symbol table '.dynsym' contains 12 entries:
  Num:    Value  Size Type    Bind   Vis     Ndx Name
    0: 00000000     0 NOTYPE  LOCAL  DEFAULT UND
    1: 00000000     0 FUNC    GLOBAL DEFAULT UND printf@GLIBC_2.0 (5)
    2: 00000000     0 FUNC    WEAK   DEFAULT UND __cxa_finalize@GLIBC_2.1.3 (6)
    3: 00000000     0 NOTYPE  WEAK   DEFAULT UND __gmon_start__
    4: 00000000     0 NOTYPE  WEAK   DEFAULT UND _Jv_RegisterClasses
    5: 000005fa    54 FUNC    GLOBAL DEFAULT  12 fourth_function@@LIBSIMPLE_1.1
    6: 00000000     0 OBJECT  GLOBAL DEFAULT ABS LIBSIMPLE_1.0
    7: 00000000     0 OBJECT  GLOBAL DEFAULT ABS LIBSIMPLE_2.0
    8: 0000058e    54 FUNC    GLOBAL DEFAULT  12 second_function@@LIBSIMPLE_1.0
    9: 00000552    60 FUNC    GLOBAL DEFAULT  12 first_function@@LIBSIMPLE_2.0
   10: 00000000     0 OBJECT  GLOBAL DEFAULT ABS LIBSIMPLE_1.1
   11: 0000051c    54 FUNC    GLOBAL DEFAULT  12 first_function@LIBSIMPLE_1.0
milan@milan$ nm libsimple.so | grep function
00000630 t fifth_function
00000552 T first_function@@LIBSIMPLE_2.0
0000051c T first_function@LIBSIMPLE_1.0
0000051c t first_function_1_0
00000552 t first_function_2_0
000005fa T fourth_function
0000058e T second_function
000005c4 t third_function
milan@milan$
```

图 10-24　两个版本的 first_function() 共存

最终结果是，.symver 汇编器指令帮助我们神奇般地导出了两个不同版本的 first_function() 符号，由于我们使用 first_function_1_0() 和 first_function_2_0() 函数替换了原有的 first_function() 函数，因此在反汇编结果中已经看不到 first_function() 函数符号的标记了。

为了清楚地展示实现当中的差异，创建一个新的应用程序，其中源代码与之前版本完全不同（见代码清单 10-16）。

代码清单 10-16　main.c

```c
#include <stdio.h>
#include "simple.h"

int main(int argc, char* argv[])
{
    int nFirst   = first_function(1); // seeing 1000 times larger return value will be fun!
    int nSecond  = second_function(2);
    int nFourth  = fourth_function(4);
    int nRetValue = nFirst + nSecond + nFourth;
    printf("first(1) + second(2) + fourth(4) = %d\n", nRetValue);
    return nRetValue;
}
```

为可执行文件选择一个新的应用程序名字，如下所示：

```
$ gcc -g -O0 -c -I../sharedLib main.c
$ gcc main.o -Wl,-L../sharedLib -lsimple \
        -Wl,-R../sharedLib -o ver2PeerApp
```

在程序运行过程中能够清楚地看到，老版本程序的功能不会因为主版本的增改而发生变化，而新创建的程序则依赖于 2.0 版本中提供的新功能。图 10-25 对此进行了总结。

```
milan@milan$ ./firstDemoApp
 lib: first_function_1_0
 lib: second_function
first(1) + second(2) = 6
milan@milan$ ./newerApp
 lib: first_function_1_0
 lib: second_function
 lib: fourth_function
first(1) + second(2) + fourth(4) = 14
milan@milan$ ./ver2PeerApp
 lib: first_function_2_0
 lib: second_function
 lib: fourth_function
first(1) + second(2) + fourth(4) = 2012
milan@milan$
```

图 10-25　三个应用程序（每个都依赖动态库中不同的符号版本）都按预期正确执行

修改 ABI 函数原型

前面讲到的例子可能并不常见。由于我们可以使用多种方法来解决这种多版本共存的问题，因此在实际情况中很少会遇到这种问题。但从数学的角度来看，这种解决方法最为简单，同时也能帮助我们理解有关问题。

多数情况下，都是在修改函数签名的时候，才会对库的主版本号进行修改。举例来说，假设在新的用例场景中，first_function() 函数要能够接收一个新增的输入参数。

```
int first_function(int x, int normfactor);
```

很显然，这时你需要为相同的函数名提供不同的签名。为了更好地演示这个问题，我们创建另一个版本的演示程序，如代码清单 10-17 所示。

代码清单 10-17　simpleVersionScript

```
LIBSIMPLE_1.0 {
    global:
        first_function; second_function;
    local:
        *;
};

LIBSIMPLE_1.1 {
    global:
        fourth_function;
    local:
        *;
};

LIBSIMPLE_2.0 {
    global:
        first_function;
    local:
```

```
        *;
};

LIBSIMPLE_3.0 {
    global:
        first_function;
    local:
        *;
};
```

一般来说，该问题的解决方案和前一个例子没有本质区别，因为两者都以相同的方式使用 .symver 汇编指令来解决问题（见代码清单 10-18）。

代码清单 10-18 simple.c（只列出修改的部分）

```
__asm__(".symver first_function_1_0,first_function@LIBSIMPLE_1.0");
int first_function_1_0(int x)
{
    printf(" lib: %s\n", __FUNCTION__);
    return (x+1);
}

__asm__(".symver first_function_2_0,first_function@LIBSIMPLE_2.0");
int first_function_2_0(int x)
{
    printf(" lib: %s\n", __FUNCTION__);
    return 1000*(x+1);
}

__asm__(".symver first_function_3_0,first_function@@LIBSIMPLE_3.0");
int first_function_3_0(int x, int normfactor)
{
    printf(" lib: %s\n", __FUNCTION__);
    return normfactor*(x+1);
}
```

与之前版本相比最明显的区别是，在这里我们修改了导出的头文件定义，参见代码清单 10-19。

代码清单 10-19 simple.h

```
#pragma once

// defined when building the latest client binary
#ifdef SIMPLELIB_VERSION_3_0
int first_function(int x, int normfactor);
#else
int first_function(int x);
#endif // SIMPLELIB_VERSION_3_0

int second_function(int x);
int third_function(int x);

int fourth_function(int x);
int fifth_function(int x);
```

当编译客户二进制程序时，需要为编译器指定 SIMPLELIB_VERSION_3_0 预处理器常量，这样才能将新版本的 first_function() 原型编译进来。

```
$ gcc -g -O0 -c -DSIMPLELIB_VERSION_3_0 -I../sharedLib main.c
$ gcc main.o -Wl,-L../sharedLib -lsimple \
          -Wl,-R../sharedLib -o ver3PeerApp
```

这里留下一个小练习，请读者自己从各个方面（版本控制信息、符号是否存在、运行结果）来验证示例是否满足期望结果。

7. 版本控制脚本语法概述

到目前为止，代码示例中的版本控制脚本仅仅使用了语法特性中的一小部分。本节的内容将对这些可用语法进行概述。

版本节点

版本控制脚本由一个或多个版本节点组成，其中版本节点是由大括号包含的一组具名元素组成，这些元素用于描述某一个版本的特定信息，比如：

```
LIBXYZ_1.0.6 {

    ... <some descriptors reside here>

};
```

通常版本节点中会包含一系列的关键字，并在版本控制过程中使用，我们会在后续内容中详细介绍这些关键字。

版本节点命名规则

我们需要选择一个特定的节点名称来作为描述版本节点的唯一标识。通常来说，节点名称以点或下划线分割的数字为尾。通常情况下，后续版本的节点会放置在较早版本节点的后面。

虽说有这样的节点命名规则存在，但实际上只是为了便于人们阅读而已。链接器并不关心如何命名你的版本节点，或者是定义在版本控制脚本中的节点的顺序。只要确保符号的名称不同就可以了。

这种情况类似于使用动态库及其对应的客户二进制程序：

一个比较相似的情况是动态库与其客户二进制文件。版本控制脚本中实际起作用的是将版本节点添加到版本控制文件的顺序——起作用的是当前构建时在版本控制脚本中的那个版本。

控制符号可见性

我们可以通过版本节点的 global 和 local 修饰符对符号可见性进行控制。在 global 修饰符下声明需要对外提供的符号列表，其中符号用分号分隔。而内部使用的符号则声明在 local 修饰符下。

```
LIBXYZ_1.0.6 {
    global:
        first_function; second_function;
    local:
```

```
            *;
};
```

尽管这里提到的方法不是我们主要讨论的版本控制方案，但实际上，通过导出符号列表来向外界提供符号的方法非常适于解决我们的问题（而且在很多方面都算得上是最优雅的方法）。我们会在后续内容中，通过示例来演示该机制的工作原理。

通配符

版本控制脚本提供了对通配符的支持，而且与 shell 中的表达式匹配操作一致。比如，下面的版本控制脚本会将所有以 first 或 second 开头的函数声明为全局符号：

```
LIBXYZ_1.0.6 {
    global:
        first*; second*;
    local:
        *;
};
```

此外，在 local 标签下方的星号表示将所有其他函数指定为局部符号（即对外不可见）。无论是否包含任何通配符字符，在双引号中间的符号名都会被逐一提取出来。

链接说明符

版本控制脚本可以指定 extern "C"（没有名称修饰）或 extern "C++" 链接说明符：

```
LIBXYZ_1.0.6 {
    global:
        extern "C" {
            first_function;
        }
    local:
        *;
};
```

命名空间

版本控制脚本还支持命名空间，用来指定经过版本控制和对外提供的符号的从属关系。

```
LIBXYZ_1.0.6 {
    global:
        extern "C++" {
            libxyz_namespace::*
        }
    local:
        *;
};
```

匿名节点

匿名节点可以被用来指定不受版本控制的符号。此外，匿名节点还可以用来管理符号可见性（全局符号和局部符号）。

实际上，如果你只是用版本控制脚本机制来控制符号的可见性，那么你一般只需在版本控制脚本文件中包含一个匿名节点即可。

版本控制脚本的另一特性：控制符号可见性

版本控制脚本机制还有另一个可以控制符号可见性的特性。列于 global 标签下的符号则最终对外界可见，而列于 local 标签下的符号则会被隐藏。

如果你只需要控制符号的可见性，那么可以考虑使用版本控制脚本的这一机制。但在这种情况下推荐使用匿名的版本控制节点，如图 10-26 所示。

```
milan@milan$ ls -alg
total 20
drwxrwxr-x 2 milan 4096 .
drwxrwxr-x 4 milan 4096 ..
-rwxrwxr-x 1 milan  170 build.sh
-rw-rw-r-- 1 milan   53 exportControlScript
-rw-rw-r-- 1 milan  169 scriptVisibilityControl.c
milan@milan$ cat build.sh
gcc -Wall -fPIC -c scriptVisibilityControl.c
gcc -shared scriptVisibilityControl.o \
    -Wl,--version-script,exportControlScript \
    -o libscriptcontrolsexportdemo.so
milan@milan$ cat scriptVisibilityControl.c
int first_function(int x)
{
        return 0;
}

int second_function(int x)
{
        return 0;
}

int third_function(int x)
{
        return 0;
}
milan@milan$ cat exportControlScript
{
        global:
                first_function;
        local:
        *;
};

milan@milan$ ./build.sh
milan@milan$ nm libscriptcontrolsexportdemo.so | grep function
0000037c T first_function
00000386 t second_function
00000390 t third_function
milan@milan$
```

图 10-26　版本控制脚本是控制符号可见性的最优做法，因为不需要修改任何源代码

10.3　Windows 动态库版本控制

在 Windows 平台中，版本控制实现所遵循的规则与 Linux 相同。如果代码改动使原有功能发生很大改变，或需要重新对动态库进行构建，这种情况下需要增改主版本号。如果代码改动不会改变现有客户二进制文件所需的功能，则应该增改次版本号。

　　如果代码改动只对内部功能实现细节做出修改，那么这种情况在 Linux 中需要增改修订版本号，而在 Windows 中则是构建版本号。除了一些命名规则的区别外，Linux 平台和 Windows 平台间并没有什么本质上的不同。

10.3.1　DLL 版本信息

　　与 Linux 中的动态库一样，Windows 动态库（DLL）中的版本控制信息是可选添加的。除非是一些特殊的设计中要求携带版本控制信息，否则一般 DLL 中无须添加版本控制信息。但是作为一个好的设计原则，所有主要的 DLL 厂商（当然了，以微软为代表）都会确保他们提供的动态库中包含了版本信息。如果 DLL 文件中携带了版本信息，那么通过在文件资源管理器中右击文件图标，就可以在文件属性页中看到相关版本信息，如图 10-27 所示。

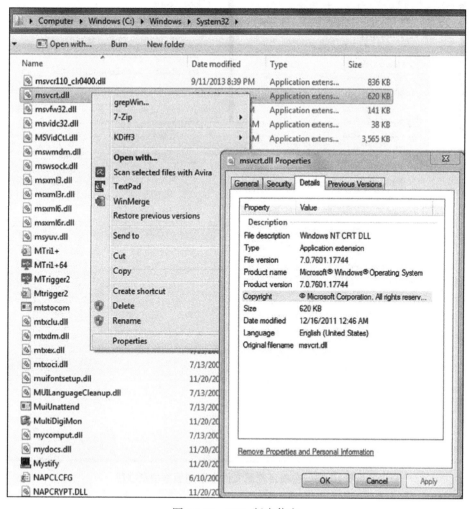

图 10-27　DLL 版本信息

10.3.2 指定 DLL 版本信息

为了方便演示 Windows DLL 版本控制中的重要问题，我们会创建一个 Visual Studio 解决方案，其中包含两个项目：

- VersionedDLL 项目，用于构建包含版本信息的 DLL 文件。
- VersionedDLLClientApp 项目，用于构建客户应用程序，该程序会加载包含版本信息的 DLL 文件并从中提取版本控制信息。

添加 DLL 项目的版本控制信息的方法通常是在项目资源文件中添加版本信息字段，如图 10-28 所示。

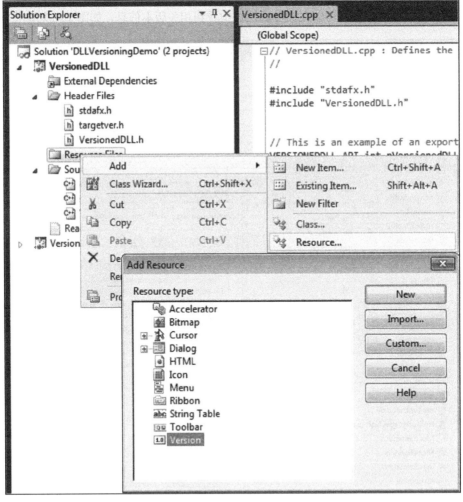

图 10-28　在项目资源文件中添加版本信息字段

将版本信息资源添加到 DLL 项目资源文件中后，我们就可以使用 Visual Studio 资源编辑器查看和修改版本信息了。

如图 10-29 所示，版本控制信息提供了两组不同的键值对来表示版本：FILEVERSION 和 PRODUCTVERSION。虽然在很多实际的应用场景中这两个元素具有相同的值，但这两个元素的设置方法存在差别，如果在许多项目中都使用这个 DLL，那么该文件的版本号有可能会比产品版本号大很多。

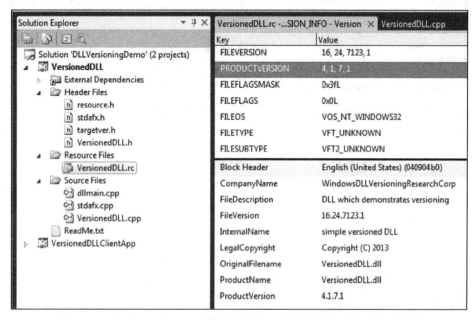

图 10-29　在 Visual Studio 编辑器中设置文件版本信息和产品版本信息

一般情况下，新创建的 DLL 文件会使用一个较小的整数作为其版本号（包含主版本号、次版本号和构建版本号）。在本例中，为了便于演示起见，不仅设置了很大的版本号，而且还特意把 FILEVERSION 和 PRODUCTVERSION 的值设置成不同的值。

在项目构建完成后，我们可以在资源管理器面面板的文件图标上右击，选择属性，就可以看到编辑版本信息资源文件设定后的版本信息（见图 10-30）。

10.3.3　查询并获取 DLL 版本信息

DLL 的版本信息在很多情况下都是十分重要的。如果客户二进制程序是根据 DLL 的版本来执行不同功能的，就需要通过编程来检查 DLL 的版本信息。用于部署和安装的安装包则需要先获取原先 DLL 的版本信息，再决定是否将当前 DLL 替换或覆盖为新版本的 DLL。最后，DLL 版本信息对于系统管理维护或查错也是很有帮助的。

在本节内容中，我们将主要对如何使用可编程的方式获取 DLL 版本控制信息进行讲解。

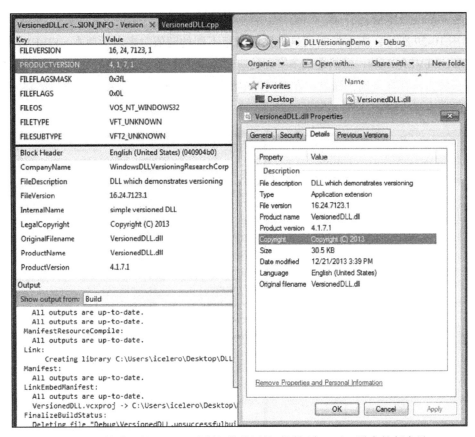

图 10-30　构建后的 DLL 二进制文件的属性对话框中显示已设定的版本号

1. VERSIONINFO 结构体

在 <shlwapi.h> 头文件中声明了 DLLVERSIONINFO 结构体，该结构体通常被用来传递版本控制信息。图 10-31 展示了其中的细节。

2. 链接需求

如果软件模块需要使用版本控制下的功能，那么就必须链接 version.dll 文件（也就是说，我们需要在链接器输入清单中指定 version.lib 导入库），如图 10-32 所示。

接下来将会介绍获取 DLL 版本信息的方法。

3. 优雅的方式：调用 DLL 的 DllGetVersion 函数

设计良好的 DLL 通常都会对外提供和实现 DllGetVersion() 函数，其函数签名如下所示：

```
HRESULT CALLBACK DllGetVersion( DLLVERSIONINFO *pdvi);
```

在 MSDN 文 档（http://msdn.microsoft.com/enus/library/windows/desktop/bb776404(v=vs.85).aspx.）中有该函数的相关介绍。一般微软提供的 DLL 都提供了这个功能。

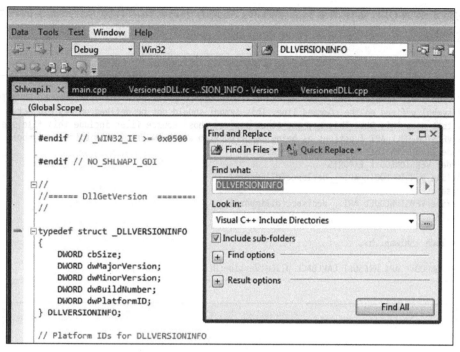

图 10-31　DLLVERSIONINFO 结构体

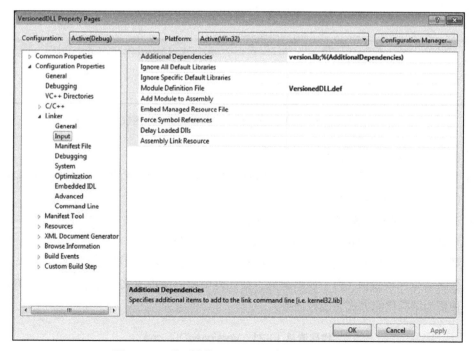

图 10-32　需要链接 version.lib（version.dll）文件

为自定义的 DLL 实现该函数非常简单。实现方法是将该函数置为对外提供的符号，并实现这个函数原型，如代码清单 10-20 和图 10-33 所示。

代码清单 10-20　VersionDll.h

```
// The following ifdef block is the standard way of creating macros which make exporting
// from a DLL simpler. All files within this DLL are compiled with the VERSIONEDDLL_EXPORTS
// symbol defined on the command line. This symbol should not be defined on any project
// that uses this DLL. This way any other project whose source files include this file see
// VERSIONEDDLL_API functions as being imported from a DLL, whereas this DLL sees symbols
// defined with this macro as being exported.
#ifdef VERSIONEDDLL_EXPORTS
#define VERSIONEDDLL_API __declspec(dllexport)
#else
#define VERSIONEDDLL_API __declspec(dllimport)
#endif

#include <Shlwapi.h>

VERSIONEDDLL_API HRESULT CALLBACK DllGetVersion(DLLVERSIONINFO* pdvi);
```

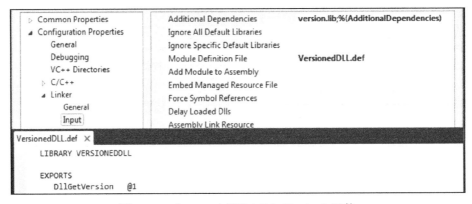

图 10-33　在 DLL 中导出 DllGetVersion() 函数

有很多方法可以实现该函数：

- 使用预设的一组值设置 DLLVERSIONINFO 结构体中成员的值。建议使用具名常量（而不是使用文字常量）作为版本信息的值。
- 通过加载 DLL 资源来填充 DLLVERSIONINFO 结构体，从资源中提取出版本信息字符串，并从中解析出主版本号、次版本号和构建版本号。

代码清单 10-21 展示了将两种方法结合起来使用的方法。如果无法获取到版本信息资源，函数将会返回预设值（为了简单起见，在代码中我们使用了文字常量。我们都知道可以使用一种更为结构化的方式完成该任务）。

代码清单 10-21　VersionedDLL.cpp

```
#define SERVICE_PACK_HOTFIX_NUMBER  (16385)
```

```
VERSIONEDDLL_API HRESULT CALLBACK DllGetVersion(DLLVERSIONINFO* pdvi)
{
        if(pdvi->cbSize != sizeof(DLLVERSIONINFO) &&
           pdvi->cbSize != sizeof(DLLVERSIONINFO2))
        {
                return E_INVALIDARG;
        }
        if(FALSE == extractVersionInfoFromThisDLLResources(pdvi))
        {
                // should not happen that we end up here,
                // but just in case - try to save the day
                // by sticking in the actual version numbers
                // TBD: use parametrized value instead of literals
                pdvi->dwMajorVersion = 4;
                pdvi->dwMinorVersion = 1;
                pdvi->dwBuildNumber  = 7;
                pdvi->dwPlatformID   = DLLVER_PLATFORM_WINDOWS;
        }
        if(pdvi->cbSize == sizeof(DLLVERSIONINFO2))
        {
                DLLVERSIONINFO2 *pdvi2 = (DLLVERSIONINFO2*)pdvi;
                pdvi2->dwFlags = 0;
                pdvi2->ullVersion = MAKEDLLVERULL(pdvi->dwMajorVersion,
                                                  pdvi->dwMinorVersion,
                                                  pdvi->dwBuildNumber,
                                                  SERVICE_PACK_HOTFIX_NUMBER);
        }
        return S_OK;
}
```

代码清单 10-22 列出了从 DLL 资源中提取版本信息的功能实现。

代码清单 10-22　VersionedDLL.cpp（这部分代码需要放到 DllGetVersion 定义之前）

```
extern HMODULE g_hModule;

BOOL extractVersionInfoFromThisDLLResources(DLLVERSIONINFO* pDLLVersionInfo)
{
    static WCHAR fileVersion[256];
    LPWSTR lpwstrVersion = NULL;
        UINT   nVersionLen  = 0;
    DWORD  dwLanguageID = 0;
    BOOL   retVal;

    if(NULL == pDLLVersionInfo)
        return FALSE;

    HRSRC hVersion = FindResource(g_hModule,
                                  MAKEINTRESOURCE(VS_VERSION_INFO),
                                  RT_VERSION );
    if(NULL == hVersion)
        return FALSE;

    HGLOBAL hGlobal = LoadResource( g_hModule, hVersion );
    if(NULL == hGlobal)
        return FALSE;
```

```
    LPVOID lpstrFileVersionInfo  = LockResource(hGlobal);
    if(NULL == lpstrFileVersionInfo)
        return FALSE;

    wsprintf(fileVersion, L"\\VarFileInfo\\Translation");
    retVal = VerQueryValue ( lpstrFileVersionInfo,
                            fileVersion, (LPVOID*)&lpwstrVersion, (UINT *)&nVersionLen);
    if(retVal && (4 == nVersionLen))
    {
        memcpy(&dwLanguageID, lpwstrVersion, nVersionLen);
        wsprintf(fileVersion, L"\\StringFileInfo\\%02X%02X%02X%02X\\ProductVersion",
                        (dwLanguageID & 0xff00)>>8,
                         dwLanguageID & 0xff,
                        (dwLanguageID & 0xff000000)>>24,
                        (dwLanguageID & 0xff0000)>>16);
    }
    else
    wsprintf(fileVersion,L"\\StringFileInfo\\%04X04B0\\ProductVersion",GetUserDefaultLangID());

    if(FALSE == VerQueryValue (lpstrFileVersionInfo,
                            fileVersion,
                            (LPVOID*)&lpwstrVersion,
                            (UINT *)&nVersionLen))
    {
        return FALSE;
    }

    LPWSTR pwstrSubstring = NULL;
    WCHAR* pContext = NULL;
    pwstrSubstring = wcstok_s(lpwstrVersion, L".", &pContext);
    pDLLVersionInfo->dwMajorVersion = _wtoi(pwstrSubstring);

    pwstrSubstring = wcstok_s(NULL, L".", &pContext);
    pDLLVersionInfo->dwMinorVersion = _wtoi(pwstrSubstring);

    pwstrSubstring = wcstok_s(NULL, L".", &pContext);
    pDLLVersionInfo->dwBuildNumber = _wtoi(pwstrSubstring);

    pwstrSubstring = wcstok_s(NULL, L".", &pContext);
    pDLLVersionInfo->dwPlatformID = _wtoi(pwstrSubstring);

    pDLLVersionInfo->cbSize = 5*sizeof(DWORD);

    UnlockResource( hGlobal );
    FreeResource( hGlobal );

    return TRUE;
}
```

需要注意的是，最好在 DllMain() 函数被调用时捕获 DLL 的模块句柄，如代码清单 10-23 所示。

代码清单 10-23   dllmain.cpp

```
// dllmain.cpp : Defines the entry point for the DLL application.
#include "stdafx.h"
```

```
HMODULE g_hModule = NULL;

BOOL APIENTRY DllMain( HMODULE hModule,
                       DWORD  ul_reason_for_call,
                       LPVOID lpReserved
                                         )
{
        switch (ul_reason_for_call)
        {
        case DLL_PROCESS_DETACH:
        g_hModule = NULL;
                break;
        case DLL_PROCESS_ATTACH:
                g_hModule = hModule;
        case DLL_THREAD_ATTACH:
        case DLL_THREAD_DETACH:
                break;
        }
        return TRUE;
}
```

最后，代码清单 10-24 展示了客户二进制文件获取版本控制信息的方法。

代码清单 10-24　main.cpp（客户端应用程序）

```
BOOL extractDLLProductVersion(HMODULE hDll, DLLVERSIONINFO* pDLLVersionInfo)
{
    if(NULL == pDLLVersionInfo)
        return FALSE;

    DLLGETVERSIONPROC pDllGetVersion;
    pDllGetVersion = (DLLGETVERSIONPROC) GetProcAddress(hDll, "DllGetVersion");
    if(NULL == pDllGetVersion)
        return FALSE;

    ZeroMemory(pDLLVersionInfo, sizeof(DLLVERSIONINFO));
    pDLLVersionInfo->cbSize = sizeof(DLLVERSIONINFO);
    HRESULT hr = (*pDllGetVersion)(pDLLVersionInfo);
    if(FAILED(hr))
        return FALSE;

    return TRUE;
}
```

4. 粗暴的方式：直接检查文件版本信息

如果 DLL 不对外提供 DllGetVersion() 函数，你还可以使用一种比较粗暴的方式提取潜入在文件资源中的版本控制信息。我们只需在客户二进制文件的代码中稍做修改就可以实现该功能。将下面列出的代码和前一节中的代码进行对比后发现，使用的方法是一样的：都是从文件中加载版本控制信息资源，然后从中提取出版本信息字符串，最后从字符串中提取出其包含的主次版本号（见代码清单 10-25）。

代码清单 10-25   main.cpp（客户端应用程序）

```
BOOL versionInfoFromFileVersionInfoString(LPSTR lpstrFileVersionInfo,
                                          DLLVERSIONINFO* pDLLVersionInfo)
{
    static WCHAR fileVersion[256];
    LPWSTR lpwstrVersion    = NULL;
    UINT   nVersionLen = 0;
    DWORD  dwLanguageID = 0;
    BOOL   retVal;

    if(NULL == pDLLVersionInfo)
        return FALSE;

    wsprintf(fileVersion, L"\\VarFileInfo\\Translation");
    retVal = VerQueryValue ( lpstrFileVersionInfo,
                             fileVersion, (LPVOID*)&lpwstrVersion, (UINT *)&nVersionLen);
    if(retVal && (4 == nVersionLen))
    {
        memcpy(&dwLanguageID, lpwstrVersion, nVersionLen);
        wsprintf(fileVersion, L"\\StringFileInfo\\%02X%02X%02X%02X\\FileVersion",
                (dwLanguageID & 0xff00)>>8,
                 dwLanguageID & 0xff,
                (dwLanguageID & 0xff000000)>>24,
                (dwLanguageID & 0xff0000)>>16);
    }
    else
        wsprintf(fileVersion,L"\\StringFileInfo\\%04X04B0\\FileVersion",GetUserDefaultLangID());

    if(FALSE == VerQueryValue (lpstrFileVersionInfo,
                               fileVersion,
                               (LPVOID*)&lpwstrVersion,
                               (UINT *)&nVersionLen))
    {
        return FALSE;
    }

    LPWSTR pwstrSubstring = NULL;
    WCHAR* pContext = NULL;
    pwstrSubstring = wcstok_s(lpwstrVersion, L".", &pContext);
    pDLLVersionInfo->dwMajorVersion = _wtoi(pwstrSubstring);
    pwstrSubstring = wcstok_s(NULL, L".", &pContext);
    pDLLVersionInfo->dwMinorVersion = _wtoi(pwstrSubstring);

    pwstrSubstring = wcstok_s(NULL, L".", &pContext);
    pDLLVersionInfo->dwBuildNumber = _wtoi(pwstrSubstring);

    pwstrSubstring = wcstok_s(NULL, L".", &pContext);
    pDLLVersionInfo->dwPlatformID = _wtoi(pwstrSubstring);

    pDLLVersionInfo->cbSize = 5*sizeof(DWORD);
    return TRUE;
}

BOOL extractDLLFileVersion(DLLVERSIONINFO* pDLLVersionInfo)
{
    DWORD dwVersionHandle = 0;
```

```
    DWORD dwVersionInfoSize = GetFileVersionInfoSize (DLL_FILENAME, &dwVersionHandle);
    if(0 == dwVersionInfoSize)
        return FALSE;

    LPSTR lpstrFileVersionInfo = (LPSTR) malloc (dwVersionInfoSize);
    if (lpstrFileVersionInfo == NULL)
        return FALSE;

    BOOL bRetValue = GetFileVersionInfo(DLL_FILENAME,
                                        dwVersionHandle,
                                        dwVersionInfoSize,
                                        lpstrFileVersionInfo);
    if(bRetValue)
    {
        bRetValue = versionInfoFromFileVersionInfoString(lpstrFileVersionInfo, pDLLVersionInfo);
    }

    free (lpstrFileVersionInfo);
    return bRetValue;
}

int main(int argc, char* argv[])
{
    //
    // Examining the DLL file ourselves
    //
    memset(&dvi, 0, sizeof(DLLVERSIONINFO));
    if(extractDLLFileVersion(&dvi))
    {
        printf("DLL File Version (major, minor, build, platformID) = %d.%d.%d.%d\n",
                dvi.dwMajorVersion, dvi.dwMinorVersion,
                dvi.dwBuildNumber, dvi.dwPlatformID);
    }
    else
        printf("DLL File Version extraction failed\n");

    FreeLibrary(hDll);

    return 0;
}
```

最后，使用两种不同的方式（DLL 查询方法和不友好的直接访问方法）获取版本信息的演示程序的运行结果，如图 10-34 所示。

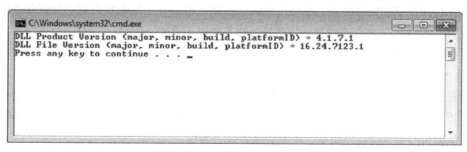

图 10-34 编程提取 DLL 产品版本信息和文件版本信息

动态库：其他主题

我们现在已经对动态库概念的方方面面都有了全面的了解，在介绍软件专业人员日常处理库文件的工具集之前，最好先把余下的一些有关动态库的问题介绍完。首先，我们会一起了解一下插件的概念，插件的使用非常广泛，它可以无缝地对框架的基本功能进行扩展。然后，介绍一些基于动态库的实际用途。最后，再介绍一些开发人员日常可能会遇到的问题及其解决方法。

11.1 插件

也许利用动态链接这种方法所产生的最为重要的概念就要属插件了。插件的概念其实不难理解，因为在每天的工作当中，我们都会用到这个概念，而且绝大多数情况下对于没有技术背景的人来说也是如此。有一个例子可以很好地解释插件这个概念：根据不同的情况和终端用户不同的需求，我们会为电钻更换不同大小的钻头，如图 11-1 所示。

而在软件领域中插件的概念也是类似的。实际上就是一个用来负责特定处理业务的操作（比如说用于修改照片属性的照片处理程序）的主程序（或执行环境），以及一组执行某项特定处理操作（比如模糊滤镜、锐化滤镜、褐色滤镜、色彩对比度滤镜、高反差保留滤镜和平均滤镜等）的模块，这个概念很容易理解。

但是，这还不是我们想讲的全部内容。

并不是说只要是包含核心应用程序和相关功能模块的系统就属于"基于插件的架构"。如果系统架构想要支持插件模型，还需要满足以下条件：

- 添加或删除插件不需要重新编译应用程序。相反，应用程序应该具备运行时加载使用插件的功能。

● 功能模块应该使用类似于运行时加载机制的方式对外提供其功能。

● 在运行时无论插件是否可用，对于终端用户来说系统都要能够确保正常运行。

实际上，利用以下设计决策就可以满足上面所提到的需求：

● 将插件以动态库的方式实现。在不考虑内部功能性的情况下，所有插件动态库都需要对外提供标准化的接口（提供一组应用程序可以控制插件执行过程的函数）。

● 应用程序使用动态库加载的方式来加载插件。通常支持以下两种加载方式：

■ 运行时，应用程序在预先设定的目录中查找并加载动态库文件。在加载时，应用程序就会尝试查找插件对外提供的标准化符号接口。如果没有找到相应的符号（或只找到了其中一部分），就卸载当前的插件动态库。

■ 运行时，用户可以通过特定的 GUI 选项来指定插件的路径，并通知应用程序加载插件使用其功能。

图 11-1　电钻和钻头：插件概念的实例

11.1.1　导出规则

对于所有插件架构的设计来说，并没有严格的规则定义。但一些常识性指导原则还是有的。根据 C++ 语言所引发的链接问题这一节描述的信息来看，绝大多数基于插件的架构都遵循了最为简单有效的方法：插件对外提供符合 C 链接约定的函数[注]组成的接口指针。

_____

　　㊀　符合 C 链接约定的函数，即 C-linkage Function。——译者注

虽然可以使用 C++ 类来实现插件的内部功能，但我们通常只使用 C++ 类来实现由动态库导出的接口，并将类实例的指针（转换成接口指针）传递给应用程序。

11.1.2 一些流行的插件架构

有许多类型的流行程序都支持插件架构，比如（这里仅罗列出一小部分）：

- 图像处理应用程序（如 Adobe Photoshop 等）。
- 视频处理应用程序（如 Sony Vegas 等）。
- 声音处理程序（Steinberg VST 插件架构，得到主流声音编辑器的普遍支持）。
- 多媒体框架（GStreamer、avisynth）和流行的多媒体播放器（Winamp、MPlayer）。
- 文本编辑器（许多文本编辑器都有用于提供某些功能的插件）。
- 软件集成开发环境（IDE）可以通过插件支持很多功能。
- 版本控制系统的前端 GUI 应用程序。
- 网页浏览器（NPAPI 插件架构）。

每个插件架构通常都会发布插件接口文档，其中详细规定了应用程序与插件之间的接口定义细节。

11.2 提示和技巧

在结束动态库概念的讲解以前，让我们一起来回顾和组织你到目前为止所学习的内容，并进行归纳总结。在日常设计实践中，将相同的事物组织成不同的形式往往会带来意想不到的结果。

11.2.1 使用动态库的实际意义

在看过所有有关动态库的细节之后，链接动态库是一种基于符号的链接。在构建阶段，客户可执行文件需要关心的确实也只是动态库的符号。只有在运行时加载阶段，才会加载动态库中的节（代码节、数据节等）。我们可以从许多实际的使用情况中获得有用的信息。

1. 隔离功能以实现快速开发

动态库的概念赋予了程序员很多自由。只要确保客户二进制文件中最重要的接口不发生改变，程序员就可以随意改变动态库中的任何代码。

这一点虽然简单，但由于会极大地减少不必要的编译时间，因此会对日常编程工作带来巨大的影响。在以往，哪怕是非常小的代码改动，都需要将整个程序进行重新编译。而现在开发人员通过动态库，只需重新构建修改的动态库部分的代码即可。这就不难理解为什么开发人员在开发工作结束以前，通常会使用动态库来管理代码。

2. 在运行时进行快速替换

在构建时，客户二进制文件并不需要动态库的完整内容。相反，客户二进制文件构建时只需要动态库的符号集合——相比之下不多也不少。

这个问题很有意思。请先深呼吸，然后再来看一下这句话的具体含义。

你在构建阶段所使用的动态库二进制文件和运行时加载的动态库文件，可以是完全不同的两个库文件，但唯有一个条件必须满足：两个动态库文件的符号必须完全一致。

换言之（是的，这完全可以和一些例子类比），如果只是想静态链接动态库，你可以使用还没完全实现代码（肉体和血）的动态库，只要提前规定好最后的符号（骨骼），保证编译和运行时符号匹配即可。

如果可以确保动态库中对外提供的符号不发生改变，你也可以使用开发过程中的动态库。

此外，你可以在构建时使用适合某种特定形式的动态库（比如语言包），而在运行时使用另一个动态库——只要这两个动态库二进制文件中对外提供的符号相同即可。

这种功能非常有趣。在 Android Native 程序开发中有一个极端的例子，可以展示使用这种功能的方法。在开发模块（动态库或 Native 程序）的过程中，我们经常可以看到整个开发团队将所有源代码都添加到整个 Android 项目的源代码树中，这种做法没有必要，而且也并不明智，因为这么做的结果是构建可能要花费好几个小时的时间才能完成。

作为替代方案，一种更为有效的方法是将每个不同功能模块作为独立的 Android 项目进行开发，而不是添加到整个 Android 源代码树中。这样做，Android Native 动态库文件仅需几分钟的时间就可以完成编译，并可以从某个 Android 设备或手机中复制添加到整个项目的构建结构中去。相比之前构建所需数个小时，现在构建整个工程最多只要几分钟的时间。

尽管从最近可用的 Android 手机中获取的动态库代码（.text 节）与 Android 源代码树中的代码可能会有不同，但两个动态库提供的符号应该是一致的。很显然，从 Android 设备中获取动态库并快速地进行替换可以满足构建的需要，但在运行时应用程序会加载正确的动态库二进制文件。

11.2.2　其他主题

本章余下的内容将对以下一些比较有趣的知识点进行总结：

● 将动态库转换成可执行文件。
● Windows 库的运行时内存冲突处理。
● 链接器弱符号。

1. 将动态库转换成可执行文件

在之前对动态库的介绍性讨论中已经指出，动态库和可执行文件之间的区别是后者有启动例程，可以允许内核加载执行。从其他所有方面来看，尤其是和静态库相比，动态库和可执行文件本质上是相同的，因为动态库和可执行文件中的所有引用都已经完成解析。

考虑到如此多的相似之处和如此少的差异，有没有可能把动态库转换成可执行文件呢？

这个问题的答案是：可以。尤其是在 Linux 平台上（后面会确认这个结论在 Windows 平台上也成立）。实际上，C 运行时库实现（libc.so）就是一个可执行文件。当在 shell 窗口中输入其文件名，调用 libc.so 的时候，得到的输出如图 11-2 所示。

```
milan@milan$ /lib/i386-linux-gnu/libc.so.6
GNU C Library (Ubuntu EGLIBC 2.15-0ubuntu10) stable release version 2.15, by Roland
McGrath et al.
Copyright (C) 2012 Free Software Foundation, Inc.
This is free software; see the source for copying conditions.
There is NO warranty; not even for MERCHANTABILITY or FITNESS FOR A
PARTICULAR PURPOSE.
Compiled by GNU CC version 4.6.3.
Compiled on a Linux 3.2.14 system on 2012-04-19.
Available extensions:
        crypt add-on version 2.1 by Michael Glad and others
        GNU Libidn by Simon Josefsson
        Native POSIX Threads Library by Ulrich Drepper et al
        BIND-8.2.3-T5B
libc ABIs: UNIQUE IFUNC
For bug reporting instructions, please see:
<http://www.debian.org/Bugs/>.
milan@milan$
```

图 11-2 将 libc.so 作为可执行文件执行

自然地，接下来的问题就是为了保证动态库可以正确执行，应该如何实现动态库呢？
以下描述的方法使其成为可能：

- 实现动态库的 main 函数，函数原型是：

  int main(int argc, char* argv[];

- 将标准的 main() 函数声明为动态库的入口点。将 -e 链接器选项传递给链接器可以完成该任务。

  gcc -shared *-Wl,-e,main -o<libname>*

- 将 main() 函数转变成无返回值的函数。可以通过在 main() 函数最后一行插入 _exit(0) 来实现。

- 将解释器指定为动态链接器。使用以下代码完成该任务：

  ```
  #ifdef __LP64__
  const char service_interp[] __attribute__((section(".interp"))) =
          "/lib/x86_64-linux-gnu/ld-linux-x86-64.so.2";
  #else
  const char service_interp[] __attribute__((section(".interp"))) =
          "/lib/ld-linux.so.2";
  #endif
  ```

- 构建动态库的时候不开启优化（使用 -O0 编译器选项）。

我们用一个简单的示例项目来展示这个思想。为了证明动态库的二重性（也就是说动态库既可以作为一个可执行文件运行，也依然可以起到常规动态库的作用），该示例项目不只包含示例动态库，还有一个需要动态加载该动态库的可执行文件，该可执行文件会调用

printMessage() 函数。代码清单 11-1 展示了可执行共享库项目的细节。

代码清单　11-1

file: executableSharedLib.c

```c
#include "sharedLibExports.h"
#include <unistd.h> // needed for the _exit() function

// Must define the interpretor to be the dynamic linker
#ifdef __LP64__
const char service_interp[] __attribute__((section(".interp"))) =
    "/lib/x86_64-linux-gnu/ld-linux-x86-64.so.2";
#else
const char service_interp[] __attribute__((section(".interp"))) =
    "/lib/ld-linux.so.2";
#endif

void printMessage(void)
{
    printf("Running the function exported from the shared library\n");
}
int main(int argc, char* argv[])
{
    printf("Shared library %s() function\n", __FUNCTION__);

    // must make the entry point function to be a 'no-return' function type
    _exit(0);
}
```

file: build.sh

```sh
g++ -Wall -O0 -fPIC -I./exports/ -c src/executableSharedLib.c -o src/executableSharedLib.o
g++ -shared -Wl,-e,main ./src/executableSharedLib.o -pthread -lm -ldl -o
../deploy/libexecutablesharedlib.so
```

代码清单 11-2 展示了示例应用程序的细节，目的是证明共享库成为可执行文件后不会丢失其原本的功能。

代码清单　11-2

file: main.c

```c
#include <stdio.h>
#include "sharedLibExports.h"

int main(int argc, char* argv[])
{
    printMessage();
    return 0;
}
```

file: build.sh

```sh
g++ -Wall -O2 -I../sharedLib/exports/ -c src/main.c -o src/main.o
    g++ ./src/main.o -lpthread -lm -ldl -L../deploy -lexecutablesharedlib -Wl,-Bdynamic -Wl,-R
../deploy -o demoApp
```

当你尝试执行该程序时，其输出结果如图 11-3 所示。

图 11-3　展示示例项目的二重性（动态库和可执行文件）

项目的源代码中包含了更多细节。

2. Windows 库运行时内存冲突处理

通常来说，当动态库被加载到进程时，就成为进程的一个合法组成部分，也就继承了进程的所有特权，包括访问堆的特权（动态内存分配使用的内存池）。由于这些原因，有件事情就变得很正常了：我们可以在一个动态库函数中分配内存，并将其传递到一个属于其他动态库（或者可执行文件代码）的函数中，当这部分内存不再使用时，可以在这些函数中将其释放。

但是，整个过程中有个特殊的问题需要我们关注。

通常来说，无论有多少动态库需要加载到进程当中，这些动态库都需要链接同一个 C 运行时库实例。C 运行时库提供了内存分配的基础工具——malloc 和 free（在 C++ 中则是 new 和 delete），还提供了跟踪内存缓冲区分配的实现。如果该基础工具对每个进程唯一，那么就可以解释为什么在上面描述的方法中，任何库中的函数都可以释放由其他任何库分配的内存了。

但是在 Windows 程序设计领域会有一些有趣的情况。Visual Studio 提供了（至少）两个基础动态库，所有的可执行文件（应用程序或动态库），都基于这两个 DLL 构建——C 运行时库（msvcrt.dll）和微软基础类（MFC）库（mfx42.dll）。有时，项目会混合使用多个 DLL 文件，而这些 DLL 文件可能是基于不同的基础 DLL 构建的，在这种情况下可能会因违背一些规则而发生不愉快的情况。

为了更清晰地阐述这个问题，我们来看一个例子。在同一个项目中你需要在运行时加载下面两个动态库：DLL"A"，基于 msvcrt.dll 构建，DLL"B"，基于 MFC 的 DLL 构建。现在让我们假设 DLL"A"分配内存缓冲区，并将其传递给 DLL"B"，B 使用了缓冲区并将其释放。在这个示例中，释放内存会导致程序崩溃（这个异常类似于图 11-4）。

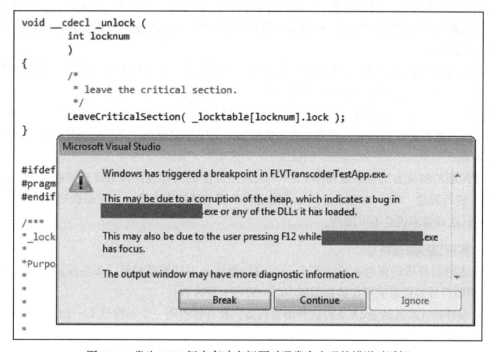

图 11-4　发生 DLL 间内存冲突问题时通常会出现的错误对话框

产生该问题的原因是两个程序分别记录内存中的可用内存池信息。C 运行时库 DLL 和 MFC 的 DLL 都维护了自己的、分离的列表来记录各自分配的缓冲区，如图 11-5 所示。

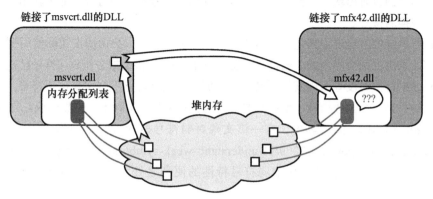

图 11-5　不同 DLL 会分别维护不相关的内存分配信息，导致运行时内存冲突问题

正常来说，将待释放缓冲区传递给内存分配工具时，内存分配工具会在已分配内存地址列表中进行搜索，如果在列表中找到了待释放的缓冲区，就可以成功释放缓冲区。但如果在一个链表中维护已分配的缓冲区（也就是说由 C 运行时 DLL 维护的），传递缓冲区后，在另一个链表中（也就是由 MFC 的 DLL 维护的）试图释放该缓冲区，内存分配工具就无法在链表中找到该缓冲区的内存地址，所以内存释放调用会抛出一个异常。即使你默默处理了异常，应用程序是否能够将缓冲区传递给正确的 DLL 进行释放也依然值得商榷，并会因此引发内存泄露问题。

让事情变得更糟糕的是，事实上，没有一个常用的内存边界检查工具可以检测并报告这类错误。这类工具的检测方式往往是检查程序中的内存使用规范（比如写内存越界、覆盖缓冲区地址，等等），但是这种情况实际上没有违背任何规范。这使得该问题变得难以处理，除非你对该问题提前有所防备，否则真的难以找到问题的准确原因，更不必说找到该问题的解决方案了。

该问题的解决方案也异常简单：一个 DLL 中分配的内存缓冲区最终应该被传递回同一个 DLL 进行释放。唯一的问题是，为了使用这个简单的解决方案，你需要获取两个 DLL 的源代码，这通常来说是不可能的。

3. 解释链接器弱符号

链接器弱符号的思想本质上类似于面向对象语言中的覆盖特性（多态性原则的表现之一）。当弱符号的思想应用在链接领域中时，实际上意味着：

- 编译器（尤其是 gcc）支持这种语言构造，允许你声明一个弱符号（一个函数，或全局变量，或是函数中的静态变量）。

  下面的示例展示了如何将一个 C 函数声明为一个弱符号：

  ```
  int __attribute__((weak)) someFunction(int, float);
  ```

- 链接器根据该信息，使用一种独特的方法来处理这类符号。

  - 如果链接时出现了其他的同名符号，且同名符号不是弱符号，那么就用另一个符号替换弱符号。

  - 如果链接时出现了其他的同名的弱符号，链接器可以自由决定实际使用哪个符号。

  - 如果出现两个同名的非弱符号（也就是强符号），将会报告错误（符号已定义）。

  - 如果链接时没有出现其他同名符号，那么链接器可能不会实现这个符号。如果这个符号是一个函数指针，就有必要对代码进行保护（实际上，强烈建议总是这样做）。

在 Winfred C.H.Lu 的博客中，有一篇文章对弱符号概念进行了精彩的阐述，网址为：http://winfred-lu.blogspot.com/2009/11/understand-weak-symbols-by-examples.html。Andrew Murray 的博客中介绍了实际工作中弱符号特性的便利之处，网址为：www.embedded-bits.co.uk/2008/gcc-weak-symbols/。

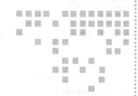

第 12 章　*Chapter 12*

Linux 工具集

本章将为读者介绍一些分析 Linux 二进制文件内容的工具（实用程序和其他方法）。

12.1　快速查看工具

我们可以利用 file 和 size 实用程序来简单直接地查看二进制文件的细节。

12.1.1　file 实用程序

命令行工具 file(http://linux.die.net/man/1/file)可以用于查看几乎任何类型文件的详细信息。由于可以查看二进制文件的绝大多数基本信息，因此该工具迟早会派上用场，如图 12-1 所示。

```
$ file /usr/bin/gst-inspect-0.10
/usr/bin/gst-inspect-0.10: ELF 32-bit LSB executable, Intel 80386, version 1 (SY
SV), dynamically linked (uses shared libs), for GNU/Linux 2.6.24, BuildID[sha1]=0x41b8f8a4
1450a5b090992220ee852afe2f9d00c2, stripped
$
$
$ file /usr/lib/i386-linux-gnu/xen/libpthread.a
/usr/lib/i386-linux-gnu/xen/libpthread.a: current ar archive
$
$
$ file /lib/i386-linux-gnu/libc-2.15.so
/lib/i386-linux-gnu/libc-2.15.so: ELF 32-bit LSB shared object, Intel 80386, version 1 (SY
SV), dynamically linked (uses shared libs), BuildID[sha1]=0xe4a0e031bf20aaf48f716bee471e36
f5262d7730, for GNU/Linux 2.6.24, stripped
$
```

图 12-1　使用 file 实用程序

12.1.2 size 实用程序

命令行工具 size（http://linux.die.net/man/1/size）能够快速地获取 ELF 节的字节长度信息，如图 12-2 所示。

```
$ size /usr/bin/gst-inspect-0.10
   text    data     bss     dec     hex filename
  29056     836      20   29912    74d8 /usr/bin/gst-inspect-0.10
$
$
$ size /lib/i386-linux-gnu/libc-2.15.so
   text    data     bss     dec     hex filename
1696633   11508   11316 1719457  1a3ca1 /lib/i386-linux-gnu/libc-2.15.so
$
$
$ size /usr/lib/i386-linux-gnu/xen/libdl.a
   text    data     bss     dec     hex filename
     83       0       0      83      53 dlopen.o (ex /usr/lib/i386-linux-gnu/xen/libdl.a)
     49       0       0      49      31 dlclose.o (ex /usr/lib/i386-linux-gnu/xen/libdl.a)
     83       0       0      83      53 dlsym.o (ex /usr/lib/i386-linux-gnu/xen/libdl.a)
     91       0       0      91      5b dlvsym.o (ex /usr/lib/i386-linux-gnu/xen/libdl.a)
     49       0       0      49      31 dlerror.o (ex /usr/lib/i386-linux-gnu/xen/libdl.a)
     49       0       0      49      31 dladdr.o (ex /usr/lib/i386-linux-gnu/xen/libdl.a)
     49       0       0      49      31 dladdr1.o (ex /usr/lib/i386-linux-gnu/xen/libdl.a)
     91       0       0      91      5b dlinfo.o (ex /usr/lib/i386-linux-gnu/xen/libdl.a)
     91       0       0      91      5b dlmopen.o (ex /usr/lib/i386-linux-gnu/xen/libdl.a)
```

图 12-2　使用 size 实用程序

12.2　详细信息分析工具

我们可以使用名为 binutils 的工具集合（www.gnu.org/software/binutils/）来获取有关二进制文件属性的详细信息。我将会演示 ldd、nm、objdump 和 readelf 工具的使用方法。虽然名为 ldd 的 shell 脚本（该脚本由 Roland McGrath 和 Ulrich Drepper 编写）并不属于 binutils 工具集合，但是该脚本和 binutils 可以很好地协作，因此我们也会介绍该工具的用法。

12.2.1 ldd

ldd 命令（http://linux.die.net/man/1/ldd）是一个非常有用的工具，该工具可以显示出客户二进制文件启动时需要静态加载的动态库的完整列表（即加载时依赖项）。

链接器会将直接依赖项的列表（也就是在构建过程中链接器命令行指定的那些动态库）写入二进制文件的 ELF 格式字段中，在分析加载时依赖项时，ldd 首先会扫描二进制文件并尝试找到这些信息。

ldd 会找出所有嵌入在客户二进制文件中的动态库文件名，并尝试根据运行时库文件搜索规则（在第 7 章中已经有过详细描述）定位这些动态库所对应的实际二进制文件。当完成对直接依赖项的定位之后，ldd 会继续执行该递归过程，查找直接依赖项的依赖项。对于每个间接依赖项来说，ldd 同样会继续调用递归搜索其依赖，以此类推，直到扫描完所有的间接依赖项为止。

当以上递归搜索过程完成后，ldd 会收集找到的依赖项，然后去掉重复项，将结果打印出来，如图 12-3 所示。

```
milan@milan:~$ ldd /usr/bin/gst-inspect-0.10
        linux-gate.so.1 => (0xb772f000)
        libgstreamer-0.10.so.0 => /usr/lib/i386-linux-gnu/libgstreamer-0.10.so.0 (0xb7633000)
        libgobject-2.0.so.0 => /usr/lib/i386-linux-gnu/libgobject-2.0.so.0 (0xb75e4000)
        libglib-2.0.so.0 => /lib/i386-linux-gnu/libglib-2.0.so.0 (0xb74ea000)
        libpthread.so.0 => /lib/i386-linux-gnu/libpthread.so.0 (0xb74cf000)
        libc.so.6 => /lib/i386-linux-gnu/libc.so.6 (0xb7325000)
        libgmodule-2.0.so.0 => /usr/lib/i386-linux-gnu/libgmodule-2.0.so.0 (0xb7320000)
        libxml2.so.2 => /usr/lib/i386-linux-gnu/libxml2.so.2 (0xb71d3000)
        libm.so.6 => /lib/i386-linux-gnu/libm.so.6 (0xb71a6000)
        librt.so.1 => /lib/i386-linux-gnu/librt.so.1 (0xb719d000)
        libdl.so.2 => /lib/i386-linux-gnu/libdl.so.2 (0xb7198000)
        libffi.so.6 => /usr/lib/i386-linux-gnu/libffi.so.6 (0xb7191000)
        libpcre.so.3 => /lib/i386-linux-gnu/libpcre.so.3 (0xb7155000)
        /lib/ld-linux.so.2 (0xb7730000)
        libz.so.1 => /lib/i386-linux-gnu/libz.so.1 (0xb713e000)
milan@milan:~$
```

图 12-3　使用 ldd 实用程序

在使用 ldd 前，需要了解以下限制：

- ldd 无法识别出运行时通过调用 dlopen() 函数动态加载的动态库。必须使用不同的方法才能获取到这类信息。更多详细内容参见第 13 章。
- 根据 ldd 手册页的描述，运行某些版本的 ldd 可能会导致安全问题。

用更安全的方法代替 ldd

如 ldd 手册页所述：

但是请注意，在一些环境中某些版本的 ldd 可能会尝试执行程序来获取依赖信息。所以，你不应该对不受信任的可执行文件执行 ldd 命令，因为这可能会执行任何代码。另一种更安全的替代方法是采用下面所示的方法来处理不受信任的可执行文件（见图 12-4）：

```
$ objdump -p /path/to/program | grep NEEDED
```

```
milan@milan:~$ objdump -p /usr/bin/gst-inspect-0.10 | grep NEEDED
  NEEDED                   libgstreamer-0.10.so.0
  NEEDED                   libgobject-2.0.so.0
  NEEDED                   libglib-2.0.so.0
  NEEDED                   libpthread.so.0
  NEEDED                   libc.so.6
milan@milan:~$
```

图 12-4　使用 objdump（部分地）代替 ldd 工具

可以使用 readelf 工具来达到同样的效果，如图 12-5 所示：

```
$ readelf -d /path/to/program | grep NEEDED
```

显然在分析依赖项时，这两个工具只会读取二进制文件的直接依赖项的列表，而不会再去分析其间接依赖项。从安全性的角度来讲，这当然是一种更安全的获取依赖项的方法。

```
milan@milan:~$ readelf -d /usr/bin/gst-inspect-0.10 | grep NEEDED
 0x00000001 (NEEDED)                     Shared library: [libgstreamer-0.10.so.0]
 0x00000001 (NEEDED)                     Shared library: [libgobject-2.0.so.0]
 0x00000001 (NEEDED)                     Shared library: [libglib-2.0.so.0]
 0x00000001 (NEEDED)                     Shared library: [libpthread.so.0]
 0x00000001 (NEEDED)                     Shared library: [libc.so.6]
milan@milan:~$
```

图 12-5　用 readelf（部分地）替代 ldd 工具

但是，这两个工具提供的依赖项列表一般都远不及 ldd 提供的依赖项列表来得完整。为了获取完整列表，你可能需要自己执行递归依赖搜索过程。

12.2.2　nm

nm 实用程序（http://linux.die.net/man/1/nm）可以列出二进制文件的符号列表（见图 12-6）。该工具可以输出符号并显示出对应的符号类型。如果二进制文件包含 C++ 代码，默认会打印出经过名称修饰之后的符号名。这里列出几种最为常用的输入参数组合：

- $ nm< 二进制文件路径 >：列出二进制文件的所有符号。对于共享库而言，不仅会列出导出符号（在 .dynamic 节中的符号），也会列出其他所有符号。如果你除去了库文件中的某些符号（通过 strip 命令），那么在不使用参数（-D）调用 nm 命令时，nm 将找不到这些被去除的符号。
- $ nm -D< 二进制文件路径 >：只列出动态节中的符号（即共享库中导出的或对外可见的符号）。
- $ nm -C< 二进制文件路径 >：列出未经过名称修饰的符号（见图 12-6）。

```
00084ac0 T pspell_aspell_dummy()
00094040 T acommon::BetterList::set_cur_rank()
00093ed0 T acommon::BetterList::set_best_from_cur()
00094000 T acommon::BetterList::init()
000945f0 T acommon::BetterList::BetterList()
000945f0 T acommon::BetterList::BetterList()
00096c20 W acommon::BetterList::~BetterList()
00096af0 W acommon::BetterList::~BetterList()
00096af0 W acommon::BetterList::~BetterList()
00093f30 T acommon::BetterSize::set_cur_rank()
00093f10 T acommon::BetterSize::set_best_from_cur()
00093ef0 T acommon::BetterSize::init()
00096aa0 W acommon::BetterSize::~BetterSize()
00096a70 W acommon::BetterSize::~BetterSize()
00096a70 W acommon::BetterSize::~BetterSize()
0002dd50 W acommon::BlockSList<acommon::StringPair>::clear()
0002df50 W acommon::BlockSList<acommon::StringPair>::add_block(unsigned int)
0005da00 W acommon::BlockSList<acommon::String>::add_block(unsigned int)
00082900 W acommon::BlockSList<aspeller::Conds const*>::add_block(unsigned int)
```

图 12-6　使用 nm 工具列出未经过名称修饰的符号

- $ nm -D --no-demangle< 二进制文件路径 >：打印出共享库中名称修饰后的动态符号

（见图 12-7）。

在设计共享库时，该选项对于检查一些常见缺陷来说是非常有用的——比如设计者忘记在 ABI 函数声明和定义中加入 extern"C" 说明符（恰好客户二进制文件使用 C 链接约定来引用符号），这时就可以将问题检查出来。

```
00084ac0 T _Z19pspell_aspell_dummyv
00094040 T _ZN7acommon10BetterList12set_cur_rankEv
00093ed0 T _ZN7acommon10BetterList17set_best_from_curEv
00094000 T _ZN7acommon10BetterList4initEv
000945f0 T _ZN7acommon10BetterListC1Ev
000945f0 T _ZN7acommon10BetterListC2Ev
00096c20 W _ZN7acommon10BetterListD0Ev
00096af0 W _ZN7acommon10BetterListD1Ev
00096af0 W _ZN7acommon10BetterListD2Ev
00093f30 T _ZN7acommon10BetterSize12set_cur_rankEv
00093f10 T _ZN7acommon10BetterSize17set_best_from_curEv
00093ef0 T _ZN7acommon10BetterSize4initEv
00096aa0 W _ZN7acommon10BetterSizeD0Ev
00096a70 W _ZN7acommon10BetterSizeD1Ev
00096a70 W _ZN7acommon10BetterSizeD2Ev
0002dd50 W _ZN7acommon10BlockSListINS_10StringPairEE5clearEv
0002df50 W _ZN7acommon10BlockSListINS_10StringPairEE9add_blockEj
0005da00 W _ZN7acommon10BlockSListINS_6StringEE9add_blockEj
00082900 W _ZN7acommon10BlockSListIPKN8aspeller5CondsEE9add_blockEj
0005d740 W _ZN7acommon10BlockSListIPKcE9add_blockEj
```

图 12-7　使用 nm 工具列出名称修饰后的符号

- $ nm -A< 库文件路径 >/*|grep symbol-name：当你在相同目录下的二进制文件中搜索符号时，该命令非常有用，因为 -A 选项会将所有在库中找到的符号名打印出来，如图 12-8 所示。

```
milan@milan-ub-1204-32-lts:/usr/lib$ nm -DA * | grep pspell_aspell_dummy
                        o
                        o
                        o
libaspell.so.15:00084ac0 T _Z19pspell_aspell_dummyv
libaspell.so.15.2.0:00084ac0 T _Z19pspell_aspell_dummyv
libpspell.so.15:00000430 T _Z19pspell_aspell_dummyv
libpspell.so.15.2.0:00000430 T _Z19pspell_aspell_dummyv
```

图 12-8　使用 nm 来递归搜索库文件集合中是否包含某个特定符号

- $ nm -u< 二进制文件路径 >：列出库中未定义的符号（这个库文件本身并不包含该符号，但期望在运行时加载的其他动态库中提供）。

一篇文章（www.thegeekstuff.com/2012/03/linux-nm-command/）中列出了最有用的 10 个 nm 命令可供参考。

12.2.3　objdump

objdump 实用程序 (http://linux.die.net/man/1/objdump) 可以算得上是功能最为丰富的二

进制分析工具了。从时间上讲，该工具中提供的某些功能比 readelf 出现的还早。objdump 的优势在于它不仅支持 ELF 格式，还支持大概 50 种其他格式。同时其反汇编的功能也强于 readelf。

接下来，我们会介绍常用的 objdump 场景。

1. 解析 ELF 头

objdump 命令的 -f 选项可以用来获取目标文件头信息。ELF 头提供了大量有用的信息。尤其可以通过 ELF 头信息快速获取二进制文件类型（目标文件、静态库、动态库和可执行文件）和入口点信息（.text 节的起点），如图 12-9 所示。

```
milan@milan$ objdump -f ./driverApp/driver

./driverApp/driver:     file format elf32-i386
architecture: i386, flags 0x00000112:
EXEC_P, HAS_SYMS, D_PAGED
start address 0x080484c0
■■■■■■■■■■■■■■■■■■■■■■■■■■■■■■■■■■■■■■■■■■■■■■■■■■■■
milan@milan$ objdump -f ./sharedLib/libmreloc.so

./sharedLib/libmreloc.so:     file format elf32-i386
architecture: i386, flags 0x00000150:
HAS_SYMS, DYNAMIC, D_PAGED
start address 0x00000390
■■■■■■■■■■■■■■■■■■■■■■■■■■■■■■■■■■■■■■■■■■■■■■■■■■■■
milan@milan$ objdump -f ./ml_mainreloc.o

./ml_mainreloc.o:     file format elf32-i386
architecture: i386, flags 0x00000011:
HAS_RELOC, HAS_SYMS
start address 0x00000000
```

图 12-9　使用 objdump 解析多种类型二进制文件的 ELF 头

在查看静态库信息时，objdump -f 会打印出在库中找到的每个目标文件的 ELF 头信息。

2. 列出并查看节信息

objdump -h 选项用来列出所有二进制文件的节（见图 12-10）。

在查看节的时候，objdump 提供了一些开发人员常用的命令行开关。在下面的内容中，我们将了解几个较为重要的例子。

3. 列出所有符号

objdump -t< 二进制文件路径 > 命令与 nm< 二进制文件路径 > 命令的执行结果完全相同（见图 12-11）。

4. 列出动态符号

objdump -T< 二进制文件路径 > 命令与 nm -D< 二进制文件路径 > 命令的执行结果完全相同（见图 12-12）。

```
milan@milan$ objdump -h libmreloc.so

libmreloc.so:      file format elf32-i386

Sections:
Idx Name          Size      VMA       LMA       File off  Algn
  0 .note.gnu.build-id 00000024  00000114  00000114  00000114  2**2
                  CONTENTS, ALLOC, LOAD, READONLY, DATA
  1 .gnu.hash     00000040  00000138  00000138  00000138  2**2
                  CONTENTS, ALLOC, LOAD, READONLY, DATA
  2 .dynsym       000000b0  00000178  00000178  00000178  2**2
                  CONTENTS, ALLOC, LOAD, READONLY, DATA
  3 .dynstr       0000007c  00000228  00000228  00000228  2**0
                  CONTENTS, ALLOC, LOAD, READONLY, DATA
  4 .gnu.version  00000016  000002a4  000002a4  000002a4  2**1
                  CONTENTS, ALLOC, LOAD, READONLY, DATA
  5 .gnu.version_r 00000020  000002bc  000002bc  000002bc  2**2
                  CONTENTS, ALLOC, LOAD, READONLY, DATA
  6 .rel.dyn      00000038  000002dc  000002dc  000002dc  2**2
                  CONTENTS, ALLOC, LOAD, READONLY, DATA
  7 .rel.plt      00000010  00000314  00000314  00000314  2**2
                  CONTENTS, ALLOC, LOAD, READONLY, DATA
  8 .init         0000002e  00000324  00000324  00000324  2**2
                  CONTENTS, ALLOC, LOAD, READONLY, CODE
  9 .plt          00000030  00000360  00000360  00000360  2**4
                  CONTENTS, ALLOC, LOAD, READONLY, CODE
 10 .text         00000118  00000390  00000390  00000390  2**4
                  CONTENTS, ALLOC, LOAD, READONLY, CODE
 11 .fini         0000001a  000004a8  000004a8  000004a8  2**2
                               o
                               o
                               o
                               o
 21 .bss          00000008  00002010  00002010  00001010  2**2
                  ALLOC
 22 .comment      0000002a  00000000  00000000  00001010  2**0
                  CONTENTS, READONLY
 23 .debug_aranges 00000020  00000000  00000000  0000103a  2**0
                  CONTENTS, READONLY, DEBUGGING
 24 .debug_info   00000075  00000000  00000000  0000105a  2**0
                  CONTENTS, READONLY, DEBUGGING
 25 .debug_abbrev 00000058  00000000  00000000  000010cf  2**0
                  CONTENTS, READONLY, DEBUGGING
 26 .debug_line   0000003f  00000000  00000000  00001127  2**0
                  CONTENTS, READONLY, DEBUGGING
 27 .debug_str    0000004c  00000000  00000000  00001166  2**0
                  CONTENTS, READONLY, DEBUGGING
 28 .debug_loc    00000038  00000000  00000000  000011b2  2**0
                  CONTENTS, READONLY, DEBUGGING
milan@milan$
```

图 12-10　使用 objdump 列出二进制文件的节

5. 查看动态节

执行 objdump -p< 二进制文件路径 > 命令可以查看动态节信息（以查看 DT_RPATH 和 DT_RUNPATH 设置）。在这种情况下，需要注意的是输出中的最后一部分内容（见图 12-13）。

6. 查看重定位节

执行 objdump -R< 二进制文件路径 > 命令可以查看重定位节的信息（见图 12-14）。

```
milan@milan$ objdump -t libdemo1.so

libdemo1.so:     file format elf32-i386

SYMBOL TABLE:
00000114 l    d  .note.gnu.build-id  00000000             .note.gnu.build-id
00000138 l    d  .gnu.hash       00000000                 .gnu.hash
00000174 l    d  .dynsym         00000000                 .dynsym
000002Z4 l    d  .dynstr         00000000                 .dynstr
000002b6 l    d  .gnu.version    00000000                 .gnu.version
000002cc l    d  .gnu.version_r  00000000                 .gnu.version_r
000002fc l    d  .rel.dyn        00000000                 .rel.dyn
0000032c l    d  .rel.plt        00000000                 .rel.plt
0000033c l    d  .init  00000000                 .init
00000370 l    d  .plt   00000000                 .plt
000003a0 l    d  .text  00000000                 .text
000004b8 l    d  .fini  00000000                 .fini
000004d4 l    d  .rodata         00000000                 .rodata
000004f8 l    d  .eh_frame_hdr   00000000                 .eh_frame_hdr
00000514 l    d  .eh_frame       00000000                 .eh_frame
00001f0c l    d  .ctors  00000000                 .ctors
00001f14 l    d  .dtors  00000000                 .dtors
00001f1c l    d  .jcr   00000000                 .jcr
00001f28 l    d  .dynamic        00000000                 .dynamic
00001fe8 l    d  .got   00000000                 .got
00001ff4 l    d  .got.plt        00000000                 .got.plt
00002008 l    d  .data  00000000                 .data
0000200c l    d  .bss   00000000                 .bss
00000000 l    d  .comment        00000000                 .comment
00000000 l    d  .debug_aranges  00000000                 .debug_aranges
00000000 l    d  .debug_info     00000000                 .debug_info
00000000 l    d  .debug_abbrev   00000000                 .debug_abbrev
00000000 l    d  .debug_line     00000000                 .debug_line
00000000 l    d  .debug_str      00000000                 .debug_str
00000000 l    d  .debug_loc      00000000                 .debug_loc
00000000 l    df *ABS*  00000000                 crtstuff.c
00001f0c l    O  .ctors  00000000                 __CTOR_LIST__
00001f14 l    O  .dtors  00000000                 __DTOR_LIST__
00001f1c l    O  .jcr   00000000                 __JCR_LIST__
000003a0 l    F  .text  00000000                 __do_global_dtors_aux
0000200c l    O  .bss   00000001                 completed.6159
00002010 l    O  .bss   00000004                 dtor_idx.6161
00000420 l    F  .text  00000000                 frame_dummy
00000000 l    df *ABS*  00000000                 crtstuff.c
00001f10 l    O  .ctors  00000000                 __CTOR_END__
00000570 l    O  .eh_frame       00000000                 __FRAME_END__
00001f1c l    O  .jcr   00000000                 __JCR_END__
00000480 l    F  .text  00000000                 __do_global_ctors_aux
00000000 l    df *ABS*  00000000                 sharedLib1Functions.c
00000457 l    F  .text  00000000                 __i686.get_pc_thunk.bx
00001f18 l    O  .dtors  00000000                 __DTOR_END__
00002008 l    O  .data  00000000                 __dso_handle
00001f28 l    O  *ABS*  00000000                 _DYNAMIC
00001ff4 l    O  *ABS*  00000000                 _GLOBAL_OFFSET_TABLE_
00000000      F  *UND*  00000000                 printf@@GLIBC_2.0
0000200c g       *ABS*  00000000                 _edata
000004b8 g    F  .fini  00000000                 _fini
00000000 w    F  *UND*  00000000                 __cxa_finalize@@GLIBC_2.1.3
00000000 w       *UND*  00000000                 __gmon_start__
00002014 g       *ABS*  00000000                 _end
0000200c g       *ABS*  00000000                 __bss_start
00000000 w       *UND*  00000000                 _Jv_RegisterClasses
0000045c g    F  .text  0000001c                 sharedLib1Function
0000033c g    F  .init  00000000                 _init
milan@milan$
```

图 12-11　使用 objdump 列出所有符号

```
milan@milan$ objdump -T libdemo1.so

libdemo1.so:     file format elf32-i386

DYNAMIC SYMBOL TABLE:
00000000      DF *UND*  00000000  GLIBC_2.0   printf
00000000 w    DF *UND*  00000000  GLIBC_2.1.3 __cxa_finalize
00000000 w    D  *UND*  00000000              __gmon_start__
00000000 w    D  *UND*  00000000              _Jv_RegisterClasses
0000200c g    D  *ABS*  00000000  Base        _edata
00002014 g    D  *ABS*  00000000  Base        _end
0000200c g    D  *ABS*  00000000  Base        __bss_start
0000033c g    DF .init  00000000  Base        _init
000004b8 g    DF .fini  00000000  Base        _fini
0000045c g    DF .text  0000001c  Base        sharedLib1Function
```

图 12-12　使用 objdump 列出动态符号

```
milan@milan$ objdump -p demoApp

demoApp:       file format elf64-x86-64

Program Header:
    PHDR off    0x0000000000000040 vaddr 0x00000000003ff040 paddr 0x00000000003ff040 alig
                         o
                         o
                         o
                         o
Dynamic Section:
    NEEDED               libpthread.so.0
    NEEDED               libdl.so.2
    NEEDED               libdynamiclinkingdemo.so
    NEEDED               libstdc++.so.6
    NEEDED               libm.so.6
    NEEDED               libgcc_s.so.1
    NEEDED               libc.so.6
    RUNPATH              ../deploy:./deploy
    INIT                 0x00000000004005d8
    FINI                 0x0000000000400808
    HASH                 0x00000000003ff4d0
    GNU_HASH             0x00000000003ff490
    STRTAB               0x00000000003ff270
    SYMTAB               0x00000000003ff388
    STRSZ                0x0000000000000115
    SYMENT               0x0000000000000018
    DEBUG                0x0000000000000000
    PLTGOT               0x0000000000600fe8
    PLTRELSZ             0x0000000000000048
    PLTREL               0x0000000000000007
    JMPREL               0x0000000000400590
    RELA                 0x000000000040057B
    RELASZ               0x0000000000000018
    RELAENT              0x0000000000000018
    VERNEED              0x000000000040053B
    VERNEEDNUM           0x0000000000000002
    VERSYM               0x0000000000400522

Version References:
  required from libstdc++.so.6:
    0x056bafd3 0x00 03 CXXABI_1.3
  required from libc.so.6:
    0x09691a75 0x00 02 GLIBC_2.2.5

milan@milan$
```

图 12-13　使用 objdump 查看动态节

```
milan@milan$ objdump -R sharedLib/libmreloc.so

sharedLib/libmreloc.so:      file format elf32-i386

DYNAMIC RELOCATION RECORDS
OFFSET    TYPE              VALUE
00002008 R_386_RELATIVE    *ABS*
00000450 R_386_32          myglob
00000458 R_386_32          myglob
0000045d R_386_32          myglob
00001fe8 R_386_GLOB_DAT    __cxa_finalize
00001fec R_386_GLOB_DAT    __gmon_start__
00001ff0 R_386_GLOB_DAT    _Jv_RegisterClasses
00002000 R_386_JUMP_SLOT   __cxa_finalize
00002004 R_386_JUMP_SLOT   __gmon_start__
```

图 12-14　使用 objdump 列出重定位节信息

7. 查看节中的数据

执行 objdump -s -j< 节的名称 >< 二进制文件路径 > 命令可以指定某个节，并提供其数据的十六进制转储信息。如图 12-15 所示，我们选择查看 .got 节中的数据。

```
milan@milan$ objdump -s -j .got driver

driver:       file format elf32-i386

Contents of section .got:
 8049ff0 00000000
milan@milan$
```

图 12-15　使用 objdump 来查看节中的数据

8. 列出并查看段

执行 objdump -p< 二进制文件路径 > 命令可以查看 ELF 二进制段的信息。需要注意的是，在输出内容中，只有第一部分是段的名称（见图 12-16）。

```
milan@milan$ objdump -p demoApp

demoApp:      file format elf64-x86-64

Program Header:
    PHDR off    0x0000000000000040 vaddr 0x00000000003ff040 paddr 0x00000000003ff040 align 2**3
         filesz 0x0000000000000230 memsz 0x0000000000000230 flags r-x
   STACK off    0x0000000000001000 vaddr 0x0000000000000000 paddr 0x0000000000000000 align 2**3
         filesz 0x0000000000000000 memsz 0x0000000000000000 flags rw-
    LOAD off    0x0000000000000000 vaddr 0x00000000003ff000 paddr 0x00000000003ff000 align 2**12
         filesz 0x0000000000001000 memsz 0x0000000000001000 flags rw-
  INTERP off    0x0000000000000510 vaddr 0x00000000003ff510 paddr 0x00000000003ff510 align 2**0
         filesz 0x000000000000001c memsz 0x000000000000001c flags r--
    LOAD off    0x0000000000001000 vaddr 0x0000000000400000 paddr 0x0000000000400000 align 2**12
         filesz 0x00000000000008dc memsz 0x00000000000008dc flags r-x
    NOTE off    0x0000000000001254 vaddr 0x0000000000400254 paddr 0x0000000000400254 align 2**2
         filesz 0x0000000000000044 memsz 0x0000000000000044 flags r--
EH_FRAME off    0x000000000000181c vaddr 0x000000000040081c paddr 0x000000000040081c align 2**2
         filesz 0x0000000000000024 memsz 0x0000000000000024 flags r--
    LOAD off    0x0000000000001da8 vaddr 0x0000000000600da8 paddr 0x0000000000600da8 align 2**12
         filesz 0x0000000000000280 memsz 0x0000000000000280 flags rw-
   RELRO off    0x0000000000001da8 vaddr 0x0000000000600da8 paddr 0x0000000000600da8 align 2**0
         filesz 0x0000000000000258 memsz 0x0000000000000258 flags r--
 DYNAMIC off    0x0000000000001dd0 vaddr 0x0000000000600dd0 paddr 0x0000000000600dd0 align 2**3
         filesz 0x0000000000000210 memsz 0x0000000000000210 flags rw-
                                       o
                                       o
                                       o
                                       o
```

图 12-16　使用 objdump 列出并查看段信息

9. 反汇编代码

这里给出几个使用 objdump 反汇编代码的示例：

● 反汇编和指定汇编语言助记符的风格（这里使用的是 Intel 风格），如图 12-17 所示。

● 反汇编并指定汇编语言助记符的风格为 Intel 风格，并与源代码对照，如图 12-18 所示。

```
milan@milan$ objdump -d -Mintel libmreloc.so | grep -A 10 ml_
0000044c <ml_func>:
 44c:    55                      push   ebp
 44d:    89 e5                   mov    ebp,esp
 44f:    a1 00 00 00 00          mov    eax,ds:0x0
 454:    03 45 08                add    eax,DWORD PTR [ebp+0x8]
 457:    a3 00 00 00 00          mov    ds:0x0,eax
 45c:    a1 00 00 00 00          mov    eax,ds:0x0
 461:    03 45 0c                add    eax,DWORD PTR [ebp+0xc]
 464:    5d                      pop    ebp
 465:    c3                      ret
 466:    90                      nop
milan@milan$
milan@milan$ objdump -d -Mintel driver | grep -A 10 "<main>"
08048646 <main>:
 8048646:    55                      push   ebp
 8048647:    89 e5                   mov    ebp,esp
 8048649:    83 e4 f0                and    esp,0xfffffff0
 804864c:    83 ec 20                sub    esp,0x20
 804864f:    c7 44 24 04 00 00 00    mov    DWORD PTR [esp+0x4],0x0
 8048656:    00
 8048657:    c7 04 24 74 85 04 08    mov    DWORD PTR [esp],0x8048574
 804865e:    e8 2d fe ff ff          call   8048490 <dl_iterate_phdr@plt>
 8048663:    8b 45 08                mov    eax,DWORD PTR [ebp+0x8]
 8048666:    89 44 24 04             mov    DWORD PTR [esp+0x4],eax
milan@milan$
```

图 12-17 使用 objdump 反汇编二进制文件

```
milan@milan$ objdump -d -S -M intel ./libdemo1.so | grep -A 26 "<sharedLib1Function>"
0000045c <sharedLib1Function>:
#include "sharedLib1Functions.h"

void sharedLib1Function(int x)
{
 45c:    55                      push   ebp
 45d:    89 e5                   mov    ebp,esp
 45f:    83 ec 18                sub    esp,0x18
        printf("sharedLib1Function(%d) is called\n", x);
 462:    b8 d4 04 00 00          mov    eax,0x4d4
 467:    8b 55 08                mov    edx,DWORD PTR [ebp+0x8]
 46a:    89 54 24 04             mov    DWORD PTR [esp+0x4],edx
 46e:    89 04 24                mov    DWORD PTR [esp],eax
 471:    e8 fc ff ff ff          call   472 <sharedLib1Function+0x16>
}
 476:    c9                      leave
 477:    c3                      ret
 478:    90                      nop
 479:    90                      nop
 47a:    90                      nop
 47b:    90                      nop
 47c:    90                      nop
 47d:    90                      nop
 47e:    90                      nop
 47f:    90                      nop

00000480 <__do_global_ctors_aux>:
milan@milan$
```

图 12-18 使用 objdump 反汇编二进制文件（Intel 风格）

只有在构建时开启了调试（也就是 -g 选项）时该选项才能正常使用。

● 反汇编指定的节。

除了 .text 节包含代码以外，二进制文件可能还有其他节（比如 .plt 节）也会包含代码。在默认情况下，objdump 会反汇编所有包含代码的节。但有时你可能只对查看特定节中的代码感兴趣（见图 12-19）。

```
milan@milan$ objdump -d -M intel -j .plt driver

driver:     file format elf32-i386

Disassembly of section .plt:

08048470 <strstr@plt-0x10>:
 8048470:     ff 35 f8 9f 04 08       push    DWORD PTR ds:0x8049ff8
 8048476:     ff 25 fc 9f 04 08       jmp     DWORD PTR ds:0x8049ffc
 804847c:     00 00                   add     BYTE PTR [eax],al
        ...

08048480 <strstr@plt>:
 8048480:     ff 25 00 a0 04 08       jmp     DWORD PTR ds:0x804a000
 8048486:     68 00 00 00 00          push    0x0
 804848b:     e9 e0 ff ff ff          jmp     8048470 <_init+0x38>

08048490 <printf@plt>:
 8048490:     ff 25 04 a0 04 08       jmp     DWORD PTR ds:0x804a004
 8048496:     68 08 00 00 00          push    0x8
 804849b:     e9 d0 ff ff ff          jmp     8048470 <_init+0x38>

080484a0 <ml_func@plt>:
 80484a0:     ff 25 08 a0 04 08       jmp     DWORD PTR ds:0x804a008
 80484a6:     68 10 00 00 00          push    0x10
 80484ab:     e9 c0 ff ff ff          jmp     8048470 <_init+0x38>

080484b0 <__gmon_start__@plt>:
 80484b0:     ff 25 0c a0 04 08       jmp     DWORD PTR ds:0x804a00c
 80484b6:     68 18 00 00 00          push    0x18
 80484bb:     e9 b0 ff ff ff          jmp     8048470 <_init+0x38>

080484c0 <dl_iterate_phdr@plt>:
 80484c0:     ff 25 10 a0 04 08       jmp     DWORD PTR ds:0x804a010
 80484c6:     68 20 00 00 00          push    0x20
 80484cb:     e9 a0 ff ff ff          jmp     8048470 <_init+0x38>

080484d0 <__libc_start_main@plt>:
 80484d0:     ff 25 14 a0 04 08       jmp     DWORD PTR ds:0x804a014
 80484d6:     68 28 00 00 00          push    0x28
 80484db:     e9 90 ff ff ff          jmp     8048470 <_init+0x38>

080484e0 <putchar@plt>:
 80484e0:     ff 25 18 a0 04 08       jmp     DWORD PTR ds:0x804a018
 80484e6:     68 30 00 00 00          push    0x30
 80484eb:     e9 80 ff ff ff          jmp     8048470 <_init+0x38>
milan@milan$
```

图 12-19　使用 objdump 反汇编指定的节

10. objdump 和 nm 的等价功能

objdump 命令与 nm 命令辅以不同参数就可以实现完全相同的功能：

- $ nm< 二进制文件路径 >

  等价于

  $ objdump -t< 二进制文件路径 >

- $ nm -D< 二进制文件路径 >

  等价于

  $ objdump -T< 二进制文件路径 >

- $ nm -C< 二进制文件路径 >

等价于

$ objdump -C< 二进制文件路径 >

12.2.4　readelf

readelf 命令行工具（http://linux.die.net/man/1/readelf）所提供的功能在 objdump 工具中几乎都可以找到。而 readelf 和 objdump 最显著的区别在于：

- readelf 只支持 ELF 二进制格式。另外，objdump 可以分析大约 50 种不同的二进制格式，这其中还包括 Windows PE/COFF 格式。
- readelf 不依赖于二进制文件描述库（http://en.wikipedia.org/wiki/Binary_File_Descriptor_library），而 GNU 的所有目标文件解析工具则都依赖于这个库，因此 readelf 可以独立地提供 ELF 格式的信息。

接下来，将会对如何使用 readelf 工具完成日常工作进行概述。

1. 解析 ELF 头

readelf-h 命令行选项用于获取目标文件头的信息。ELF 头提供了大量有用的信息，尤其是可以通过 ELF 头信息快速获取二进制文件类型（目标文件、静态库、动态库和可执行文件）和入口点信息（.text 节中程序执行的起点），如图 12-20 所示。

```
milan@milan$ readelf -h driverApp/driver
ELF Header:
  Magic:   7f 45 4c 46 01 01 01 00 00 00 00 00 00 00 00 00
  Class:                             ELF32
  Data:                              2's complement, little endian
  Version:                           1 (current)
  OS/ABI:                            UNIX - System V
  ABI Version:                       0
  Type:                              EXEC (Executable file)
  Machine:                           Intel 80386
  Version:                           0x1
  Entry point address:               0x80484c0
  Start of program headers:          52 (bytes into file)
  Start of section headers:          6196 (bytes into file)
  Flags:                             0x0
  Size of this header:               52 (bytes)
  Size of program headers:           32 (bytes)
  Number of program headers:         9
  Size of section headers:           40 (bytes)
  Number of section headers:         36
  Section header string table index: 33
milan@milan$

milan@milan$ readelf -h sharedLib/libmreloc.so
ELF Header:
  Magic:   7f 45 4c 46 01 01 01 00 00 00 00 00 00 00 00 00
  Class:                             ELF32
  Data:                              2's complement, little endian
  Version:                           1 (current)
  OS/ABI:                            UNIX - System V
  ABI Version:                       0
```

图 12-20　使用 readelf 查看目标文件、静态库、动态库和可执行文件

```
Type:                              DYN (Shared object file)
Machine:                           Intel 80386
Version:                           0x1
Entry point address:               0X390
Start of program headers:          52 (bytes into file)
Start of section headers:          4884 (bytes into file)
Flags:                             0x0
Size of this header:               52 (bytes)
Size of program headers:           32 (bytes)
Number of program headers:         7
Size of section headers:           40 (bytes)
Number of section headers:         33
Section header string table index: 30
milan@milan$
milan@milan$ readelf -h ml_mainreloc.o
ELF Header:
  Magic:   7f 45 4c 46 01 01 01 00 00 00 00 00 00 00 00 00
  Class:                             ELF32
  Data:                              2's complement, little endian
  Version:                           1 (current)
  OS/ABI:                            UNIX - System V
  ABI Version:                       0
  Type:                              REL (Relocatable file)
  Machine:                           Intel 80386
  Version:                           0x1
  Entry point address:               0x0
  Start of program headers:          0 (bytes into file)
  Start of section headers:          832 (bytes into file)
  Flags:                             0x0
  Size of this header:               52 (bytes)
  Size of program headers:           0 (bytes)
  Number of program headers:         0
  Size of section headers:           40 (bytes)
  Number of section headers:         21
  Section header string table index: 18
milan@milan$
```

图 12-20 （续）

在查看静态库信息时，readelf -h 可以打印出库中每个目标文件的 ELF 头信息。

2. 列出并查看节信息

readelf -S 选项用于列出所有节（见图 12-21）。

```
milan@milan$ readelf -S libmreloc.so
There are 33 section headers, starting at offset 0x1314:

Section Headers:
  [Nr] Name            Type       Addr     Off    Size   ES Flg Lk Inf Al
  [ 0]                 NULL       00000000 000000 000000 00      0   0  0
  [ 1] .note.gnu.build-i NOTE     00000114 000114 000024 00   A  0   0  4
  [ 2] .gnu.hash        GNU_HASH   00000138 000138 000040 04   A  3   0  4
  [ 3] .dynsym          DYNSYM     00000178 000178 0000b0 10   A  4   1  4
  [ 4] .dynstr          STRTAB     00000228 000228 00007c 00   A  0   0  1
  [ 5] .gnu.version     VERSYM     000002a4 0002a4 000016 02   A  3   0  2
  [ 6] .gnu.version_r   VERNEED    000002bc 0002bc 000020 00   A  4   1  4
```

图 12-21　使用 readelf 列出所有节

```
[ 7] .rel.dyn            REL          000002dc 0002dc 000038 08    A   3   0   4
[ 8] .rel.plt            REL          00000314 000314 000010 08    A   3  10   4
[ 9] .init               PROGBITS     00000324 000324 00002e 00   AX   0   0   4
[10] .plt                PROGBITS     00000360 000360 000030 04   AX   0   0  16
[11] .text               PROGBITS     00000390 000390 000118 00   AX   0   0  16
[12] .fini               PROGBITS     000004a8 0004a8 00001a 00   AX   0   0   4
[13] .eh_frame_hdr       PROGBITS     000004c4 0004c4 00001c 00    A   0   0   4
[14] .eh_frame           PROGBITS     000004e0 0004e0 000060 00    A   0   0   4
[15] .ctors              PROGBITS     00001f0c 000f0c 000008 00   WA   0   0   4
[16] .dtors              PROGBITS     00001f14 000f14 000008 00   WA   0   0   4
[17] .jcr                PROGBITS     00001f1c 000f1c 000004 00   WA   0   0   4
[18] .dynamic            DYNAMIC      00001f20 000f20 0000c8 08   WA   4   0   4
[19] .got                PROGBITS     00001fe8 000fe8 00000c 04   WA   0   0   4
[20] .got.plt            PROGBITS     00001ff4 000ff4 000014 04   WA   0   0   4
[21] .data               PROGBITS     00002008 001008 000008 00   WA   0   0   4
[22] .bss                NOBITS       00002010 001010 000008 00   WA   0   0   4
[23] .comment            PROGBITS     00000000 001010 00002a 01   MS   0   0   1
[24] .debug_aranges      PROGBITS     00000000 00103a 000020 00        0   0   1
[25] .debug_info         PROGBITS     00000000 00105a 000075 00        0   0   1
[26] .debug_abbrev       PROGBITS     00000000 0010cf 000058 00        0   0   1
[27] .debug_line         PROGBITS     00000000 001127 00003f 00        0   0   1
[28] .debug_str          PROGBITS     00000000 001166 00004c 01   MS   0   0   1
[29] .debug_loc          PROGBITS     00000000 0011b2 000038 00        0   0   1
[30] .shstrtab           STRTAB       00000000 0011ea 000129 00        0   0   1
[31] .symtab             SYMTAB       00000000 00183c 0003b0 10       32  49   4
[32] .strtab             STRTAB       00000000 001bec 000182 00        0   0   1
Key to Flags:
 W (write), A (alloc), X (execute), M (merge), S (strings)
 I (info), L (link order), G (group), T (TLS), E (exclude), x (unknown)
 O (extra OS processing required) o (OS specific), p (processor specific)
```

图 12-21（续）

在查看节的时候，readelf 提供了一些开发人员常用的专用命令行开关，比如 .symtab、.dynsym 和 .dynamic 节。

3. 列出所有符号

readelf --symbols 命令与 nm<二进制文件路径>命令的输出结果完全一致（见图 12-22）。

```
milan@milan$ readelf --symbols libdemo1.so

Symbol table '.dynsym' contains 11 entries:
   Num:    Value  Size Type    Bind   Vis      Ndx Name
     0: 00000000     0 NOTYPE  LOCAL  DEFAULT  UND
     1: 00000000     0 FUNC    GLOBAL DEFAULT  UND printf@GLIBC_2.0 (2)
     2: 00000000     0 FUNC    WEAK   DEFAULT  UND __cxa_finalize@GLIBC_2.1.3 (3)
     3: 00000000     0 NOTYPE  WEAK   DEFAULT  UND __gmon_start__
     4: 00000000     0 NOTYPE  WEAK   DEFAULT  UND _Jv_RegisterClasses
     5: 0000200c     0 NOTYPE  GLOBAL DEFAULT  ABS _edata
     6: 00002014     0 NOTYPE  GLOBAL DEFAULT  ABS _end
     7: 0000200c     0 NOTYPE  GLOBAL DEFAULT  ABS __bss_start
     8: 0000033c     0 FUNC    GLOBAL DEFAULT   9 _init
     9: 000004b8     0 FUNC    GLOBAL DEFAULT  12 _fini
    10: 0000045c    28 FUNC    GLOBAL DEFAULT  11 sharedLib1Function

Symbol table '.symtab' contains 60 entries:
   Num:    Value  Size Type    Bind   Vis      Ndx Name
     0: 00000000     0 NOTYPE  LOCAL  DEFAULT  UND
     1: 00000114     0 SECTION LOCAL  DEFAULT   1
     2: 00000138     0 SECTION LOCAL  DEFAULT   2
     3: 00000174     0 SECTION LOCAL  DEFAULT   3
     4: 00000224     0 SECTION LOCAL  DEFAULT   4
     5: 000002b6     0 SECTION LOCAL  DEFAULT   5
     6: 000002cc     0 SECTION LOCAL  DEFAULT   6
     7: 000002fc     0 SECTION LOCAL  DEFAULT   7
     8: 0000032c     0 SECTION LOCAL  DEFAULT   8
     9: 0000033c     0 SECTION LOCAL  DEFAULT   9
```

图 12-22　使用 readelf 列出所有符号

```
   10: 00000370    0 SECTION LOCAL  DEFAULT  10
   11: 000003a0    0 SECTION LOCAL  DEFAULT  11
   12: 000004b8    0 SECTION LOCAL  DEFAULT  12
   13: 000004d4    0 SECTION LOCAL  DEFAULT  13
   14: 000004f8    0 SECTION LOCAL  DEFAULT  14
   15: 00000514    0 SECTION LOCAL  DEFAULT  15
   16: 00001f0c    0 SECTION LOCAL  DEFAULT  16
   17: 00001f14    0 SECTION LOCAL  DEFAULT  17
   18: 00001f1c    0 SECTION LOCAL  DEFAULT  18
   19: 00001f20    0 SECTION LOCAL  DEFAULT  19
   20: 00001fe8    0 SECTION LOCAL  DEFAULT  20
   21: 00001ff4    0 SECTION LOCAL  DEFAULT  21
   22: 00002008    0 SECTION LOCAL  DEFAULT  22
   23: 0000200c    0 SECTION LOCAL  DEFAULT  23
   24: 00000000    0 SECTION LOCAL  DEFAULT  24
   25: 00000000    0 SECTION LOCAL  DEFAULT  25
   26: 00000000    0 SECTION LOCAL  DEFAULT  26
   27: 00000000    0 SECTION LOCAL  DEFAULT  27
   28: 00000000    0 SECTION LOCAL  DEFAULT  28
   29: 00000000    0 SECTION LOCAL  DEFAULT  29
   30: 00000000    0 SECTION LOCAL  DEFAULT  30
   31: 00000000    0 FILE    LOCAL  DEFAULT  ABS crtstuff.c
   32: 00001f0c    0 OBJECT  LOCAL  DEFAULT  16 __CTOR_LIST__
   33: 00001f14    0 OBJECT  LOCAL  DEFAULT  17 __DTOR_LIST__
   34: 00001f1c    0 OBJECT  LOCAL  DEFAULT  18 __JCR_LIST__
   35: 000003a0    0 FUNC    LOCAL  DEFAULT  11 __do_global_dtors_aux
   36: 0000200c    1 OBJECT  LOCAL  DEFAULT  23 completed.6159
   37: 00002010    4 OBJECT  LOCAL  DEFAULT  23 dtor_idx.6161
   38: 00000420    0 FUNC    LOCAL  DEFAULT  11 frame_dummy
   39: 00000000    0 FILE    LOCAL  DEFAULT  ABS crtstuff.c
   40: 00001f10    0 OBJECT  LOCAL  DEFAULT  16 __CTOR_END__
   41: 00000570    0 OBJECT  LOCAL  DEFAULT  15 __FRAME_END__
   42: 00001f1c    0 OBJECT  LOCAL  DEFAULT  18 __JCR_END__
   43: 00000480    0 FUNC    LOCAL  DEFAULT  11 __do_global_ctors_aux
   44: 00000000    0 FILE    LOCAL  DEFAULT  ABS sharedLib1Functions.c
   45: 00000457    0 FUNC    LOCAL  DEFAULT  11 __i686.get_pc_thunk.bx
   46: 00001f18    0 OBJECT  LOCAL  DEFAULT  17 __DTOR_END__
   47: 00002008    0 OBJECT  LOCAL  DEFAULT  22 __dso_handle
   48: 00001f20    0 OBJECT  LOCAL  DEFAULT  ABS _DYNAMIC
   49: 00001ff4    0 OBJECT  LOCAL  DEFAULT  ABS _GLOBAL_OFFSET_TABLE_
   50: 00000000    0 FUNC    GLOBAL DEFAULT  UND printf@@GLIBC_2.0
   51: 0000200c    0 NOTYPE  GLOBAL DEFAULT  ABS _edata
   52: 000004b8    0 FUNC    GLOBAL DEFAULT  12 _fini
   53: 00000000    0 FUNC    WEAK   DEFAULT  UND __cxa_finalize@@GLIBC_2.1
   54: 00000000    0 NOTYPE  WEAK   DEFAULT  UND __gmon_start__
   55: 00002014    0 NOTYPE  GLOBAL DEFAULT  ABS _end
   56: 0000200c    0 NOTYPE  GLOBAL DEFAULT  ABS __bss_start
   57: 00000000    0 NOTYPE  WEAK   DEFAULT  UND _Jv_RegisterClasses
   58: 0000045c   28 FUNC    GLOBAL DEFAULT  11 sharedLib1Function
   59: 0000033c    0 FUNC    GLOBAL DEFAULT  9 _init
milan@milan$
```

图 12-22 （续）

4. 列出动态符号

readelf --dyn-syms 命令与 nm -D< 二进制文件路径 > 的输出完全相同（见图 12-23）。

```
milan@milan$ readelf --dyn-syms libdemo1.so

Symbol table '.dynsym' contains 11 entries:
   Num:    Value  Size Type    Bind   Vis      Ndx Name
     0: 00000000     0 NOTYPE  LOCAL  DEFAULT  UND
     1: 00000000     0 FUNC    GLOBAL DEFAULT  UND printf@GLIBC_2.0 (2)
     2: 00000000     0 FUNC    WEAK   DEFAULT  UND __cxa_finalize@GLIBC_2.1.3 (3)
     3: 00000000     0 NOTYPE  WEAK   DEFAULT  UND __gmon_start__
     4: 00000000     0 NOTYPE  WEAK   DEFAULT  UND _Jv_RegisterClasses
     5: 0000200c     0 NOTYPE  GLOBAL DEFAULT  ABS _edata
     6: 00002014     0 NOTYPE  GLOBAL DEFAULT  ABS _end
     7: 0000200c     0 NOTYPE  GLOBAL DEFAULT  ABS __bss_start
     8: 0000033c     0 FUNC    GLOBAL DEFAULT  9 _init
     9: 000004b8     0 FUNC    GLOBAL DEFAULT  12 _fini
    10: 0000045c    28 FUNC    GLOBAL DEFAULT  11 sharedLib1Function
milan@milan$
```

图 12-23 使用 readelf 列出动态符号

5. 查看动态节

执行 readelf -d 命令可以查看动态节的信息（以查看 DT_RPATH 和 DT_RUNPATH 设置），

如图 12-24 所示。

```
milan@milan$ readelf -d demoApp

Dynamic section at offset 0x1dd0 contains 28 entries:
  Tag        Type                         Name/Value
 0x0000000000000001 (NEEDED)             Shared library: [libpthread.so.0]
 0x0000000000000001 (NEEDED)             Shared library: [libdl.so.2]
 0x0000000000000001 (NEEDED)             Shared library: [libdynamiclinkingdemo.so]
 0x0000000000000001 (NEEDED)             Shared library: [libstdc++.so.6]
 0x0000000000000001 (NEEDED)             Shared library: [libm.so.6]
 0x0000000000000001 (NEEDED)             Shared library: [libgcc_s.so.1]
 0x0000000000000001 (NEEDED)             Shared library: [libc.so.6]
 0x000000000000001d (RUNPATH)            Library runpath: [../deploy:./deploy]
 0x000000000000000c (INIT)               0x4005d8
 0x000000000000000d (FINI)               0x400808
 0x0000000000000004 (HASH)               0x3ff4d0
 0x000000006ffffef5 (GNU_HASH)           0x3ff490
 0x0000000000000005 (STRTAB)             0x3ff270
 0x0000000000000006 (SYMTAB)             0x3ff388
 0x000000000000000a (STRSZ)              277 (bytes)
 0x000000000000000b (SYMENT)             24 (bytes)
 0x0000000000000015 (DEBUG)              0x0
 0x0000000000000003 (PLTGOT)             0x600fe8
 0x0000000000000002 (PLTRELSZ)           72 (bytes)
 0x0000000000000014 (PLTREL)             RELA
 0x0000000000000017 (JMPREL)             0x400590
 0x0000000000000007 (RELA)               0x400578
 0x0000000000000008 (RELASZ)             24 (bytes)
 0x0000000000000009 (RELAENT)            24 (bytes)
 0x000000006ffffffe (VERNEED)            0x400538
 0x000000006fffffff (VERNEEDNUM)         2
 0x000000006ffffff0 (VERSYM)             0x400522
 0x0000000000000000 (NULL)               0x0
milan@milan$
```

图 12-24　使用 readelf 查看动态节的信息

6. 查看重定位节

执行 readelf -r 命令可以查看重定位节的信息，如图 12-25 所示。

```
milan@milan$ readelf -r libmreloc.so

Relocation section '.rel.dyn' at offset 0x2dc contains 7 entries:
 Offset     Info    Type            Sym.Value  Sym. Name
00002008  00000008 R_386_RELATIVE
00000450  00000401 R_386_32          0000200c   myglob
00000458  00000401 R_386_32          0000200c   myglob
0000045d  00000401 R_386_32          0000200c   myglob
00001fe8  00000106 R_386_GLOB_DAT    00000000   __cxa_finalize
00001fec  00000206 R_386_GLOB_DAT    00000000   __gmon_start__
00001ff0  00000306 R_386_GLOB_DAT    00000000   _Jv_RegisterClasses

Relocation section '.rel.plt' at offset 0x314 contains 2 entries:
 Offset     Info    Type            Sym.Value  Sym. Name
00002000  00000107 R_386_JUMP_SLOT   00000000   __cxa_finalize
00002004  00000207 R_386_JUMP_SLOT   00000000   __gmon_start__
milan@milan$
```

图 12-25　使用 readelf 列出重定位（.rel.dyn）节

7. 查看节中的数据

执行 readelf -x 命令可以指定某个节，并显示其数据的十六进制转储信息。如图 12-26 所示，我们指定了 .got 节。

```
milan@milan$ readelf -x .got driver

Hex dump of section '.got':
  0x08049ff0 00000000                                   ....

milan@milan$
```

图 12-26　使用 readelf 打印节的十六进制转储信息（示例中使用了 .got 节）

8. 列出并查看段

执行 readelf --segments 命令可以显示 ELF 二进制文件的段信息（见图 12-27）。

```
milan@milan$ readelf --segments libmreloc.so

Elf file type is DYN (Shared object file)
Entry point 0x390
There are 7 program headers, starting at offset 52

Program Headers:
  Type           Offset   VirtAddr   PhysAddr   FileSiz MemSiz  Flg Align
  LOAD           0x000000 0x00000000 0x00000000 0x00540 0x00540 R E 0x1000
  LOAD           0x000f0c 0x00001f0c 0x00001f0c 0x00104 0x0010c RW  0x1000
  DYNAMIC        0x000f20 0x00001f20 0x00001f20 0x000c8 0x000c8 RW  0x4
  NOTE           0x000114 0x00000114 0x00000114 0x00024 0x00024 R   0x4
  GNU_EH_FRAME   0x0004c4 0x000004c4 0x000004c4 0x0001c 0x0001c R   0x4
  GNU_STACK      0x000000 0x00000000 0x00000000 0x00000 0x00000 RW  0x4
  GNU_RELRO      0x000f0c 0x00001f0c 0x00001f0c 0x000f4 0x000f4 R   0x1

 Section to Segment mapping:
  Segment Sections...
   00     .note.gnu.build-id .gnu.hash .dynsym .dynstr .gnu.version .gnu.version_r
          .rel.dyn .rel.plt .init .plt .text .fini .eh_frame_hdr .eh_frame
   01     .ctors .dtors .jcr .dynamic .got .got.plt .data .bss
   02     .dynamic
   03     .note.gnu.build-id
   04     .eh_frame_hdr
   05
   06     .ctors .dtors .jcr .dynamic .got
milan@milan$
```

图 12-27　使用 readelf 查看段信息

9. 检测二进制文件是否包含调试信息

readelf 命令可以很好地显示出二进制文件中包含的各类调试信息（见图 12-28）。

我们可以执行 readelf --debug-dump< 选项 > 命令，快速地确定二进制文件是否开启了调试模式进行构建。如果二进制文件是使用调试选项构建的，那么执行结果是打印到标准输出上的一些包含行号的信息。相反，如果没有使用调试选项构建，那么输出将会是空行。你可

以通过管道把执行 readelf 的结果输出到 wc 命令中去，这种方法可以有效地避免把调试信息
直接打印到标准输出上。

```
READELF(1)                    GNU Development Tools                    READELF(1)

NAME
        readelf - Displays information about ELF files.
SYNOPSIS
        readelf [-a|--all]
                [-h|--file-header]
                [-l|--program-headers|--segments]
                [-S|--section-headers|--sections]
                [-g|--section-groups]
                [-t|--section-details]
                [-e|--headers]
                [-s|--syms|--symbols]
                [--dyn-syms]
                [-n|--notes]
                [-r|--relocs]
                [-u|--unwind]
                [-d|--dynamic]
                [-V|--version-info]
                [-A|--arch-specific]
                [-D|--use-dynamic]
                [-x <number or name>|--hex-dump=<number or name>]
                [-p <number or name>|--string-dump=<number or name>]
                [-R <number or name>|--relocated-dump=<number or name>]
                [-c|--archive-index]
                [-w[lLiaprmfFsoRt]|
                 --debug-dump[=rawline,=decodedline,=info,=abbrev,=pubnames,=aran
ges,=macro,=frames,=frames-interp,=str,=loc,=Ranges,=pubtypes,=trace_info,=trace
_abbrev,=trace_aranges,=gdb_index]]
```

图 12-28　readelf 提供了查看二进制文件调试信息的选项

$ ***readelf --debug-dump=line*** <binary file path>| wc -l

或者，你可以使用下面这个简单的脚本，该脚本通过文本形式来显示 readelf 的查找结
果。你需要将二进制文件路径作为一个输入参数传递给这个脚本。

file: isDebugVersion.sh
```
if readelf --debug-dump=line $1 > /dev/null; then echo "$1 is built for debug"; fi
```

12.3　部署阶段工具

在成功构建好你的二进制文件后，诸如 chrpath、patchelf、strip 和 ldconfig 这样的工具
可以帮助你解决部署中遇到的一些问题。

12.3.1　chrpath

chrpath 命令行实用程序（http://linux.die.net/man/1/chrpath）可以修改 ELF 二进制文件的

rpath（DT_RPATH 字段）。runpath 字段的基本概念已经在 7.3.1 节中有所阐述。

以下是一些 chrpath 的用法（见图 12-29）和一些使用限制（见图 12-30）。

- 可以在 DT_RPATH 原始字符串长度的范围内对其进行修改。

- 可以删除原有的 DT_RPATH 字段。

但是，请注意！

如果 DT_RPATH 字符串原来就是空的，那么不能使用任何的非空字符串替代原有字段。

- 可以将 DT_RPATH 转换成 DT_RUNPATH。

- 用于替代的字符串长度不能超过原本存在的 DT_RPATH 字符串的长度。

```
milan@milan$ readelf -d demo_rpath | grep RPATH
 0x0000000f (RPATH)                    Library rpath: [/home/milan/Desktop/Test]
milan@milan$ chrpath -r /home/john/Desktop/Test ./demo_rpath
./demo_rpath: RPATH=/home/milan/Desktop/Test
./demo_rpath: new RPATH: /home/john/Desktop/Test        1) can modify the existing RPATH within the
milan@milan$ readelf -d demo_rpath | grep RPATH            original string length
 0x0000000f (RPATH)                    Library rpath: [/home/john/Desktop/Test]
milan@milan$ chrpath -c ./demo_rpath
./demo_rpath: RPATH converted to RUNPATH             2) can convert RPATH to RUNPATH
./demo_rpath: RUNPATH=/home/john/Desktop/Test
milan@milan$ readelf -d demo_rpath | grep PATH
 0x0000001d (RUNPATH)                   Library runpath: [/home/john/Desktop/Test]
milan@milan$                                       3) can't make RPATH string longer
milan@milan$ chrpath -r /exceptionally/long/new/rpath/for/demo/purposes ./demo_rpath
./demo_rpath: RUNPATH=/home/john/Desktop/Test
new rpath '/exceptionally/long/new/rpath/for/demo/purposes' too large; maximum length 24
milan@milan$
milan@milan$ readelf -d demo_rpath | grep PATH
 0x0000000f (RPATH)                    Library rpath: [/home/milan/Desktop/Test]
milan@milan$ chrpath -d demo_rpath                chrpath can delete the existing RPATH
milan@milan$ readelf -d demo_rpath | grep PATH
milan@milan$
```

图 12-29　使用 chrpath 工具修改 DT_RPATH 字段

12.3.2　patchelf

patchelf 命令行实用程序（http://nixos.org/patchelf.html）目前不属于标准仓库的一部分，但是我们可以利用其源代码包构建来该工具。还有一份包含基本介绍的文档可供参考。

该工具可以设置和修改 ELF 二进制文件的 runpath（DT_RUNPATH 字段）。runpath 字段的基本概念已经在 7.3.1 节中有所阐述。

最简单的设置 runpath 的方法如以下命令所示：

```
$ patchelf --set-rpath <one or more paths> <executable>
                ^
                |
           可以定义多个路径，
           用冒号分隔
```

```
milan@milan$ ls -alg
total 12
drwxrwxr-x 2 milan 4096 Apr 28 12:30 .
drwxr-xr-x 4 milan 4096 Apr 28 12:14 ..
-rw-rw-r-- 1 milan   95 Apr 28 12:15 main.cpp
milan@milan$ gcc main.cpp -o demo_no_rpath_set_initially
milan@milan$ readelf -d ./demo_no_rpath_set_initially

Dynamic section at offset 0xf28 contains 20 entries:
  Tag        Type                         Name/Value
 0x00000001 (NEEDED)                     Shared library: [libc.so.6]
 0x0000000c (INIT)                       0x80482b0
 0x0000000d (FINI)                       0x804849c
 0x6ffffef5 (GNU_HASH)                   0x80481ac
 0x00000005 (STRTAB)                     0x804821c
 0x00000006 (SYMTAB)                     0x80481cc
 0x0000000a (STRSZ)                      74 (bytes)
 0x0000000b (SYMENT)                     16 (bytes)
 0x00000015 (DEBUG)                      0x0
 0x00000003 (PLTGOT)                     0x8049ff4
 0x00000002 (PLTRELSZ)                   24 (bytes)
 0x00000014 (PLTREL)                     REL      if the RPATH string is empty
 0x00000017 (JMPREL)                     0x8048298 (nonexistent) chrpath can not
 0x00000011 (REL)                        0x8048290 replace it with a new non-empty
 0x00000012 (RELSZ)                      8 (bytes) value
 0x00000013 (RELENT)                     8 (bytes)
 0x6ffffffe (VERNEED)                    0x8048270
 0x6fffffff (VERNEEDNUM)                 1
 0x6ffffff0 (VERSYM)                     0x8048266
 0x00000000 (NULL)                       0x0
milan@milan$ chrpath -c /home/milan/Desktop/ ./demo_no_rpath_set_initially
open: Is a directory
elf_open: Is a directory
milan@milan$
```

图 12-30　使用 chrpath 工具的限制

在修改 DT_RUNPATH 字段方面，patchelf 的功能比 chrpath 强大许多。你可以随意修改 DT_RUNPATH 字符串的值（可以使用更短或更长的字符串进行替换、插入多个路径或者删除字符串）。

12.3.3　strip

strip 命令行实用程序（http://linux.die.net/man/1/strip）可以清除所有动态加载过程中不需要的库文件符号。在 7.3.1 节中已经展示了 strip 的作用。

12.3.4　ldconfig

在第 7 章中（专门讲解了 Linux 运行时库定位规则），我讲解了一种方法（虽然不是最高优先级的），可以通过 ldconfig 缓存指定装载器运行时的库搜索路径。

我们通常将 ldconfig 命令行实用程序（http://linux.die.net/man/8/ldconfig）作为软件包安装过程的最后一步来执行。将共享库文件的路径作为输入参数传递给 ldconfig 时，ldconfig 会搜索共享库路径，并更新用于记录这些信息的文件：

- /etc/ld.so.conf 文件：包含了一组目录列表，默认会扫描里面的库文件。
- /etc/ld.so.cache 文件：将多个路径作为输入参数传递给 ldconfig 时，ldconfig 会将整个扫描过程中查找到的动态库的文件名以 ASCII 文本列表的形式写入这个文件。

12.4　运行时分析工具

我们可以使用诸如 strace、addr2line，特别是 GNU 调试器这样的工具来分析程序运行时出现的问题。

12.4.1　strace

strace 命令行实用程序（http://linux.die.net/man/1/strace）可以跟踪由进程产生的系统调用与进程接收的信号。这将有助于查看运行时所需的依赖项（也就是说，除了 ldd 命令以外，strace 也可以用来分析加载时的依赖项）。图 12-31 展示了 strace 的典型输出信息。

```
milan@milan$ strace
execve("./driver", ["./driver"], [/* 36 vars */]) = 0
brk(0)                                  = 0x80cf000
access("/etc/ld.so.nohwcap", F_OK)      = -1 ENOENT (No such file or directory)
mmap2(NULL, 8192, PROT_READ|PROT_WRITE, MAP_PRIVATE|MAP_ANONYMOUS, -1, 0) = 0xb773a000
access("/etc/ld.so.preload", R_OK)      = -1 ENOENT (No such file or directory)
open("../sharedLib/tls/i686/sse2/cmov/libmreloc.so", O_RDONLY|O_CLOEXEC) = -1 ENOENT (No such file or directory)
open("../sharedLib/tls/i686/sse2/libmreloc.so", O_RDONLY|O_CLOEXEC) = -1 ENOENT (No such file or directory)
open("../sharedLib/tls/i686/cmov/libmreloc.so", O_RDONLY|O_CLOEXEC) = -1 ENOENT (No such file or directory)
open("../sharedLib/tls/i686/libmreloc.so", O_RDONLY|O_CLOEXEC) = -1 ENOENT (No such file or directory)
open("../sharedLib/tls/sse2/cmov/libmreloc.so", O_RDONLY|O_CLOEXEC) = -1 ENOENT (No such file or directory)
open("../sharedLib/tls/sse2/libmreloc.so", O_RDONLY|O_CLOEXEC) = -1 ENOENT (No such file or directory)
open("../sharedLib/tls/cmov/libmreloc.so", O_RDONLY|O_CLOEXEC) = -1 ENOENT (No such file or directory)
open("../sharedLib/tls/libmreloc.so", O_RDONLY|O_CLOEXEC) = -1 ENOENT (No such file or directory)
open("../sharedLib/i686/sse2/cmov/libmreloc.so", O_RDONLY|O_CLOEXEC) = -1 ENOENT (No such file or directory)
open("../sharedLib/i686/sse2/libmreloc.so", O_RDONLY|O_CLOEXEC) = -1 ENOENT (No such file or directory)
open("../sharedLib/i686/cmov/libmreloc.so", O_RDONLY|O_CLOEXEC) = -1 ENOENT (No such file or directory)
open("../sharedLib/i686/libmreloc.so", O_RDONLY|O_CLOEXEC) = -1 ENOENT (No such file or directory)
open("../sharedLib/sse2/cmov/libmreloc.so", O_RDONLY|O_CLOEXEC) = -1 ENOENT (No such file or directory)
open("../sharedLib/sse2/libmreloc.so", O_RDONLY|O_CLOEXEC) = -1 ENOENT (No such file or directory)
open("../sharedLib/cmov/libmreloc.so", O_RDONLY|O_CLOEXEC) = -1 ENOENT (No such file or directory)
open("../sharedLib/libmreloc.so", O_RDONLY|O_CLOEXEC) = 3
read(3, "\177ELF\1\1\1\0\0\0\0\0\0\0\0\0\3\0\1\0\0\0\260\3\0\0004\0\0\0"..., 512) = 512
fstat64(3, {st_mode=S_IFREG|0775, st_size=7727, ...}) = 0
getcwd("/home/milan/Desktop/Test/loadTimeRelocation/example2/driverApp", 128) = 63
mmap2(NULL, 8216, PROT_READ|PROT_EXEC, MAP_PRIVATE|MAP_DENYWRITE, 3, 0) = 0xb7737000
mmap2(0xb7738000, 8192, PROT_READ|PROT_WRITE, MAP_PRIVATE|MAP_FIXED|MAP_DENYWRITE, 3, 0) = 0xb7738000
close(3)                                = 0
open("../sharedLib/tls/i686/sse2/cmov/libc.so.6", O_RDONLY|O_CLOEXEC) = -1 ENOENT (No such file or directory)
open("../sharedLib/tls/i686/sse2/libc.so.6", O_RDONLY|O_CLOEXEC) = -1 ENOENT (No such file or directory)
open("../sharedLib/tls/i686/cmov/libc.so.6", O_RDONLY|O_CLOEXEC) = -1 ENOENT (No such file or directory)
open("../sharedLib/tls/i686/libc.so.6", O_RDONLY|O_CLOEXEC) = -1 ENOENT (No such file or directory)
open("../sharedLib/tls/sse2/cmov/libc.so.6", O_RDONLY|O_CLOEXEC) = -1 ENOENT (No such file or directory)
open("../sharedLib/tls/sse2/libc.so.6", O_RDONLY|O_CLOEXEC) = -1 ENOENT (No such file or directory)
open("../sharedLib/tls/cmov/libc.so.6", O_RDONLY|O_CLOEXEC) = -1 ENOENT (No such file or directory)
open("../sharedLib/tls/libc.so.6", O_RDONLY|O_CLOEXEC) = -1 ENOENT (No such file or directory)
open("../sharedLib/i686/sse2/cmov/libc.so.6", O_RDONLY|O_CLOEXEC) = -1 ENOENT (No such file or directory)
open("../sharedLib/i686/sse2/libc.so.6", O_RDONLY|O_CLOEXEC) = -1 ENOENT (No such file or directory)
open("../sharedLib/i686/cmov/libc.so.6", O_RDONLY|O_CLOEXEC) = -1 ENOENT (No such file or directory)
open("../sharedLib/i686/libc.so.6", O_RDONLY|O_CLOEXEC) = -1 ENOENT (No such file or directory)
open("../sharedLib/sse2/cmov/libc.so.6", O_RDONLY|O_CLOEXEC) = -1 ENOENT (No such file or directory)
open("../sharedLib/sse2/libc.so.6", O_RDONLY|O_CLOEXEC) = -1 ENOENT (No such file or directory)
open("../sharedLib/cmov/libc.so.6", O_RDONLY|O_CLOEXEC) = -1 ENOENT (No such file or directory)
open("../sharedLib/libc.so.6", O_RDONLY|O_CLOEXEC) = -1 ENOENT (No such file or directory)
open("/etc/ld.so.cache", O_RDONLY|O_CLOEXEC) = 3
fstat64(3, {st_mode=S_IFREG|0644, st_size=70505, ...}) = 0
mmap2(NULL, 70505, PROT_READ, MAP_PRIVATE, 3, 0) = 0xb7725000
```

图 12-31　使用 strace 实用程序

12.4.2 addr2line

addr2line 命令行实用程序（http://linux.die.net/man/1/addr2line）可以将运行时地址转换成地址所对应的源代码文件信息和行号。

当（且仅当）使用调试模式构建二进制文件（通过传递 -g -O0 编译器选项）时，使用该工具有助于分析程序崩溃信息，其中崩溃处的程序计数器地址会打印到终端屏幕上：

```
#00 pc 0000d8cc6 /usr/mylibs/libxyz.so
```

按照以下方式执行 addr2line 命令：

```
$ addr2line -C -f -e /usr/mylibs/libxyz.so 0000d8cc6
```

结果输出内容如下所示：

```
/projects/mylib/src/mylib.c: 45
```

12.4.3 gdb

堪称传奇的 GNU 调试工具——gdb 可以对运行时代码进行反汇编操作。运行时反汇编代码的优势在于所有的地址都已经过装载器的解析，而且这些地址都是程序代码的最终地址。

在运行时代码反汇编的过程中，下面的 gdb 命令会非常有用：

- set disassembly-flavor<intel|att>
- disassemble< 函数名 >

在调用反汇编命令时，可以使用如下两个符号：

- /r 选项：显示额外的汇编指令的十六进制代码（见图 12-32）。
- /m 选项：在汇编指令中插入对应的 C/C++ 代码行（如果有），如图 12-33 所示。

```
(gdb) set disassembly-flavor intel
(gdb) disassemble /r main
Dump of assembler code for function main:
   0x08048875 <+0>:     55              push   ebp
   0x08048876 <+1>:     89 e5           mov    ebp,esp
   0x08048878 <+3>:     83 e4 f0        and    esp,0xfffffff0
   0x0804887b <+6>:     83 ec 20        sub    esp,0x20
   0x0804887e <+9>:     c7 44 24 14 00 00 00 00  mov   DWORD PTR [esp+0x14],0x0
   0x08048886 <+17>:    c7 44 24 04 00 00 00 00  mov   DWORD PTR [esp+0x4],0x0
   0x0804888e <+25>:    c7 04 24 5f 87 04 08     mov   DWORD PTR [esp],0x804875f
   0x08048895 <+32>:    e8 a6 fc ff ff  call   0x8048540 <dl_iterate_phdr@plt>
   0x0804889a <+37>:    a1 30 a0 04 08  mov    eax,ds:0x804a030
   0x0804889f <+42>:    83 c0 01        add    eax,0x1
   0x080488a2 <+45>:    89 44 24 18     mov    DWORD PTR [esp+0x18],eax
   0x080488a6 <+49>:    8b 45 08        mov    eax,DWORD PTR [ebp+0x8]
   0x080488a9 <+52>:    89 44 24 04     mov    DWORD PTR [esp+0x4],eax
   0x080488ad <+56>:    8b 44 24 18     mov    eax,DWORD PTR [esp+0x18]
   0x080488b1 <+60>:    89 04 24        mov    DWORD PTR [esp],eax
   0x080488b4 <+63>:    e8 a7 fc ff ff  call   0x8048560 <initialize@plt>
   0x080488b9 <+68>:    89 44 24 14     mov    DWORD PTR [esp+0x14],eax
   0x080488bd <+72>:    b8 f8 8b 04 08  mov    eax,0x8048bf8
   0x080488c2 <+77>:    8b 54 24 14     mov    edx,DWORD PTR [esp+0x14]
   0x080488c6 <+81>:    89 54 24 0c     mov    DWORD PTR [esp+0xc],edx
```

图 12-32 使用 gdb 显示包含十六进制机器指令的反汇编代码

```
(gdb) disassemble /m main
Dump of assembler code for function main:
117     {
   0x08048875 <+0>:     push    ebp
   0x08048876 <+1>:     mov     ebp,esp
   0x08048878 <+3>:     and     esp,0xfffffff0
   0x0804887b <+6>:     sub     esp,0x20

118         int t = 0;
   0x0804887e <+9>:     mov     DWORD PTR [esp+0x14],0x0

119         dl_iterate_phdr(header_handler, NULL);
   0x08048886 <+17>:    mov     DWORD PTR [esp+0x4],0x0
   0x0804888e <+25>:    mov     DWORD PTR [esp],0x804875f
   0x08048895 <+32>:    call    0x8048540 <dl_iterate_phdr@plt>

120
121         int first = shlibNonStaticAccessedAsExternVariable + 1;
   0x0804889a <+37>:    mov     eax,ds:0x804a030
   0x0804889f <+42>:    add     eax,0x1
   0x080488a2 <+45>:    mov     DWORD PTR [esp+0x18],eax

122         t = initialize(first, argc);
   0x080488a6 <+49>:    mov     eax,DWORD PTR [ebp+0x8]
```

图 12-33　穿插显示汇编代码和源代码的反汇编风格

如果想同时使用这两个选项，你需要将两个选项一起输入（也就是 /rm），而不是分开输入（也就是 /r /m），如图 12-34 所示。

```
(gdb) disassemble /mr main
Dump of assembler code for function main:
117     {
   0x08048875 <+0>:     55              push    ebp
   0x08048876 <+1>:     89 e5           mov     ebp,esp
   0x08048878 <+3>:     83 e4 f0        and     esp,0xfffffff0
   0x0804887b <+6>:     83 ec 20        sub     esp,0x20

118         int t = 0;
   0x0804887e <+9>:     c7 44 24 14 00 00 00 00 mov     DWORD PTR [esp+0x14],0x0

119         dl_iterate_phdr(header_handler, NULL);
   0x08048886 <+17>:    c7 44 24 04 00 00 00 00 mov     DWORD PTR [esp+0x4],0x0
   0x0804888e <+25>:    c7 04 24 5f 87 04 08    mov     DWORD PTR [esp],0x804875f
   0x08048895 <+32>:    e8 a6 fc ff ff  call    0x8048540 <dl_iterate_phdr@plt>

120
121         int first = shlibNonStaticAccessedAsExternVariable + 1;
   0x0804889a <+37>:    a1 30 a0 04 08          mov     eax,ds:0x804a030
   0x0804889f <+42>:    83 c0 01        add     eax,0x1
   0x080488a2 <+45>:    89 44 24 18     mov     DWORD PTR [esp+0x18],eax
```

图 12-34　同时使用 /r 和 /m 反汇编选项

12.5　静态库工具

和静态库相关的绝大多数功能都可以使用 ar 归档工具完成。你不仅可以使用 ar 将目标文件合并成静态库，也可以列出这些目标文件的内容，或是移除个别的目标文件，或是使用较新的版本替代这些目标文件。

ar

下面几个简单的示例展示了 ar 工具处理静态库最常见的几个场景。该示例由 4 个源代码文件组成（first.c、second.c、third.c 和 fourth.c），还有一个给客户二进制文件使用的导出头文件（详细代码在下面 5 个代码清单中给出）。

first.c

```
#include "mystaticlibexports.h"

int first_function(int x)
{
        return (x+1);
}
```

second.c

```
#include "mystaticlibexports.h"

int fourth_function(int x)
{
        return (x+4);
}
```

third.c

```
#include "mystaticlibexports.h"

int second_function(int x)
{
        return (x+2);
}
```

fourth.c

```
#include "mystaticlibexports.h"

int third_function(int x)
{
        return (x+3);
}
```

mystaticlibexports.h

```
#pragma once
int first_function(int x);
int second_function(int x);
int third_function(int x);
int fourth_function(int x);
```

假设你已经编译好每个源代码文件，并生成了相应的目标文件：

```
$ gcc -Wall -c first.c second.c third.c fourth.c
```

下面的屏幕截图展示了处理静态库的几个不同场景。

1. 创建静态库

执行 ar -rcs<库文件名 >< 目标文件列表 > 命令可以将指定的目标文件合并到一个静态库中（见图 12-35）。

```
milan@milan$ ar -rcs libmystaticlib.a first.o second.o third.o fourth.o
milan@milan$ ls -alg
total 48
drwxrwxr-x 2 milan 4096 Dec 25 11:37 .
drwxrwxr-x 5 milan 4096 Dec 25 10:48 ..
-rw-rw-r-- 1 milan   78 Dec 25 10:36 first.c
-rw-rw-r-- 1 milan  864 Dec 25 11:35 first.o
-rw-rw-r-- 1 milan   79 Dec 25 10:36 fourth.c
-rw-rw-r-- 1 milan  868 Dec 25 11:35 fourth.o
-rw-rw-r-- 1 milan 3854 Dec 25 11:37 libmystaticlib.a
-rw-rw-r-- 1 milan  124 Dec 25 10:37 mystaticlibexports.h
-rw-rw-r-- 1 milan   79 Dec 25 10:35 second.c
-rw-rw-r-- 1 milan  868 Dec 25 11:35 second.o
-rw-rw-r-- 1 milan   78 Dec 25 10:35 third.c
-rw-rw-r-- 1 milan  864 Dec 25 11:35 third.o
milan@milan$ file libmystaticlib.a
libmystaticlib.a: current ar archive
```

图 12-35　使用 ar 将目标文件合并成静态库文件

2. 列出静态库目标文件

执行 ar -t< 库文件名 > 命令可以将存储在静态库中的目标文件列表打印出来（见图 12-36）。

```
milan@milan$ ar -t libmystaticlib.a
first.o
second.o
third.o
fourth.o
milan@milan$
```

图 12-36　使用 ar 打印出静态库目标文件列表

3. 从静态库中删除目标文件

如果你想修改文件 first.c（修正缺陷或只是简单地添加额外功能），而且那个时候你希望静态库中不包含目标文件 first.o。从静态库中删除目标文件的方式是执行 ar -d< 库文件名 >< 需要删除的目标文件 >（见图 12-37）。

4. 将新的目标文件添加到静态库

如果你对文件 first.c 的修改感到非常满意而且你已经重新编译过该文件。现在你想要将新创建的目标文件 first.o 放回静态库中。可以执行 ar -r< 库文件名 >< 需要添加的目标文件 > 命来将新的目标文件添加到静态库中（见图 12-38）。

```
milan@milan$ ar -t libmystaticlib.a
first.o
second.o
third.o
fourth.o
milan@milan$ ar -d libmystaticlib.a first.o
milan@milan$ ar -t libmystaticlib.a
second.o
third.o
fourth.o
milan@milan$
```

图 12-37　使用 ar 从静态库中删除一个目标文件

```
milan@milan$ cat first.c
#include <stdio.h>
#include "mystaticlibexports.h"

int first_function(int x)
{
    printf("%s\n", __FUNCTION__);
    return (x+1);
}
milan@milan$ gcc -Wall -I../staticLib -c first.c
milan@milan$ ar -r libmystaticlib.a first.o
milan@milan$ ar -t libmystaticlib.a
second.o
third.o
fourth.o
first.o
milan@milan$
```

图 12-38　使用 ar 将新的目标文件添加到静态库

　　需要注意的是，静态库中存放的目标文件的顺序发生了改变。新的文件实际上被添加到了归档文件的末尾。

5. 重建目标文件顺序

　　如果坚持让新添加的目标文件所处的顺序与原来保持一致，你可以重建目标文件的顺序。执行 ar -m -b< 静态库中的目标文件，被移动的目标文件会移动到该文件前面 >< 库文件名 >< 需要移动顺序的目标文件 > 命令可以完成该任务（见图 12-39）。

```
milan@milan$ ar -t libmystaticlib.a
second.o
third.o
fourth.o
first.o
milan@milan$ ar -m -b second.o libmystaticlib.a first.o
milan@milan$ ar -t libmystaticlib.a
first.o
second.o
third.o
fourth.o
milan@milan$
```

图 12-39　使用 ar 重建静态库中目标文件的顺序

Chapter 13 · 第13章

平 台 实 践

在上一章中已经对一些实用的 Linux 分析工具进行了介绍，现在让我们换个视角再来看看这些相同的问题。在本章中，我们将着重介绍如何使用这些工具完成常见的工作，而不是再去介绍这些工具本身。

通常情况下要进行一项分析，方法是非常多的。在本章中，我们会对同一项工作提供多种不同的分析方法。

13.1 链接过程调试

在链接阶段，最好的调试方法莫过于使用 LD_DEBUG 环境变量（见图 13-1）。该方法不仅适用于构建进程，还可以调试运行时动态库加载。

操作系统支持一组预设的值，在执行所需操作（构建或者执行阶段）之前，只需要将 LD_DEBUG 设置为这些值即可。列出这些预设值的方法是输入

```
$ LD_DEBUG=help cat
```

与其他环境变量一样，有几种方法可以设置 LD_DEBUG 的值：

- 直接写在调用链接器命令的同一行。
- 设置环境变量，并在整个终端 shell 生命周期中使用：

```
$ export LD_DEBUG=<chosen_option>
```

可以使用以下命令撤销相关操作：

```
$ unset LD_DEBUG
```

- 可以在 shell 配置文件（比如 .bashrc 文件）中设置环境变量，以在每个终端会话中使用新增的环境变量。除非日常工作是测试链接进程，否则不推荐这种方法。

```
milan@milan$ LD_DEBUG=help cat
Valid options for the LD_DEBUG environment variable are:

  libs        display library search paths
  reloc       display relocation processing
  files       display progress for input file
  symbols     display symbol table processing
  bindings    display information about symbol binding
  versions    display version dependencies
  scopes      display scope information
  all         all previous options combined
  statistics  display relocation statistics
  unused      determined unused DSOs
  help        display this help message and exit

To direct the debugging output into a file instead of standard output
a filename can be specified using the LD_DEBUG_OUTPUT environment variable.
milan@milan$
```

图 13-1 使用 LD_DEBUG 环境变量调试链接过程

13.2 确定二进制文件类型

可以用一些简单的方法来判定二进制文件类型：

- file 实用程序（该工具可以处理相当多的文件类型）可以用最简单、快速且优雅的方式确定二进制文件的类型。
- readelf 实用程序中的 ELF 头分析功能提供了许多有关二进制文件类型的详细信息。执行以下命令：

`$ readelf -h <path-of-binary> | grep Type`

该命令的执行结果将会是以下文件之一：

- EXEC（可执行文件）
- DYN（共享目标文件）
- REL（可重定位文件）

在分析静态库时，该操作会显示出库文件中每个目标文件的 REL 输出。

- objdump 实用程序中的 ELF 头分析功能可以提供与 readelf 相似的分析功能，只不过输出的内容简单许多。执行以下命令：

`$ objdump -f <path-of-binary>`

该命令的执行结果中的每一行都会包含以下内容：

- EXEC_P（可执行文件）
- DYNAMIC（共享目标文件）

■ 目标文件不会显示任何类型信息

在分析静态库时，该操作会显示出库文件中每个目标文件的相关信息。

13.3 确定二进制文件入口点

在本节中，我们将从最简单的获取二进制文件（可执行文件）入口点场景切入，然后再介绍相对复杂的场景（在运行时确定动态库的入口点）。

13.3.1 获取可执行文件入口点

可以使用以下几种方法来获取可执行文件的入口点（即程序内存映射中第一条指令的地址）：

- readelf 实用程序中的 ELF 头分析功能提供了许多关于二进制文件类型的详细信息。执行以下命令：

```
$ readelf -h <path-of-binary> | grep Entry
```

该命令将会 显示以下输出：

```
Entry point address:              0x<address>
```

- objdump 实用程序中的 ELF 头分析功能可以提供与 readelf 相似的分析功能，只不过输出的内容简单许多。执行以下命令：

```
$ objdump -f <path-of-binary> | grep start
```

该命令得到的输出如下所示：

```
start address 0x<address>
```

13.3.2 获取动态库入口点

查找动态库入口点的过程没有那么简单。即使我们使用前面描述的方法，获取到的信息（通常来说是十六进制数的低位部分，比如 0x390）中也并不包含我们需要查找的动态库入口点信息。由于动态库会被映射到客户二进制文件的进程内存映射中去，因此只有在运行时才能获得动态库真正的入口点。

最简单的方法是在 GNU 调试器中执行应用程序并加载动态库。如果设置了 LD_DEBUG 环境变量，已加载库的信息就会被打印出来。你只需要在 main() 函数的位置设一个断点即可。无论可执行文件有没有使用调试选项构建，一般都能找到这个符号。

在使用加载时链接方式链接动态库的例子中，当程序执行到设置在 main() 函数位置的断点时，加载进程也已经完成。

在使用运行时动态加载的例子中，最简单的方法是将大量屏幕输出重定向到指定文件中去，然后手动查询。

图 13-2 展示了使用 LD_DEBUG 环境变量的方法。

```
milan@milan$ LD_DEBUG=files gdb -q ./driver
    3226:
    3226:       file=libreadline.so.6 [0];  needed by gdb [0]
    3226:       file=libreadline.so.6 [0];  generating link map
    3226:         dynamic: 0xb775bb88  base: 0xb7726000  size: 0x00039de4
    3226:           entry: 0xb7730ef0  phdr: 0xb7726034  phnum:           7
    3226:
                        ○
                        ○
Reading symbols from /home/milan/driverApp/driver...done.
(gdb) b main
Breakpoint 1 at 0x804864f: file driver.c, line 28.
(gdb) r
Starting program: /home/milan/driverApp/driver
    3229:
    3229:       file=libtinfo.so.5 [0];   needed by /bin/bash [0]
    3229:       file=libtinfo.so.5 [0];   generating link map
                        ○
                        ○
    3229:
    3229:       file=libmreloc.so [0];   needed by /home/milan/driverApp/driver [0]
    3229:       file=libmreloc.so [0];   generating link map
    3229:         dynamic: 0xb7fd9f20  base: 0xb7fd8000   size: 0x00002018
    3229:           entry: 0xb7fd8390  phdr: 0xb7fd8034  phnum:           7
    3229:
    3229:

                 请注意 entry-base=0x390
                 readelf 会从二进制库文件
                 中读出 0x390 这个值

Breakpoint 1, main (argc=1, argv=0xbffff344) at driver.c:28
28          dl_iterate_phdr(header_handler, NULL);
(gdb) set disassembly-flavor intel
(gdb) disassemble 0xb7fd8390
Dump of assembler code for function __do_global_dtors_aux:
    0xb7fd8390 <+0>:    push    ebp
    0xb7fd8391 <+1>:    mov     ebp,esp
    0xb7fd8393 <+3>:    push    esi
    0xb7fd8394 <+4>:    push    ebx
    0xb7fd8395 <+5>:    call    0xb7fd8447 <__i686.get_pc_thunk.bx>
```

1）在运行调试器以前，通过设置 LD_DEBUG 环境变量（指定 files 选项）来启用链接器调试功能。

2）启动调试器。

3）在程序的入口处设置断点（比如 main 函数）

4）启动进程，并加载所有需要的库（假设已满足了运行时库文件的定位规则）。

5）启用 LD_DEBUG 会将我们需要的运行时加载信息打印出来。

6）当执行到断点位置时，试着对运行时入口点地址周围的代码进行反汇编。
如果以上操作执行成功，gdb 就会提示该地址也是一个函数入口点。

图 13-2　在运行时获取动态库的入口点

13.4　列出符号信息

我们可以使用以下方法列出可执行文件和库文件的符号信息：

● nm 实用程序

● readelf 实用程序

需要注意的是：

■ 通过执行以下命令，可以获取所有对外可见的符号列表：

```
$ readelf --symbols <path-to-binary>
```

■ 通过执行以下命令，可以获取导出符号列表，这些符号用于动态链接：

```
$ readelf --dyn-syms <path-to-binary>
```

● objdump 实用程序

需要注意的是：

■ 通过执行以下命令，可以获取所有对外可见的符号列表：

```
$ objdump -t <path-to-binary>
```

■ 通过执行以下命令，可以获取导出符号列表，这些符号用于动态链接：

```
$ objdump -T <path-to-binary>
```

13.5 查看节的信息

可以使用几种不同的方法获取二进制文件中节的信息。你可以使用 size 命令来快速获取基本信息。如果需要获取更为结构化和更详细的信息，你可以使用类似于 objdump 和 readelf 之类的实用程序来实现，其中 readelf 实用程序专门用于 ELF 二进制格式。通常情况下，我们首先需要列出二进制文件中的所有节，然后再去检查某一个段的详细信息。

13.5.1 列出所有节的信息

可以用以下方法之一来获取 ELF 二进制文件节列表：
● readelf 实用程序

```
$ readelf -S <path-to-binary>
```

● objdump 实用程序

```
$ objdump -t <path-to-binary>
```

13.5.2 查看节的信息

到目前为止，我们最常查看的信息就是含有链接器符号的节。因此，人们开发了很多工具来满足这些需求。同理，从目标文件中提取符号也属于查看二进制文件节信息的范畴，我们已经用独立的章节介绍了有关符号提取方法的内容。

1. 查看动态节的信息

二进制文件（特指动态库）的动态节包含了大量有价值的信息。可以使用下列方法将动态节的内容显示出来：
● readelf 实用程序

```
$ readelf -d <path-to-binary>
```

- objdump 实用程序

```
$ objdump -p <path-to-binary>
```

从动态节提取出的信息都非常有用，下面这些信息最具价值：

- DT_RPATH 或 DT_RUNPATH 字段的值
- 动态库或 SONAME 字段的值
- 所需动态库列表（DT_NEEDED 字段）

确定动态库类型（PIC 或 LTR）

如果构建动态库时没有使用 -fPIC 编译器选项，那么在动态库的动态节中会有一个 TEXTREL 字段；如果使用了 -fPIC 编译器选项，则动态节中不包含该字段。下面列出了一个简单的脚本（pic_or_ltr.sh），该脚本可以帮助你判断动态库是否使用了 -fPIC 选项进行构建：

```
if readelf-d$1|grep TEXTREL>/dev/null;\
then echo" 动态库文件属于 LTR，没有使用 -fPIC 选项进行构建 ";\
else echo" 动态库文件使用了 -fPIC 选项进行构建 ";fi
```

2. 查看重定位节的信息

我们可以使用以下命令来查看重定位节的信息：

- readelf 实用程序

```
$ readelf -r <path-to-binary>
```

- objdump 实用程序

```
$ objdump -R <path-to-binary>
```

3. 查看数据节

我们可以使用以下命令来查看数据节：

- readelf 实用程序

```
$ readelf -x <section name> <path-to-binary>
```

- objdump 实用程序

```
$ objdump -s -j <section name> <path-to-binary>
```

13.6 查看段的信息

我们可以使用以下命令来查看段的信息：

- readelf 实用程序

```
$ readelf --segments <path-to-binary>
```

- objdump 实用程序

```
$ objdump -p <path-to-binary>
```

13.7 反汇编代码

在本节中，我们将介绍反汇编代码的不同方法。

13.7.1 反汇编二进制文件

反汇编二进制文件的最好方法是使用 objdump 命令。事实上，这可能是唯一一项 readelf 不支持的功能。特别地，通过执行以下命令来反汇编 .text 节。

```
$ objdump -d <path-to-binary>
```

除此之外，你还可以指定输出的汇编指令风格（AT&T 和 Intel）。

```
$ objdump -d -M intel <path-to-binary>
```

如果你需要查看穿插在汇编指令中的源代码（如果有），则可以执行以下命令：

```
$ objdump -d -M intel -S <path-to-binary>
```

最后，你可能想分析某个节的代码。除了常见的 .text 节会携带代码以外，在其他的节（比如 .plt 节）中也会包含源代码。

objdump 在默认情况下会反汇编所有包含代码的节。我们可以使用 -j 选项来反汇编某个特定的节：

```
$ objdump -d -S -M intel -j .plt <path-to-binary>
```

13.7.2 反汇编正在运行的进程

反汇编正在运行的进程的最好方法是使用 gdb 调试器。我们在前面的章节中已经对这个功能强大的工具进行了介绍，对此读者可以参考前面的内容。

13.8 判断是否为调试构建

判断二进制文件是否用调试模式（即使用 -g 选项）构建的最可靠的方式是使用 readelf 实用程序。执行以下命令来进行判断：

```
$ readelf --debug-dump=line <path-to-binary>
```

如果二进制文件使用调试选项构建，那么该命令会给出非空输出结果。

13.9　查看加载时依赖项

为了列出可执行文件（应用程序或共享库）加载时依赖的共享库列表，请参阅针对 ldd 命令（包括使用 ldd 的方法和使用更为安全的 objdump 的方法）的详细介绍。

在 nutshell 中执行 ldd 命令：

```
$ ldd <path-to-binary>
```

该命令将会打印出完整的依赖项列表。

另一种方法是，使用 objdump 或 readelf 来查看二进制文件的动态节信息，这种方法相比来说更为安全，而缺点是只能查看直接依赖项。

```
$ objdump -p /path/to/program | grep NEEDED
$ readelf -d /path/to/program | grep NEEDED
```

13.10　查看装载器可以找到的库文件

为了列出所有对装载器已知且有效的库文件运行时路径，你可以使用 ldconfig 实用程序。执行以下命令：

```
$ ldconfig -p
```

该命令将会打印出装载器已知的完整库文件（即当前位于 /etc/ld.so.cache 中的库文件）列表及其对应的完整路径信息。

因此，我们可以通过以下命令来查找装载器可用库文件中的特定项目：

```
$ ldconfig -p | grep <library-of-interest>
```

13.11　查看运行时动态链接的库文件

到目前为止，包括之前介绍的二进制文件分析工具，我们都尚未提及查看运行时动态库文件的任何相关信息。原因很简单，二进制文件分析工具在运行时对动态库加载过程进行分析略显捉襟见肘。诸如 ldd 这样的工具都无法通过 dlopen() 函数对运行时加载的动态库进行分析。

下面的方法可以列出已加载动态库的完整列表。列表中包括加载时链接的动态库和运行时动态链接的动态库。

13.11.1　strace 实用程序

列出系统调用顺序的一个实用的方法是使用 strace< 程序命令行 >，其中我们比较关心的是 open() 和 mmap() 系统调用。我们可以通过该方法列出所有已加载的共享库。当涉及共享库的时候，在 mmap() 调用下面的几行输出中，会显示加载地址。

13.11.2 LD_DEBUG 环境变量

由于 LD_DEBUG 环境变量比较灵活，而且还有大量选项可供使用，因此在链接和加载进程中，我们常常会使用该方法来查询相关信息。对于当前问题而言，在运行时动态加载库的过程中使用 LD_DEBUG=files 这个选项，可以显示出大量携带丰富信息的输出（库名称、运行时路径和入口点地址等）。

13.11.3 /proc/<PID>/maps 文件

无论进程何时运行，Linux 操作系统都会在 /proc 目录下维护一些记录进程执行的重要信息的文件。举例来说，对于 PID 为 NNNN 的进程，位于 /proc/<NNNN>/maps 路径下的文件中，记录了加载的库文件列表，以及每个加载库文件的地址。例如，图 13-3 中展示了火狐浏览器的相关信息。

```
milan@milan$ ps -ef | grep firefox
milan     15536 14480  8 22:57 pts/0    00:00:07 /usr/lib/firefox/firefox
milan     15596 14480  0 22:58 pts/0    00:00:00 grep --color=auto firefox
milan@milan$ cat /proc/15536/maps
a2c00000-a2d00000 rw-p 00000000 00:00 0
a2e00000-a2f00000 rw-p 00000000 00:00 0
a2ffc000-a2ffd000 ---p 00000000 00:00 0
a2ffd000-a37fd000 rw-p 00000000 00:00 0
a37fd000-a37fe000 ---p 00000000 00:00 0
a37fe000-a3ffe000 rw-p 00000000 00:00 0
a3ffe000-a3fff000 ---p 00000000 00:00 0
a3fff000-a47ff000 rw-p 00000000 00:00 0
a47ff000-a4800000 ---p 00000000 00:00 0
a4800000-a5100000 rw-p 00000000 00:00 0
                 o
                 o
                 o
                 o
                 o
a9964000-a999c000 r-xp 00000000 08:01 7868984   /usr/lib/i386-linux-gnu/libcroco-0.6.so.3.0.1
a999c000-a999d000 ---p 00038000 08:01 7868984   /usr/lib/i386-linux-gnu/libcroco-0.6.so.3.0.1
a999d000-a999f000 r--p 00038000 08:01 7868984   /usr/lib/i386-linux-gnu/libcroco-0.6.so.3.0.1
a999f000-a99a0000 rw-p 0003a000 08:01 7868984   /usr/lib/i386-linux-gnu/libcroco-0.6.so.3.0.1
a99a0000-a99d7000 r-xp 00000000 08:01 7869354   /usr/lib/i386-linux-gnu/librsvg-2.so.2.36.1
a99d7000-a99d8000 ---p 00036000 08:01 7869354   /usr/lib/i386-linux-gnu/librsvg-2.so.2.36.1
a99d8000-a99d9000 rw-p 00037000 08:01 7869354   /usr/lib/i386-linux-gnu/librsvg-2.so.2.36.1
a99d9000-a9a00000 r--p 00000000 08:01 9568812   /usr/share/xul-ext/ubufox/chrome/ubufox.jar
```

图 13-3 在 /proc/<PID>/maps 文件中查看进程内存映射的信息

小提示 1：

一个潜在的小问题是，应用程序可能很快执行结束，而没有为你留下充足的时间去检查进程的内存映射。解决该问题的最简单且最快的方法是通过 gdb 调试器来启动进程，然后将断点设置在 main 函数处即可。当程序执行阻塞在断点上时，你就可以有充足的时间来查看进程内存映射。

小提示 2：

在确保某个程序当前只有一个正在执行的实例的情况下，你可以使用 pgrep（process grep）命令来查找进程的 PID 信息。以火狐浏览器为例，你可以输入以下命令：

```
$ cat /proc/`pgrep firefox`/maps
```

13.11.4　lsof 实用程序

lsof 实用程序可以对正在运行中的进程进行分析，并将进程打开的所有文件的列表输出到标准输出流中。正如 lsof 手册页（http://linux.die.net/man/8/lsof）中所提到的，这里所谓已打开的文件包括普通文件、目录、块设备文件、字符设备文件、执行中的文本引用（executing text reference）、库文件、流文件和网络文件（Internet socket、NFS 文件或 UNIX domain socket）。

lsof 能够显示出许多不同类型文件的打开情况，无论动态库加载是静态的还是动态的（在运行时执行 dlopen），lsof 都能够报告进程已加载动态库的列表。

下面的输出片段展示了火狐浏览器打开的所有共享库文件列表，如图 13-4 所示：

```
$ lsof -p `pgrep firefox`
```

```
milan@milan:~/Desktop$ ps -ef | grep firefox
milan     3463  2625 10 20:59 pts/3    00:00:01 /usr/lib/firefox/firefox
milan     3506  2625  0 20:59 pts/3    00:00:00 grep --color=auto firefox
milan@milan:~/Desktop$ lsof -p 3463 | grep "\.so"
firefox 3463 milan  mem    REG    8,1    458376 7867630 /usr/lib/firefox/libnssckbi.so
firefox 3463 milan  mem    REG    8,1    394592 7867626 /usr/lib/firefox/libfreebl3.so
firefox 3463 milan  mem    REG    8,1     22080 7344057 /lib/i386-linux-gnu/libnss_dns-2.15.so
firefox 3463 milan  mem    REG    8,1    268144 7867915 /usr/lib/firefox/libsoftokn3.so
firefox 3463 milan  mem    REG    8,1    161096 7867492 /usr/lib/firefox/libnssdbm3.so
firefox 3463 milan  mem    REG    8,1    239248 7868934 /usr/lib/i386-linux-gnu/libcroco-0.6.so.3.0.1
firefox 3463 milan  mem    REG    8,1    227972 7869354 /usr/lib/i386-linux-gnu/librsvg-2.so.2.36.1
                                o
                                o
                                o
                                o
                                o
firefox 3463 milan  mem    REG    8,1    905712 7869397 /usr/lib/i386-linux-gnu/libstdc++.so.6.0.16
firefox 3463 milan  mem    REG    8,1     30684 7344054 /lib/i386-linux-gnu/librt-2.15.so
firefox 3463 milan  mem    REG    8,1     13940 7344062 /lib/i386-linux-gnu/libdl-2.15.so
firefox 3463 milan  mem    REG    8,1    124663 7344052 /lib/i386-linux-gnu/libpthread-2.15.so
firefox 3463 milan  mem    REG    8,1      5408 7865724 /usr/lib/i386-linux-gnu/libgthread-2.0.so.0.3200.4
firefox 3463 milan  mem    REG    8,1      9624 7867962 /usr/lib/firefox/libmozalloc.so
firefox 3463 milan  mem    REG    8,1     13604 7867657 /usr/lib/firefox/libplds4.so
firefox 3463 milan  mem    REG    8,1     17700 7867631 /usr/lib/firefox/libplc4.so
firefox 3463 milan  mem    REG    8,1    134344 7344053 /lib/i386-linux-gnu/ld-2.15.so
milan@milan:~/Desktop$
```

图 13-4　使用 lsof 工具查看进程内存映射

需要注意的是，lsof 提供了周期性查看运行中进程的命令行选项。你可以通过指定检查周期来捕捉运行时动态加载和卸载的信息。

如果执行 lsof 命令时附带 -r 选项，那么 losf 将会以无限循环的方式检查运行中的进程，如果想终止进程执行，则需要输入 Ctrl-C。如果附带 +r 选项，那么 lsof 会在没有侦测到更多打开文件时自动终止。

13.11.5　通过编程方式查看

我们可以通过编写代码的方式来打印出进程加载的库文件信息。在程序代码中调用 dl_
iterate_phdr() 函数，就可以在运行时打印出加载的共享库的完整列表，以及每个库文件的一
些额外数据（比如加载库的起始地址）。

示例代码由一个主程序和两个简单的动态库组成，方便我们展示相关的概念。程序的源
代码如以下代码清单所示。其中一个动态库采用加载时链接，另一个动态库则采用运行时调
用 dlopen() 函数进行动态加载：

```c
#define _GNU_SOURCE
#include <link.h>
#include <stdio.h>
#include <dlfcn.h>
#include "sharedLib1Functions.h"
#include "sharedLib2Functions.h"

static const char* segment_type_to_string(uint32_t type)
{
    switch(type)
    {
    case PT_NULL:        // 0
        return "Unused";
        break;
    case PT_LOAD:        // 1
        return "Loadable Program Segment";
        break;
    case PT_DYNAMIC:     //2
        return "Dynamic linking information";
        break;
    case PT_INTERP:      // 3
        return "Program interpreter";
        break;
    case PT_NOTE:        // 4
        return "Auxiliary information";
        break;
    case PT_SHLIB:       // 5
        return "Reserved";
        break;
    case PT_PHDR:        // 6
        return "Entry for header table itself";
        break;
    case PT_TLS:         // 7
        return "Thread-local storage segment";
        break;
//  case PT_NUM:         // 8                    /* Number of defined types */
    case PT_LOOS:        // 0x60000000
        return "Start of OS-specific";
        break;
    case PT_GNU_EH_FRAME: // 0x6474e550
        return "GCC .eh_frame_hdr segment";
        break;
```

```
        case PT_GNU_STACK:      // 0x6474e551
            return "Indicates stack executability";
            break;
        case PT_GNU_RELRO:      // 0x6474e552
            return "Read-only after relocation";
            break;
//      case PT_LOSUNW:         // 0x6ffffffa
        case PT_SUNWBSS:        // 0x6ffffffa
            return "Sun Specific segment";
            break;
        case PT_SUNWSTACK:      // 0x6ffffffb
            return "Sun Stack segment";
            break;
//      case PT_HISUNW:         // 0x6fffffff
//          case PT_HIOS:       // 0x6fffffff       /* End of OS-specific */
//          case PT_LOPROC:     // 0x70000000       /* Start of processor-specific */
//          case PT_HIPROC:     // 0x7fffffff       /* End of processor-specific */
        default:
            return "???";
    }
}

static const char* flags_to_string(uint32_t flags)
{
    switch(flags)
    {
    case 1:
        return "--x";
        break;
    case 2:
        return "-w-";
        break;
    case 3:
        return "-wx";
        break;
    case 4:
        return "r--";
        break;
    case 5:
        return "r-x";
        break;
    case 6:
        return "rw-";
        break;
    case 7:
        return "rwx";
        break;
    default:
        return "???";
        break;
    }
}

static int header_handler(struct dl_phdr_info* info, size_t size, void* data)
{
    int j;
    printf("name=%s (%d segments) address=%p\n",
```

```
                info->dlpi_name, info->dlpi_phnum, (void*)info->dlpi_addr);
        for (j = 0; j < info->dlpi_phnum; j++) {
            printf("\t\t header %2d: address=%10p\n", j,
                (void*) (info->dlpi_addr + info->dlpi_phdr[j].p_vaddr));
            printf("\t\t\t type=0x%X (%s),\n\t\t\t flags=0x%X (%s)\n",
                    info->dlpi_phdr[j].p_type,
                    segment_type_to_string(info->dlpi_phdr[j].p_type),
                    info->dlpi_phdr[j].p_flags,
                    flags_to_string(info->dlpi_phdr[j].p_flags));
        }
        printf("\n");
        return 0;
}

int main(int argc, char* argv[])
{
    // function from statically aware loaded library
    sharedLib1Function(argc);

    // function from run-time dynamically loaded library
    void* pLibHandle = dlopen("libdemo2.so", RTLD_GLOBAL | RTLD_NOW);
    if(NULL == pLibHandle)
    {
        printf("Failed loading libdemo2.so, error = %s\n", dlerror());
        return -1;
    }
    PFUNC pFunc = (PFUNC)dlsym(pLibHandle, "sharedLib2Function");
    if(NULL == pFunc)
    {
        printf("Failed identifying the symbol \"sharedLib2Function\"\n");
        dlclose(pLibHandle);
        pLibHandle = NULL;
        return -1;
    }
    pFunc(argc);
    if(2 == argc)
        getchar();
    if(3 == argc)
        dl_iterate_phdr(header_handler, NULL);
    return 0;
}
```

该示例中最关键的是调用 dl_iterate_phdr() 函数的代码。从本质上讲，该函数会提取有关进程的运行时内存映射信息，并将这些信息传递给调用者。而调用者则需要实现一套自定义的回调函数（在本例中是 header_handler()）。图 13-5 展示了打印输出的内容。

```
milan@milan$ ./driverApp 1 2 | grep -A 20 libdemo
name=../sharedLib1/libdemo1.so (7 segments) address=0xb77ad000
                header  0: address=0xb77ad000
                        type=0x1 (Loadable Program Segment),
                        flags=0x5 (r-x)
                header  1: address=0xb77aef0c
                        type=0x1 (Loadable Program Segment),
                        flags=0x6 (rw-)
                header  2: address=0xb77aef20
```

图 13-5　通过编程方式（使用 dl_iterate_phdr() 调用）来查看进程内存映射中的动态库加载位置

```
                         type=0x2 (Dynamic linking information),
                         flags=0x6 (rw-)
            header    3: address=0xb77ad114
                         type=0x4 (Auxiliary information),
                         flags=0x4 (r--)
            header    4: address=0xb77ad4f8
                         type=0x6474E550 (GCC .eh_frame_hdr segment),
                         flags=0x4 (r--)
            header    5: address=0xb77ad000
                         type=0x6474E551 (Indicates stack executability),
                         flags=0x6 (rw-)
            header    6: address=0xb77aef0c
                         type=0x6474E552 (Read-only after relocation),
- -
name=../sharedLib2/libdemo2.so (7 segments) address=0xb77c3000
            header    0: address=0xb77c3000
                         type=0x1 (Loadable Program Segment),
                         flags=0x5 (r-x)
            header    1: address=0xb77c4f0c
                         type=0x1 (Loadable Program Segment),
                         flags=0x6 (rw-)
            header    2: address=0xb77c4f20
                         type=0x2 (Dynamic linking information),
                         flags=0x6 (rw-)
            header    3: address=0xb77c3114
                         type=0x4 (Auxiliary information),
                         flags=0x4 (r--)
            header    4: address=0xb77c34f8
                         type=0x6474E550 (GCC .eh_frame_hdr segment),
                         flags=0x4 (r--)
            header    5: address=0xb77c3000
                         type=0x6474E551 (Indicates stack executability),
                         flags=0x6 (rw-)
            header    6: address=0xb77c4f0c
                         type=0x6474E552 (Read-only after relocation),
milan@milan$
```

图 13-5 （续）

13.12　创建和维护静态库

我们可以通过 Linux 下的 ar 归档工具来处理绝大多数与静态库有关的操作。诸如反汇编静态库代码、检查符号与应用程序或动态库所使用的符号是否相同这类任务都可以使用 ar 归档工具来完成。

Chapter 14　第 14 章

Windows 工具集

本章将为读者介绍一系列分析 Windows 二进制文件内容的工具（包括实用程序和分析方法）。虽然 Linux 中的 objdump 实用程序具有一些分析 PE/COFF 格式的功能，但在本章中我们只介绍原生的 Windows 工具。

14.1　库管理器 lib.exe

Windows 下的 32 位库管理器 lib.exe 是 Visual Studio 开发套件提供的一个标准工具（见图 14-1）。

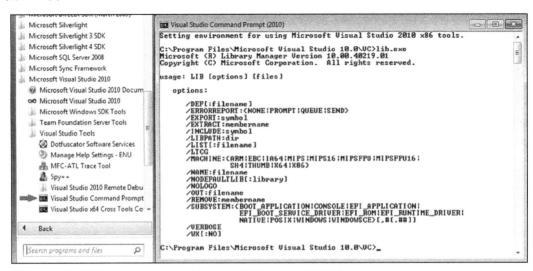

图 14-1　使用 lib.exe 实用程序

该工具不仅可以像 Linux 中类似的 ar 归档工具那样处理静态库，还可以用于处理动态库，比如创建动态库的导入库（DLL 符号集，文件后缀名是 .lib），还可以创建导出库（可以解析循环依赖，文件后缀名是 .exp）。lib.exe 的详细文档请参阅 MSDN 网站（http://msdn.microsoft.com/en-us/library/7ykb2k5f.aspx）。

14.1.1　使用 lib.exe 处理静态库

在本节中，我们将展示一些常用 lib.exe 工具的应用场景。

1. 使用 lib.exe 作为默认归档工具

当 Visual Studio 创建 C/C++ 静态库项目时，lib.exe 被设置为默认的归档和库管理工具，在项目设置的库管理标签中可以为 lib.exe 指定命令行选项（见图 14-2）。

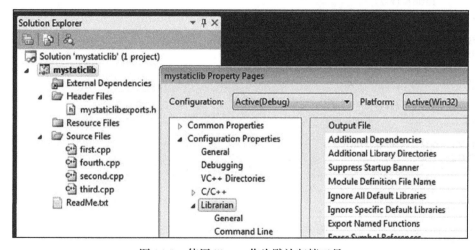

图 14-2　使用 lib.exe 作为默认归档工具

在默认情况下，构建静态库的项目会在编译完成后调用 lib.exe，这项操作的执行对于开发人员来说是透明的。但是，并不是所有的项目都需要在编译完成后使用 lib.exe。我们可以在 Visual Studio 命令提示符中执行 lib.exe 来完成相同的工作，这与 Linux 平台下使用 ar 归档工具类似。

2. 使用 lib.exe 作为命令行工具

为了展示使用 lib.exe 的方法，创建一个 Windows 静态库，其功能与第 10 章讲解 ar 时使用的静态库完全相同。用于演示的项目由 4 个源代码文件（first.c、second.c、third.c 和 fourth.c）和 1 个导出的供客户二进制程序使用的头文件组成。这些文件如以下 5 个示例所示。

file: first.c
```
#include "mystaticlibexports.h"

int first_function(int x)
```

```
{
        return (x+1);
}
```

file: second.c
```
#include "mystaticlibexports.h"

int fourth_function(int x)
{
        return (x+4);
}
```

file: third.c
```
#include "mystaticlibexports.h"

int second_function(int x)
{
        return (x+2);
}
```

file: fourth.c
```
#include "mystaticlibexports.h"

int third_function(int x)
{
        return (x+3);
}
```

file: mystaticlibexports.h
```
#pragma once
int first_function(int x);
int second_function(int x);
int third_function(int x);
int fourth_function(int x);
```

创建静态库

我们假设已经编译了 4 个源代码文件，并且你已经有了 4 个可用的目标文件（first.obj、second.obj、third.obj 和 fourth.obj）。将期望的库文件名传递给 lib.exe（在 /OUT 选项后），并添加到静态库的目标文件，将会创建一个静态库文件，如图 14-3 所示。

Visual Studio 在创建静态库项目时，默认会在 lib.exe 调用中加入 /NOLOGO 参数，我们为了与其保持一致，在命令行中添加了 /NOLOGO 参数。

列出静态库内容

如果将 /LIST 选项传递给 lib.exe，将会打印出当前静态库中的目标文件列表，如图 14-4 所示。

从静态库中删除目标文件

如果将 /REMOVE 选项传递给 lib.exe，可以从静态库中删除特定的目标文件，如图 14-5 所示。

向静态库中添加目标文件

通过向 lib.exe 传递需要添加的目标文件列表，就可以向当前静态库中添加新的目标文件。添加的命令与创建静态库的命令相似，唯一区别是忽略了 /OUT 选项，如图 14-6 所示。

```
c:\Users\milan\mystaticlib\mystaticlib\Debug>dir *.obj
 Volume in drive C has no label.
 Volume Serial Number is F4F7-CFD4

 Directory of c:\Users\milan\mystaticlib\mystaticlib\Debug

12/25/2013  06:48 PM              2,626 first.obj
12/25/2013  06:48 PM              2,635 fourth.obj
12/25/2013  06:48 PM              2,635 second.obj
12/25/2013  06:48 PM              2,626 third.obj
               4 File(s)         10,522 bytes
               0 Dir(s)  132,602,314,752 bytes free

c:\Users\milan\mystaticlib\mystaticlib\Debug>lib.exe /OUT:mystaticlib.lib
/NOLOGO first.obj second.obj third.obj fourth.obj

c:\Users\milan\mystaticlib\mystaticlib\Debug>dir *.lib
 Volume in drive C has no label.
 Volume Serial Number is F4F7-CFD4

 Directory of c:\Users\milan\mystaticlib\mystaticlib\Debug

12/25/2013  06:50 PM             11,140 mystaticlib.lib
               1 File(s)         11,140 bytes
               0 Dir(s)  132,602,302,464 bytes free

c:\Users\milan\mystaticlib\mystaticlib\Debug>
```

图 14-3　使用 lib.exe 将目标文件合并到静态库中

```
c:\Users\milan\mystaticlib\mystaticlib\Debug>lib.exe /LIST mystaticlib.lib
Microsoft (R) Library Manager Version 10.00.40219.01
Copyright (C) Microsoft Corporation.  All rights reserved.

first.obj
second.obj
third.obj
fourth.obj

c:\Users\milan\mystaticlib\mystaticlib\Debug>
```

图 14-4　使用 lib.exe 打印静态库的目标文件列表

```
c:\Users\milan\mystaticlib\mystaticlib\Debug>lib.exe /REMOVE:first.obj mystaticlib.lib

Microsoft (R) Library Manager Version 10.00.40219.01
Copyright (C) Microsoft Corporation.  All rights reserved.

c:\Users\milan\mystaticlib\mystaticlib\Debug>lib.exe /LIST mystaticlib.lib
Microsoft (R) Library Manager Version 10.00.40219.01
Copyright (C) Microsoft Corporation.  All rights reserved.

fourth.obj
third.obj
second.obj

c:\Users\milan\mystaticlib\mystaticlib\Debug>
```

图 14-5　使用 lib.exe 从静态库中删除目标文件

从静态库中提取目标文件

最后，我们还可以从静态库中提取目标文件。为了便于展示相关操作，我们先删除原始目标文件（first.obj），然后再从静态库中提取出这个目标文件，如图 14-7 所示。

```
c:\Users\milan\mystaticlib\mystaticlib\Debug>lib.exe /LIST mystaticlib.lib
Microsoft (R) Library Manager Version 10.00.40219.01
Copyright (C) Microsoft Corporation.  All rights reserved.

fourth.obj
third.obj
second.obj

c:\Users\milan\mystaticlib\mystaticlib\Debug>lib.exe mystaticlib.lib first.obj
Microsoft (R) Library Manager Version 10.00.40219.01
Copyright (C) Microsoft Corporation.  All rights reserved.


c:\Users\milan\mystaticlib\mystaticlib\Debug>lib.exe /LIST mystaticlib.lib
Microsoft (R) Library Manager Version 10.00.40219.01
Copyright (C) Microsoft Corporation.  All rights reserved.

first.obj
second.obj
third.obj
fourth.obj

c:\Users\milan\mystaticlib\mystaticlib\Debug>
```

图 14-6　使用 lib.exe 将目标文件添加到静态库中

```
c:\Users\milan\mystaticlib\mystaticlib\Debug>dir *.obj
 Volume in drive C has no label.
 Volume Serial Number is F4F7-CFD4

 Directory of c:\Users\milan\mystaticlib\mystaticlib\Debug

12/25/2013  06:59 PM             2,626 first.obj
12/25/2013  06:58 PM             2,635 fourth.obj
12/25/2013  06:58 PM             2,635 second.obj
12/25/2013  06:58 PM             2,626 third.obj
               4 File(s)         10,522 bytes
               0 Dir(s)  132,601,217,024 bytes free

c:\Users\milan\mystaticlib\mystaticlib\Debug>del first*.obj

c:\Users\milan\mystaticlib\mystaticlib\Debug>dir *.obj
 Volume in drive C has no label.
 Volume Serial Number is F4F7-CFD4

 Directory of c:\Users\milan\mystaticlib\mystaticlib\Debug

12/25/2013  06:58 PM             2,635 fourth.obj
12/25/2013  06:58 PM             2,635 second.obj
12/25/2013  06:58 PM             2,626 third.obj
               3 File(s)          7,896 bytes
               0 Dir(s)  132,601,221,120 bytes free

c:\Users\milan\mystaticlib\mystaticlib\Debug>lib.exe /LIST mystaticlib.lib
Microsoft (R) Library Manager Version 10.00.40219.01
Copyright (C) Microsoft Corporation.  All rights reserved.

first.obj
second.obj
third.obj
fourth.obj

c:\Users\milan\mystaticlib\mystaticlib\Debug>lib.exe /EXTRACT:first.obj
mystaticlib.lib
Microsoft (R) Library Manager Version 10.00.40219.01
Copyright (C) Microsoft Corporation.  All rights reserved.


c:\Users\milan\mystaticlib\mystaticlib\Debug>dir *.obj
 Volume in drive C has no label.
 Volume Serial Number is F4F7-CFD4

 Directory of c:\Users\milan\mystaticlib\mystaticlib\Debug

12/25/2013  06:59 PM             2,626 first.obj
12/25/2013  06:58 PM             2,635 fourth.obj
12/25/2013  06:58 PM             2,635 second.obj
12/25/2013  06:58 PM             2,626 third.obj
               4 File(s)         10,522 bytes
               0 Dir(s)  132,601,217,024 bytes free

c:\Users\milan\mystaticlib\mystaticlib\Debug>
```

图 14-7　使用 lib.exe 来从静态库中提取单个目标文件

14.1.2　使用 lib.exe 处理动态库

我们可以根据可用的导出定义文件（.def），使用 lib.exe 来创建 DLL 导入库文件（.lib）和导出文件（.exp）。如果 DLL 是通过第三方编译器创建的，且在创建过程中并未生成对应的导入库和导出库文件，这种情况值得我们进行分析。这时我们必须从命令行（即 Visual Studio 命令提示符）运行 lib.exe。

下面的示例将会展示如何使用 Linux 中的 MinGW 编译器进行交叉编译产生 Windows 二进制文件，并在没有提供所需导入库的情况下，使用 lib.exe 创建缺失的导入库，如图 14-8 所示。

```
X:\MilanFFMpegWin32Build>dir *.def
 Volume in drive X is UBOX_VBoxShared
 Volume Serial Number is 9AE7-0879

 Directory of X:\WinFFMpegBuiltOnLinux

02/14/2013  11:51 AM            7,012 avcodec-53.def
02/14/2013  11:51 AM              115 avdevice-53.def
02/14/2013  11:51 AM            5,107 avfilter-2.def
02/14/2013  11:51 AM            5,119 avformat-53.def
02/14/2013  11:51 AM            4,762 avutil-51.def
02/14/2013  11:51 AM              232 postproc-51.def
02/14/2013  11:51 AM              155 swresample-0.def
02/14/2013  11:51 AM            7,084 swscale-2.def
               8 File(s)         29,586 bytes
               0 Dir(s)  465,080,082,432 bytes free

X:\MilanFFMpegWin32Build>lib /machine:X86 /def:avcodec-53.def /out:avcodec.lib

Microsoft (R) Library Manager Version 10.00.40219.01
Copyright (C) Microsoft Corporation.  All rights reserved.

   Creating library avcodec.lib and object avcodec.exp

X:\MilanFFMpegWin32Build>lib /machine:X86 /def:avdevice-53.def /out:avdevice.lib

Microsoft (R) Library Manager Version 10.00.40219.01
Copyright (C) Microsoft Corporation.  All rights reserved.

   Creating library avdevice.lib and object avdevice.exp

X:\MilanFFMpegWin32Build>lib /machine:X86 /def:avfilter-2.def /out:avfilter.lib

Microsoft (R) Library Manager Version 10.00.40219.01
Copyright (C) Microsoft Corporation.  All rights reserved.

   Creating library avfilter.lib and object avfilter.exp

X:\MilanFFMpegWin32Build>lib /machine:X86 /def:avformat-53.def /out:avformat.lib

Microsoft (R) Library Manager Version 10.00.40219.01
Copyright (C) Microsoft Corporation.  All rights reserved.

   Creating library avformat.lib and object avformat.exp

X:\MilanFFMpegWin32Build>lib /machine:X86 /def:avutil-51.def /out:avutil.lib
Microsoft (R) Library Manager Version 10.00.40219.01
Copyright (C) Microsoft Corporation.  All rights reserved.

   Creating library avutil.lib and object avutil.exp

X:\MilanFFMpegWin32Build>lib /machine:X86 /def:postproc-51.def /out:postproc.lib

Microsoft (R) Library Manager Version 10.00.40219.01
Copyright (C) Microsoft Corporation.  All rights reserved.

   Creating library postproc.lib and object postproc.exp

X:\MilanFFMpegWin32Build>lib /machine:X86 /def:swresample-0.def /out:swresample.
lib
Microsoft (R) Library Manager Version 10.00.40219.01
Copyright (C) Microsoft Corporation.  All rights reserved.

   Creating library swresample.lib and object swresample.exp

X:\MilanFFMpegWin32Build>lib /machine:X86 /def:swscale-2.def /out:swscale.lib
Microsoft (R) Library Manager Version 10.00.40219.01
Copyright (C) Microsoft Corporation.  All rights reserved.

   Creating library swscale.lib and object swscale.exp

X:\MilanFFMpegWin32Build>
```

图 14-8　基于 DLL 及其定义文件（.def）并使用 lib.exe 创建导入库

14.2　dumpbin 实用程序

在 Visual Studio 中提供的 dumpbin 实用程序（http://support.microsoft.com/kb/177429）类似于 Linux 中的 objdump，该工具可以查看和分析可执行文件中的一些较为关键的细节，比如导出符号和节信息、反汇编代码节（.text)，以及列出静态库中的目标文件等。

该工具也属于 Visual Studio 软件包的标准工具。和之前描述的 lib 工具一样，我们一般通过 Visual Studio 命令提示符来运行该工具，如图 14-9 所示。

```
Visual Studio Command Prompt (2010)
Setting environment for using Microsoft Visual Studio 2010 x86 tools.

C:\Program Files\Microsoft Visual Studio 10.0\VC>dumpbin
Microsoft (R) COFF/PE Dumper Version 10.00.40219.01
Copyright (C) Microsoft Corporation.  All rights reserved.

usage: DUMPBIN [options] [files]

   options:

      /ALL
      /ARCHIVEMEMBERS
      /CLRHEADER
      /DEPENDENTS
      /DIRECTIVES
      /DISASM[:{BYTES|NOBYTES}]
      /ERRORREPORT:{NONE|PROMPT|QUEUE|SEND}
      /EXPORTS
      /FPO
      /HEADERS
      /IMPORTS[:filename]
      /LINENUMBERS
      /LINKERMEMBER[:{1|2}]
      /LOADCONFIG
      /OUT:filename
      /PDATA
      /PDBPATH[:VERBOSE]
      /RANGE:vaMin[,vaMax]
      /RAWDATA[:{NONE|1|2|4|8}[,#]]
      /RELOCATIONS
      /SECTION:name
      /SUMMARY
      /SYMBOLS
      /TLS
      /UNWINDINFO

C:\Program Files\Microsoft Visual Studio 10.0\VC>
```

图 14-9　使用 dumpbin 实用程序

我们将在下面的章节中阐述一些典型的任务，这些任务都可以通过执行 dumpbin 来完成。

14.2.1　确定二进制文件类型

如果在执行 dumpbin 时不追加选项，将会输出二进制文件的类型，如图 14-10 所示。

14.2.2　查看 DLL 的导出符号

执行 dumpbin /EXPORTS< 动态库路径 > 命令，将会输出导出符号列表，如图 14-11 所示。

```
c:\Users\milan\DLLVersioningDemo\VersionedDLL\Debug>dumpbin dllmain.obj
Microsoft (R) COFF/PE Dumper Version 10.00.40219.01
Copyright (C) Microsoft Corporation.  All rights reserved.


Dump of file dllmain.obj

File Type: COFF OBJECT

  Summary

        4 .bss
     1F50 .debug$S
       64 .debug$T
       41 .drectve
        4 .rtc$IMZ
        4 .rtc$TMZ
       5D .text

c:\Users\milan\DLLVersioningDemo\VersionedDLL\Debug>cd ..\..\Debug

c:\Users\milan\DLLVersioningDemo\Debug>dumpbin VersionedDLL.dll
Microsoft (R) COFF/PE Dumper Version 10.00.40219.01
Copyright (C) Microsoft Corporation.  All rights reserved.


Dump of file VersionedDLL.dll

File Type: DLL

  Summary

     1000 .data
     1000 .idata
     2000 .rdata
     1000 .reloc
     1000 .rsrc
     4000 .text
    10000 .textbss

c:\Users\milan\DLLVersioningDemo\Debug>dumpbin VersionedDLLClientApp.exe
Microsoft (R) COFF/PE Dumper Version 10.00.40219.01
Copyright (C) Microsoft Corporation.  All rights reserved.


Dump of file VersionedDLLClientApp.exe

File Type: EXECUTABLE IMAGE

  Summary

     1000 .data
     1000 .idata
     2000 .rdata
     1000 .reloc
     1000 .rsrc
     4000 .text
    10000 .textbss

c:\Users\milan\DLLVersioningDemo\Debug>
```

图 14-10　使用 dumpbin 工具来确定二进制文件类型

14.2.3　查看节的信息

执行 dumpbin /HEADERS< 二进制文件路径 > 命令，可以打印出文件中节的完整列表，如图 14-12 所示。

只要是通过 dumpbin 打印出的节信息，都可以通过执行 dumpbin /SECTION:< 节名称 >< 二进制文件路径 > 命令来获取特定节的详细信息，如图 14-13 所示。

```
c:\Users\milan\DLLVersioningDemo\Debug>dumpbin /EXPORTS VersionedDLL.dll
Microsoft (R) COFF/PE Dumper Version 10.00.40219.01
Copyright (C) Microsoft Corporation.  All rights reserved.


Dump of file VersionedDLL.dll

File Type: DLL

  Section contains the following exports for VERSIONEDDLL.dll

    00000000 characteristics
    52B625A0 time date stamp Sat Dec 21 15:34:56 2013
        0.00 version
           1 ordinal base
           1 number of functions
           1 number of names

    ordinal hint RVA        name

          1    0 00011087 DllGetVersion = @ILT+130(?DllGetVersion@@YGJPAU_DLLVER
SIONINFO@@@Z)

  Summary

        1000 .data
        1000 .idata
        2000 .rdata
        1000 .reloc
        1000 .rsrc
        4000 .text
       10000 .textbss

c:\Users\milan\DLLVersioningDemo\Debug>
```

图 14-11　使用 dumpbin 工具列出 DLL 文件的导出符号列表

```
c:\Users\milan\DLLVersioningDemo\Debug>dumpbin /HEADERS VersionedDLL.dll
Microsoft (R) COFF/PE Dumper Version 10.00.40219.01
Copyright (C) Microsoft Corporation.  All rights reserved.


Dump of file VersionedDLL.dll

PE signature found

File Type: DLL

FILE HEADER VALUES
             14C machine (x86)
               7 number of sections
        52B697A6 time date stamp Sat Dec 21 23:41:26 2013
               0 file pointer to symbol table
               0 number of symbols
              E0 size of optional header
            2102 characteristics
                   Executable
                   32 bit word machine
                   DLL

OPTIONAL HEADER VALUES
             10B magic # (PE32)
                 o
                 o
                 o
SECTION HEADER #1
.textbss name
       10000 virtual size
        1000 virtual address (10001000 to 10010FFF)
```

图 14-12　使用 dumpbin 列出节

```
        0 size of raw data
        0 file pointer to raw data
        0 file pointer to relocation table
        0 file pointer to line numbers
        0 number of relocations
        0 number of line numbers
E00000A0 flags
         Code
         Uninitialized Data
         Execute Read Write

SECTION HEADER #2
   .text name
    3CA3 virtual size
   11000 virtual address (10011000 to 10014CA2)
    3E00 size of raw data
     400 file pointer to raw data (00000400 to 000041FF)
       0 file pointer to relocation table
       0 file pointer to line numbers
       0 number of relocations
       0 number of line numbers
60000020 flags
         Code
         Execute Read

                    o
                    o
                    o
```

图 14-12 （续）

```
c:\Users\milan\DLLVersioningDemo\Debug>dumpbin /SECTION:.text VersionedDLL.dll
Microsoft (R) COFF/PE Dumper Version 10.00.40219.01
Copyright (C) Microsoft Corporation.  All rights reserved.


Dump of file VersionedDLL.dll

File Type: DLL

SECTION HEADER #2
   .text name
    3CA3 virtual size
   11000 virtual address (10011000 to 10014CA2)
    3E00 size of raw data
     400 file pointer to raw data (00000400 to 000041FF)
       0 file pointer to relocation table
       0 file pointer to line numbers
       0 number of relocations
       0 number of line numbers
60000020 flags
         Code
         Execute Read

  Summary

        4000 .text

c:\Users\milan\DLLVersioningDemo\Debug>dumpbin /SECTION:.data VersionedDLL.dll
Microsoft (R) COFF/PE Dumper Version 10.00.40219.01
Copyright (C) Microsoft Corporation.  All rights reserved.


Dump of file VersionedDLL.dll

File Type: DLL

SECTION HEADER #4
   .data name
     7C0 virtual size
   17000 virtual address (10017000 to 100177BF)
     200 size of raw data
    5E00 file pointer to raw data (00005E00 to 00005FFF)
```

图 14-13　使用 dumpbin 来获取特定节的详细信息

```
        0 file pointer to relocation table
        0 file pointer to line numbers
        0 number of relocations
        0 number of line numbers
C0000040 flags
        Initialized Data
        Read Write

  Summary

      1000 .data

c:\Users\milan\DLLVersioningDemo\Debug>
```

图 14-13 （续）

14.2.4 反汇编代码

执行 dumpbin /DISASM< 二进制文件路径 > 命令，可以输出整个文件的反汇编信息，如图 14-14 所示。

```
c:\Users\milan\DLLVersioningDemo\Debug>dumpbin /DISASM VersionedDLL.dll
Microsoft (R) COFF/PE Dumper Version 10.00.40219.01
Copyright (C) Microsoft Corporation.  All rights reserved.

Dump of file VersionedDLL.dll

File Type: DLL

  10011000: CC                     int        3
  10011001: CC                     int        3
  10011002: CC                     int        3
  10011003: CC                     int        3
  10011004: CC                     int        3
@ILT+0(_wcstok_s):
  10011005: E9 04 0A 00 00         jmp        _wcstok_s
@ILT+5(__wtoi):
  1001100A: E9 F9 09 00 00         jmp        __wtoi
@ILT+10(__RTC_GetErrDesc):
  1001100F: E9 2C 13 00 00         jmp        __RTC_GetErrDesc
@ILT+15(__malloc_dbg):
  10011014: E9 E7 1E 00 00         jmp        __malloc_dbg
@ILT+20(@__security_check_cookie@4):
  10011019: E9 D2 2A 00 00         jmp        @__security_check_cookie@4
@ILT+25(_IsDebuggerPresent@0):
  1001101E: E9 99 2C 00 00         jmp        _IsDebuggerPresent@0
@ILT+30(_GetUserDefaultLangID@0):
  10011023: E9 66 09 00 00         jmp        _GetUserDefaultLangID@0
@ILT+35(__RTC_Terminate):
  10011028: E9 A3 1E 00 00         jmp        __RTC_Terminate
@ILT+40(_WideCharToMultiByte@32):
  1001102D: E9 84 2C 00 00         jmp        _WideCharToMultiByte@32
@ILT+45(_DllMain@12):
  10011032: E9 79 03 00 00         jmp        _DllMain@12

                  ○
                  ○
                  ○

  100116B4: E8 91 FA FF FF         call       @ILT+325(__RTC_CheckEsp)
  100116B9: 89 45 A4               mov        dword ptr [ebp-5Ch],eax
  100116BC: 8B F4                  mov        esi,esp
  100116BE: 8B 45 A4               mov        eax,dword ptr [ebp-5Ch]
  100116C1: 50                     push       eax
  100116C2: FF 15 38 83 01 10      call       dword ptr [__imp___wtoi]
  100116C8: 83 C4 04               add        esp,4
  100116CB: 3B F4                  cmp        esi,esp
  100116CD: E8 78 FA FF FF         call       @ILT+325(__RTC_CheckEsp)
  100116D2: 8B 4D 08               mov        ecx,dword ptr [ebp+8]
  100116D5: 89 41 10               mov        dword ptr [ecx+10h],eax
  100116D8: 8B 45 08               mov        eax,dword ptr [ebp+8]
  100116DB: C7 00 14 00 00 00      mov        dword ptr [eax],14h
  100116E1: 8B F4                  mov        esi,esp
  100116E3: 8B 45 BC               mov        eax,dword ptr [ebp-44h]
  100116E6: 50                     push       eax
  100116E7: FF 15 28 82 01 10      call       dword ptr [__imp__FreeResource@4]
  100116ED: 3B F4                  cmp        esi,esp

                  ○
                  ○
                  ○
```

图 14-14　使用 dumpbin 反汇编代码

14.2.5　确定是否使用了调试模式构建

dumpbin 实用程序可以判断二进制文件是否使用了调试模式进行构建。根据实际的二进制文件类型的不同，输出的调试构建信息也会有所不同。

1. 目标文件

如果目标文件是使用调试模式构建的，对这些文件执行 dumpbin /SYMBOLS< 二进制文件路径 > 时，显示的文件类型是 COFF OBJECT，如图 14-15 所示。

```
c:\Users\milan\DLLVersioningDemo\VersionedDLL\Debug>dumpbin /SYMBOLS dllmain.obj

Microsoft (R) COFF/PE Dumper Version 10.00.40219.01
Copyright (C) Microsoft Corporation.  All rights reserved.

Dump of file dllmain.obj

File Type: COFF OBJECT

COFF SYMBOL TABLE
000 00AB9D1B ABS    notype       Static       | @comp.id
001 00000001 ABS    notype       Static       | @feat.00
002 00000000 SECT1  notype       Static       | .drectve
    Section length    41, #relocs    0, #linenums    0, checksum        0
    Relocation CRC 00000000
005 00000000 SECT2  notype       Static       | .debug$S
    Section length  1E24, #relocs    2, #linenums    0, checksum 8E00A6D9
    Relocation CRC 8E00A6D9
008 00000000 SECT3  notype       Static       | .bss
    Section length     4, #relocs    0, #linenums    0, checksum        0
    Relocation CRC 00000000
00B 00000000 SECT3  notype       External     | ?g_hModule@@3PAUHINSTANCE__@@A (
struct HINSTANCE__ * g_hModule)
00C 00000000 SECT4  notype       Static       | .text
    Section length    5D, #relocs    2, #linenums    0, checksum A5F7AE6C, select
ion    1 (pick no duplicates)
    Relocation CRC D94D98E5
00F 00000000 SECT5  notype       Static       | .debug$S
    Section length   12C, #relocs    5, #linenums    0, checksum        0, select
ion    5 (pick associative Section 0x4)
    Relocation CRC 638E05AE
012 00000000 SECT4  notype ()     External     | _DllMain@12
013 00000000 SECT6  notype       Static       | .rtc$IMZ
    Section length     4, #relocs    1, #linenums    0, checksum        0, select
ion    5 (pick associative Section 0x4)
    Relocation CRC 4C2E11CC
016 00000000 SECT6  notype       Static       | __RTC_Shutdown.rtc$IMZ
017 00000000 UNDEF  notype ()     External     | __RTC_Shutdown
018 00000000 SECT7  notype       Static       | .rtc$IMZ
    Section length     4, #relocs    1, #linenums    0, checksum        0, select
ion    5 (pick associative Section 0x4)
    Relocation CRC 5D907A9E
01B 00000000 SECT7  notype       Static       | __RTC_InitBase.rtc$IMZ
01C 00000000 UNDEF  notype ()     External     | __RTC_InitBase
01D 00000000 SECT8  notype       Static       | .debug$T
    Section length    64, #relocs    0, #linenums    0, checksum        0
    Relocation CRC 00000000

String Table Size = 0x7B bytes

  Summary

        4 .bss
     1F50 .debug$S
       64 .debug$T
       41 .drectve
        4 .rtc$IMZ
        4 .rtc$IMZ
       5D .text

c:\Users\milan\DLLVersioningDemo\VersionedDLL\Debug>
```

图 14-15　使用 dumpbin 检查目标文件的调试构建信息

如果查看同一个文件的发行版本，文件类型则会显示为 ANONYMOUS OBJECT，如图 14-16 所示。

```
c:\Users\milan\DLLVersioningDemo\VersionedDLL\Release>dumpbin /SYMBOLS dllmain.o
bj
Microsoft (R) COFF/PE Dumper Version 10.00.40219.01
Copyright (C) Microsoft Corporation.  All rights reserved.


Dump of file dllmain.obj

File Type: ANONYMOUS OBJECT

c:\Users\milan\DLLVersioningDemo\VersionedDLL\Release>
```

图 14-16　当目标文件是发布版本时，dumpbin 的显示结果

2. DLL 和可执行文件

如果使用 dumpbin/HEADERS 选项来查看 DLL 或可执行文件是否是使用调试模式构建的，可以通过该命令的输出信息中是否包含 .idata 节来判断。.idata 节的用处是支持调试模式下的"edit and continue"功能。更具体地说，我们需要在调试版本下设置 /INCREMENTAL 链接器选项，而在发行版本下禁用这个选项，如图 14-17 所示。

```
c:\Users\milan\DLLVersioningDemo\Debug>dumpbin /HEADERS VersionedDLL.dll
Microsoft (R) COFF/PE Dumper Version 10.00.40219.01
Copyright (C) Microsoft Corporation.  All rights reserved.


Dump of file VersionedDLL.dll

PE signature found

File Type: DLL

FILE HEADER VALUES
            14C machine (x86)
              7 number of sections
       52B697A6 time date stamp Sat Dec 21 23:41:26 2013
              0 file pointer to symbol table
              0 number of symbols
             E0 size of optional header
           2102 characteristics
                   Executable
                   32 bit word machine
                   DLL
                     O
                     O
                     O

SECTION HEADER #5
   .idata name
        961 virtual size
      18000 virtual address (10018000 to 10018960)
        A00 size of raw data
       6000 file pointer to raw data (00006000 to 000069FF)
          0 file pointer to relocation table
          0 file pointer to line numbers
          0 number of relocations
          0 number of line numbers
   C0000040 flags
                   Initialized Data
                   Read Write
                     O
                     O
                     O
```

图 14-17　使用 dumpbin 检测 DLL 的调试版本

14.2.6 查看加载时依赖项

执行 dumpbin /IMPORTS< 二进制文件路径 > 命令，可以获取完整的依赖库文件和符号
列表，如图 14-18 所示。

```
c:\Users\milan\DLLUersioningDemo\Debug>dumpbin /IMPORTS UersionedDLL.dll
Microsoft (R) COFF/PE Dumper Version 10.00.40219.01
Copyright (C) Microsoft Corporation.  All rights reserved.


Dump of file VersionedDLL.dll

File Type: DLL

  Section contains the following imports:

    VERSION.dll
              100183AC Import Address Table
              100181F0 Import Name Table
                     0 time date stamp
                     0 Index of first forwarder reference

                    E VerQueryValueW

    KERNEL32.dll
              10018220 Import Address Table
              10018064 Import Name Table
                     0 time date stamp
                     0 Index of first forwarder reference

                   4A5 SetUnhandledExceptionFilter
                   4D3 UnhandledExceptionFilter
                   165 FreeResource
                   29C GetUserDefaultLangID
                   354 LockResource
                   341 LoadResource
                   14E FindResourceW
                   1C0 GetCurrentProcess

                         o
                         o
                         o

                   245 GetProcAddress
                   54D lstrlenA
                   3B1 RaiseException
                   367 MultiByteToWideChar
                   300 IsDebuggerPresent
                   511 WideCharToMultiByte
                   162 FreeLibrary
                   2E9 InterlockedCompareExchange
                   4B2 Sleep
                   2EC InterlockedExchange
                    CA DecodePointer
                    EA EncodePointer

    USER32.dll
              1001837C Import Address Table
              100181C0 Import Name Table
                     0 time date stamp
                     0 Index of first forwarder reference

                   333 wsprintfW
```

图 14-18　使用 dumpbin 列出加载时依赖项

14.3　Dependency Walker 工具

Dependency Walker（又称 depends.exe，参见 www.dependencywalker.com）是一款可以跟
踪动态库依赖加载链的实用程序，如图 14-19 所示。该工具不仅能够分析二进制文件（这种
情况下，等同于 Linux 中的 ldd 工具），而且还能够执行运行时分析，并输出运行时动态库加

载信息。该工具最初由 Steve Miller 开发，而且在 VS2005 版本以前都是 Visual Studio 工具包的一部分。

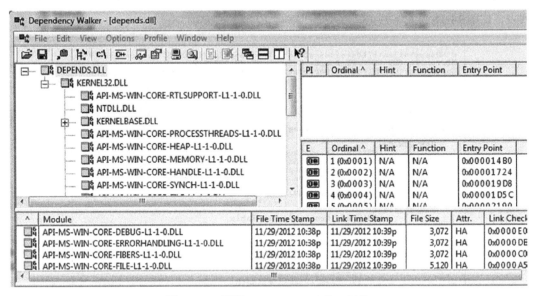

图 14-19　使用 Dependency Walker 工具